EQUIPAMENTOS MECÂNICOS

Análise de Falhas e Solução de Problemas

3ª Edição

Luiz Otávio Amaral Affonso

EQUIPAMENTOS

MECÂNICOS
Análise de Falhas e Solução de Problemas

3ª Edição

Copyright© 2014 by Luiz Otávio Amaral Affonso

Todos os direitos desta edição reservados à Qualitymark Editora Ltda.
É proibida a duplicação ou reprodução deste volume, ou parte do
mesmo, sob qualquer meio, sem autorização expressa da Editora.

Direção Editorial	Produção Editorial
SAIDUL RAHMAN MAHOMED editor@qualitymark.com.br	EQUIPE QUALITYMARK

Capa	Editoração Eletrônica
WILSON CONTRIM	APED - Apoio e Produção Ltda.

1ª Edição: 2002
2ª Edição: 2006
3ª Edição: 2012
1ª Reimpressão: 2014

CIP-BRASIL. CATALOGAÇÃO NA PUBLICAÇÃO
SINDICATO NACIONAL DOS EDITORES DE LIVROS, RJ

A196e

Affonso, Luiz Otávio Amaral
Equipamentos mecânicos : análise de falhas e soluções de problemas / Luiz Otávio Amaral Affonso. - [3. ed.] – Rio de Janeiro : Qualitymark Editora, 2014.
408 p. ; 23 cm.

Inclui bibliografia
ISBN 978-85-414-0036-7

1. Máquinas – Manutenção e reparo. 2. Equipamento Industrial – Manutenção e raparo. 3. Localização de falhas (Engenharia). I. Título.

06-1148

CDD: 620.1
CDU: 62-7

2014
IMPRESSO NO BRASIL

Qualitymark Editora Ltda.
Rua Teixeira Júnior, 441 – São Cristovão
20921-405 – Rio de Janeiro – RJ
Tel.: (21) 3295-9800

QualityPhone: 0800-0263311
www.qualitymark.com.br
E-mail: quality@qualitymark.com.br
Fax: (21) 3295-9824

Apresentação

A crescente complexidade das tecnologias ligadas à indústria do petróleo vem criando crescentes desafios para os que atuam nessa área da engenharia. Por isso, desde a sua criação, a Petrobras vem, através dos seus cursos de formação e especialização, aprimorando o perfil técnico dos seus engenheiros para que melhor possam desempenhar as suas funções.

Uma das conseqüências da implementação desses programas, através da área de recursos humanos da Companhia, foi o desenvolvimento de uma postura, por parte do corpo técnico, no sentido da contínua busca pelo saber. Muitos profissionais, como o Eng. Luiz Otávio Amaral Affonso, autor desse livro, "Equipamentos Mecânicos – Análise de Falhas e Solução de Problemas", destacaram-se nos respectivos ramos de atividade pela experiência e notório conhecimento adquirido.

A Petrobras, através do Programa de Editoração de Livros Didáticos conduzido pela sua Universidade Petrobras, tem incentivado esses profissionais a produzirem livros didáticos que venham enriquecer as nossas bibliotecas técnicas.

Estimulando a publicação dessas obras, a Companhia acredita estar formando competências, especialmente em nossas universidades, e assim contribuindo para o progresso tecnológico da nação.

Prefácio da 3ª Edição

Todo organismo vivo está em constante mudança. Além disso, a cada curso ministrado ficava a sensação de não ter feito o melhor trabalho possível, devido às diferenças entre o discurso do instrutor e o conteúdo do livro.

Essa atualização, após sete anos da última revisão, acrescenta alguns casos reais novos e corrige diversos pequenos erros editoriais da 2ª edição. Os Capítulos sobre acoplamentos e selos foram bastante modificados, tendo sido incluída uma discussão mais aprofundada sobre acoplamentos de alta rotação e selos de compressores centrífugos.

O Autor

Prefácio da 2ª Edição

Conforme apontado no prefácio da primeira edição, o caminho percorrido entre o início dos rascunhos e a publicação inicial deste livro foi marcado pelo constante aperfeiçoamento do original. Uma segunda edição lançada pouco tempo após a primeira confirma esta trajetória mutante. Este é um novo livro, tantas foram as modificações introduzidas para melhorar as descrições dos modos de falhas, acrescentar novos exemplos de análises de problemas reais observados na indústria e melhorar o foco, não dispersando esforços em assuntos correlatos.

O esgotamento da primeira edição desta obra confirma as palavras do amigo Manoel Marques Simões que me honrou com o prefácio anterior. Permanecem válidos os seus comentários sobre o enfoque atual da manutenção industrial e sobre a importância desta obra, a primeira a tratar deste assunto em Português.

Este segundo prefácio me dá, também, a oportunidade de corrigir uma injustiça, publicando o meu agradecimento aos colegas que colaboraram com informações adicionais para o enriquecimento da obra. E, permite dedicá-lo à minha família, que no passado foi peça fundamental em minha formação profissional, e que agora me permitiu roubar um pouco do seu tempo para escrever.

O Autor

Prefácio da 1ª Edição

A presente publicação originou-se de curso ministrado à quase totalidade de mecânicos das refinarias da PETROBRAS, muitos técnicos e engenheiros da atividade de manutenção e participantes de outros Órgãos da Companhia como da Exploração & Produção, Centro de Pesquisas e Serviço de Engenharia.

A cada turma realizada, com a avaliação positiva ao material didático utilizado e com a contribuição dos participantes, pôde o autor aperfeiçoar a apostila original, resultando no livro ora publicado. A grande quantidade de fotos, gráficos, desenhos e ilustrações apresentada, aliada a um sem-número de exemplos práticos de campo, fruto da experiência do autor durante anos na atividade de manutenção em refinaria de grande porte e complexidade, permite-nos afiançar que esta publicação será de grande utilidade aos que trabalham em manutenção industrial.

O desenvolvimento tecnológico e a busca da rentabilidade em ambientes cada vez mais competitivos determinaram profundas mudanças na atividade de manutenção. Antes "Centro de Custo", hoje pode se afirmar importante parceira da engenharia e da operação na obtenção de melhores resultados. O aumento da disponibilidade das instalações, resultado de crescentes índices de confiabilidade, depende fundamentalmente de uma engenharia de manutenção atuante.

A análise de falhas é importante ferramenta na busca do aumento da confiabilidade dos equipamentos. Não basta reparar. Há que se evitar novas falhas e, para tal, a identificação das causas básicas destas é fundamental. A redução da demanda de serviços é o único caminho para alcançar melhores resultados. Confiabilidade em alta, fatores de disponibilidade das instalações crescentes, atendimento à programação da produção com custos em baixa são objetivos permanentes. Nossos esforços devem concentrar-se em evitar as quebras e não em repará-las cada vez mais eficientemente.

Não temos conhecimento de outra publicação que aborde o tema da forma como este livro se apresenta. São tratados aspectos importantes para o melhor gerenciamento da atividade de manutenção mecânica.

A estruturação da apresentação dos assuntos permite ao leitor conhecer a teoria das principais causas das falhas, como levantar dados e gerenciá-los para tomar decisões objetivando investir de forma mais efetiva.

Aspectos técnicos dos mecanismos de falhas e sua ocorrência nos diversos componentes mecânicos são abordados de forma simples e direta, com farta ilustração por meio de fotos, desenhos e esquemas que facilitam o entendimento do assunto, possibilitando ainda que o livro seja fonte de consulta no dia-a-dia dos mecânicos ou técnicos que atuam na formulação de diagnósticos de falhas e na execução ou orientação de reparos a executar.

A presente obra representa um avanço na nossa literatura técnica, tratando o tema Análise de Falhas de forma inédita, concentrando informações somente encontradas em vários livros de forma esparsa. Apresenta a experiência vivenciada pelo autor e aponta caminho de sucesso na busca da confiabilidade. Certamente há o que aperfeiçoar, e a contribuição dos leitores será bem aceita pelo autor.

A PETROBRAS, mais uma vez, promovendo a edição deste livro, contribui para o desenvolvimento tecnológico da comunidade que lida com equipamentos mecânicos, na busca da melhoria da capacitação de seus colaboradores e do crescimento da sociedade como um todo.

Manoel Marques Simões
Gerente de Tecnologia de Equipamentos Dinâmicos
Gerência de Equipamentos e Serviços-Abastecimento-Refino
Petróleo Brasileiro S/A – Petrobras

Sumário

Introdução • XV

Capítulo 1 – Causas Fundamentais das Falhas • 1
1.1 – Falhas de Projeto — 2
1.2 – Falhas na Seleção de Materiais — 4
1.3 – Imperfeições no Material — 6
1.4 – Deficiências de Fabricação — 6
1.5 – Erros de Montagem ou de Instalação — 8
1.6 – Condições de Operação ou Manutenção Inadequadas — 9
1.7 – Conclusão — 11

Capítulo 2 – A Prática da Análise de Falhas • 13
2.1 – Objetivos da Análise de Falhas — 13
2.2 – Profundidade da Análise — 14
2.3 – Estágios da Análise — 17
2.4 – Relatórios e Bancos de Dados — 22

Capítulo 3 – Organização para Prevenção das Falhas • 25
3.1 – Categorias de Falhas — 26
3.2 – A Prevenção da Falhas — 28
3.3 – Avaliação dos Resultados — 30
3.4 – Monitoração e Ação Antecipatória — 30
3.5 – O Papel dos Operadores na Confiabilidade das Máquinas — 31

Capítulo 4 – mecanismos de falha • 35
4.1 – Fraturas Dúcteis e Frágeis — 35
4.2 – Fraturas por Fadiga — 43
4.3 – Desgaste — 57
4.4 – Corrosão — 89
4.5 – Incrustação — 105
4.6 – Danos por Descargas Elétricas — 115

Capítulo 5 – Falhas de Componentes • 123
5.1 – Eixos — 123
5.2 – Mancais de Deslizamento — 132
5.3 – Mancais de Rolamento — 154
5.4 – Selos Mecânicos — 199
5.5 – Parafusos — 261
5.6 – Engrenagens — 272
5.7 – Válvulas de Compressores Alternativos — 295
5.8 – Transmissões por Correias — 302

5.9 – Acoplamentos 314
5.10 – Palhetas de Turbomáquinas 343

Capítulo 6 – Exemplos de Análise de Falhas • 359
6.1 – Incêndio Causado por Sobrevelocidade de um Conjunto Bomba-turbina 359
6.2 – Interrupção de Produção Devido à Existência de um Ponto Fraco no Sistema 366
6.3 – Falha do Selo a Óleo de um Compressor de Hidrogênio 366
6.4 – Fratura por Fadiga dos Girabrequins de Dois Compressores Alternativos Induzida pela Vibração 369
6.5 – Falha de uma Caixa de Engrenagens Devido ao Magnetismo de um Eixo 378

Referências Bibliográficas • 385

Introdução

Indústrias de processo utilizam muitas máquinas e equipamentos. Essas máquinas e equipamentos são fundamentais para o desenrolar dos acontecimentos que culminam com uma produção bem sucedida. Falhas dessas instalações podem ter as mais variadas consequências. Se em alguns casos o prejuízo resultante não passa do custo de manutenção do equipamento, em outros pode chegar a comprometer a lucratividade da empresa devido a perdas de produção, acidentes e agressões ambientais.

A manutenção puramente corretiva não é mais suficiente no atual mercado competitivo, sendo necessário um grande e continuado esforço para aumento da confiabilidade e redução do custo de manutenção de todos os equipamentos.

Um sistema moderno de gerenciamento dos equipamentos de uma indústria deve conter elementos que permitam a otimização do resultado global da indústria. Isso compreende otimização de projetos e especificações de compra, testes de recebimento, padrões de armazenamento e instalação e procedimentos de operação e manutenção.

A situação mais comum para os especialistas em manutenção e confiabilidade de máquinas é ter que lidar com os problemas de instalações existentes.

1. O objetivo desse livro é capacitar as pessoas envolvidas com a manutenção e a confiabilidade de equipamentos mecânicos a maximizar a confiabilidade e minimizar o custo de manutenção das máquinas de uma instalação existente. Não trataremos de projeto de instalação, especificação de compra, testes e instalação no campo. Essa capacitação se fará em cinco partes:
2. Discussão das causas fundamentais das falhas – Definições e exemplos de várias fontes de falhas na vida do equipamento, tais como falhas de projeto e operação (Capítulo 1);

3. A prática da análise de falhas – Os textos disponíveis sobre o assunto tratam principalmente das causas físicas das falhas (por exemplo, a corrosão sob tensão devido à presença de cloretos). A segunda parte do livro descreve um sistema organizacional que pode facilitar a tarefa de analisar falhas e disponibilizar os resultados das análises de forma organizada para permitir ações preventivas sistêmicas (Capítulo 2);
4. A organização para prevenção de falhas – Outro ponto normalmente não tratado pelos especialistas em análise de falhas. Discute como uma indústria deve se organizar para utilizar as informações oriundas da análise de falhas para aumentar a confiabilidade das instalações e reduzir os custos de manutenção, incluindo algumas considerações sobre o importante papel dos operadores na confiabilidade das máquinas (Capítulo 3);
5. Mecanismos de falha, análise de falhas de componentes – É a parte físico-química das falhas de equipamentos. Esta parte contém descrições dos mecanismos de falhas, ou seja, como as peças falham e como aplicar esse conhecimento aos componentes das máquinas. (Capítulos 4 e 5);
6. Exemplos de casos reais de falhas de equipamentos analisados pelo autor, visando ilustrar a metodologia e os conceitos desenvolvidos ao longo do texto. (Capítulo 6);

As fotos exibidas são do arquivo do autor, exceto onde indicado. Os desenhos e gráficos foram elaborados pelo autor, exceto onde indicado.

Nenhuma garantia, implícita ou explícita, sobre a aplicabilidade dos métodos e procedimentos apresentados neste livro a uma situação específica é oferecida pelo autor.

CAPÍTULO 1
– Causas Fundamentais das Falhas

Este Capítulo discute os conceitos e cita exemplos de falhas de projeto, de fabricação, de montagem, de operação e de manutenção de equipamentos mecânicos, que são as causas básicas de quaisquer falhas observadas. Diz-se que um componente de um equipamento falhou quando ele não é mais capaz de executar a sua função com segurança. O conceito de falha prematura é aplicável se o defeito ocorrer dentro do período de vida útil do componente. Essa vida útil deve ser definida como critério de projeto e associada a um modo de falha específico. Então, dizemos que o modo de falha de rolamentos que caracteriza o fim da sua vida útil é fadiga superficial, o de selos mecânicos é o desgaste da região da sede destinada a esse fim, e assim por diante. Defeitos oriundos de outros modos de falha devem ser sempre tratados como anormalidades.

Alguns componentes são projetados para ter vida útil indefinida, como por exemplo, eixos, parafusos, sendo o defeito de um deles sempre uma falha prematura. A vida útil dos diversos componentes é mais discutida no Capítulo correspondente.

A análise dessa falha deve determinar os fatores que impediram que todas as fases da vida do equipamento fossem cumpridas com sucesso, obtendo explicação para os eventos passados até um ponto em que seja possível tomar uma medida que bloqueará a repetição do problema. Esses eventos passados, que se constituem nas causas primeiras dos defeitos, são chamados de causas básicas, em contraposição às causas imediatas, que são somente os eventos com um nexo causal imediato à falha.

Deve ser ressaltado que a classificação das causas básicas indicada aqui é meramente arbitrária, como qualquer classificação. Não é incomum encontrarmos classificações mais simples, como, por exemplo, a divisão das causas em falhas de projeto, manutenção e operação.

1.1 – Falhas de Projeto

São as falhas oriundas da existência de detalhes de projeto sujeitos a problemas. Esses defeitos nascem com o desenho do equipamento. Alguns exemplos:

a) Entalhes mecânicos – São deficiências de projeto que podem ser evitadas com facilidade. Uma peça sujeita a esforços cíclicos pode sofrer uma fratura por fadiga se houver algum entalhe com raio pequeno na região com tensões de tração. Exemplo: rebaixos em eixos vão causar concentração de tensões na região do rebaixo, o que pode propiciar fraturas por fadiga. A Figura 1.1.1 mostra uma trinca de fadiga em uma pá de ventilador de torre de resfriamento, ocorrida em região de concentração de tensões causadas por um reforço estrutural.

b) Mudanças de projeto – Às vezes são feitas sem a análise devida e acabam levando uma peça ou máquina que funcionava adequadamente a apresentar problemas. Exemplo: instalação de um rolamento com pré-carga no lugar de um com folga obriga o rolamento a trabalhar sujeito às cargas externas somadas aos esforços oriundos da interferência interna. Esses esforços podem reduzir a vida útil do rolamento caso não tenham sido previstos no projeto. Um exemplo comum em indústrias de processo é a instalação de selos mecânicos em bombas que foram projetadas para funcionar com gaxetas. A gaxeta proporciona um apoio adicional para o eixo, que aumenta a sua rigidez e introduz certo amortecimento. Essas características são perdidas com o selo mecânico, não sendo incomum um aumento da vibração da máquina, o que pode levar a uma confiabilidade reduzida.

c) Critério de projeto inadequado – Fatores não previstos podem levar uma peça a falhar, como, por exemplo, corrosão ou interação indevida entre partes da máquina. A utilização de critérios de projeto inadequados é uma fonte frequente de defeitos, pois o equipamento simplesmente não foi projetado para operar resistindo às solicitações não previstas.

Figura 1.1.1
– Trinca de fadiga em pá de ventilador de torre de resfriamento causada por concentração de tensões no reforço estrutural.

Critérios de projeto inadequados são especialmente frequentes no caso de equipamentos que são especificados e projetados para serviços específicos, como é o caso da maioria dos equipamentos encontrados nas indústrias de processo. Esses equipamentos costumam ser fabricados sob encomenda, o que limita a possibilidade de testes em condições reais de funcionamento e aumenta a probabilidade da ocorrência de solicitações não previstas. Equipamentos projetados e fabricados para serviços comuns, ou seja, máquinas de uso geral, estão menos propensas a esses problemas.

Esses problemas podem ser mais bem entendidos examinando-se as diferenças entre um compressor de ar e um de gás de processo. As solicitações criadas pelos fluidos comprimidos serão mais bem conhecidas no compressor de ar, por razões óbvias, o que permite um projeto mais simples e com fatores de segurança menores.

A Figura 1.1.2 ilustra uma solicitação não prevista no projeto de um compressor de gás de processo, no caso a deposição de material oriundo da polimerização de alguns componentes do gás comprimido. Por não ter sido projetado para trabalhar com gás que deposita sólidos nas suas superfícies internas o compressor terá uma reduzida confiabilidade.

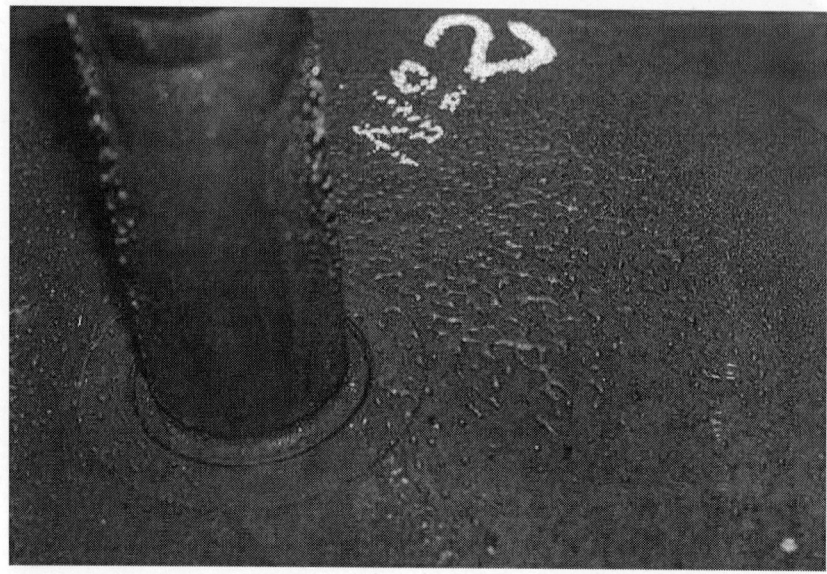

Figura 1.1.2
– Pistão de compressor alternativo com deposição de material oriundo da polimerização do gás. Este material (principalmente carbono e enxofre oriundos do processo) impede o bom funcionamento das válvulas e danifica a vedação da haste.

1.2 – Falhas na Seleção de Materiais

Embora o material para construção das peças das máquinas seja escolhido na fase de projeto, esse caso é citado separadamente da situação onde temos um defeito em função do desenho do equipamento. Falhas na seleção de materiais de construção de um equipamento são as falhas relacionadas com incompatibilidade das propriedades do material com as necessidades do serviço. Alguns exemplos são como segue:
    a) Normalmente um material estrutural é especificado com base na resistência à tração. Se for utilizado um material de alta resistência à tração, a tenacidade pode ser baixa, o que pode levar à ocorrência de trincas, se isso não for considerado no projeto do equipamento;
    b) Critério para seleção de materiais – Para cada mecanismo de falha existem critérios para seleção do material ótimo. Quando mais de um mecanismo de falha está presente, um compromisso pode ser necessário. Exemplo: solicitação cíclica em ambiente corrosivo pode gerar dificuldades na seleção do ma-

terial, uma vez que a corrosão reduz grandemente a resistência à fadiga dos metais;

c) Solicitações não previstas podem levar um componente a sofrer falha. Exemplo: os primeiros carros a álcool eram simplesmente carros projetados para trabalhar com gasolina que sofreram uma adaptação parcial. A maior corrosividade do álcool não foi devidamente reconhecida pelos projetistas. Em decorrência, alguns componentes do sistema de combustível sofriam corrosão acentuada, com prejuízos para o seu funcionamento.

As falhas causadas por uma seleção inadequada de materiais de construção são aquelas evitáveis pela simples modificação do material da peça. A Figura 1.2.1 ilustra essa situação, mostrando anéis raspadores de óleo da haste de um compressor alternativo de grande porte cujo mecanismo de falha era oxidação da borracha por sobreaquecimento.

Esse sobreaquecimento era causado pelo excesso de pressão de contato entre o raspador e a haste do pistão, que por sua vez era consequência da excessiva dureza do material do anel. A substituição do anel por outro de material mais macio, neste caso o Viton, reduziu a pressão de contato e eliminou a excessiva geração de calor, aumentando grandemente a vida útil da peça, mantendo a função original.

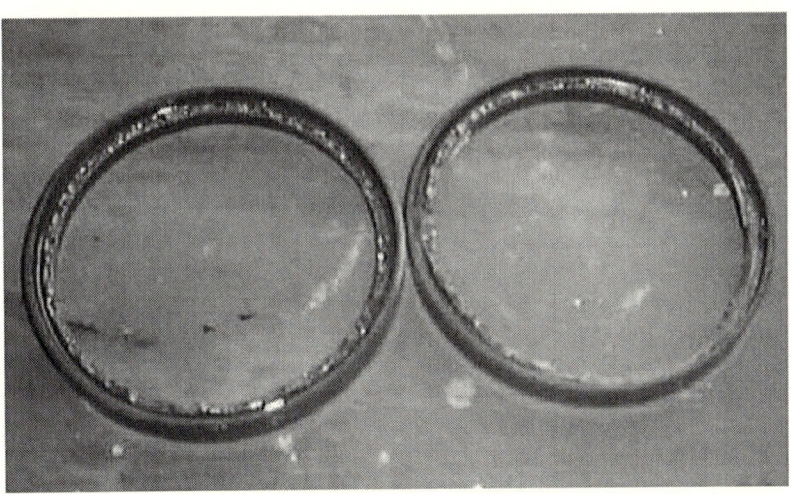

Figura 1.2.1
– A escolha de um elastômero muito duro causou sobreaquecimento desses anéis raspadores de óleo instalados na haste de um compressor alternativo.

1.3 – Imperfeições no Material

Muitas falhas têm início em imperfeições do material. Defeitos internos e externos reduzem a resistência mecânica das peças, servem como caminhos preferenciais para propagação de trincas ou proporcionam locais para início de corrosão localizada. As imperfeições no material estão intimamente ligadas a falhas de processamento durante a fabricação da matéria-prima para a construção dos componentes.

Exemplos de imperfeições relacionadas ao processo de fabricação são:

a) Peças fundidas – Inclusões, gotas frias, vazios, porosidade;
b) Forjados – Dobras, emendas, contração;
c) Laminados – Dupla laminação, decoesão lamelar.

O projeto das peças deve considerar a possibilidade da ocorrência dos problemas característicos de cada processo de fabricação, sendo o formato da peça e as inspeções de fabricação adequadas ao processo.

1.4 – Deficiências de Fabricação

Entendemos falhas de fabricação como sendo as falhas no processamento do material durante a fabricação dos componentes ou dos equipamentos. Nem sempre é simples diferenciar falhas de material, como descrito anteriormente, de falhas ocorridas durante a fabricação do equipamento. A sua distinção pode ser importante para definir a ação corretiva adequada.

Alguns exemplos são:

a) Conformação a frio produz altas tensões residuais, que podem comprometer o comportamento da peça quando sujeita a carregamentos cíclicos;
b) Usinagem com frequência gera concentradores de tensões em entalhes, marcações para identificação das peças por indentação ou por eletroerosão são fontes potenciais de falhas, se feitas em regiões altamente tensionadas;
c) Tratamento térmico inadequado acontece em uma grande variedade de formas, sejam elas: por sobreaquecimento, introdução de gradientes de temperatura muito grandes, uso de temperaturas inadequadas para têmpera e revenido. Descarbonização

superficial pode ocorrer, levando a redução da resistência à fadiga e deformação;

d) Soldagem pode levar a uma enorme variedade de tipos de falhas. O assunto é tão amplo que se tornou uma especialidade em si. A Figura 1.4.1 mostra uma fratura por fadiga em uma região de concentração de tensões causadas por uma penetração incompleta da solda de ligação das partes;

e) Decapagem ácida e deposição eletrolítica são reconhecidas como uma fonte de hidrogênio e da subsequente fragilização por hidrogênio em aços de alta resistência. Esse tipo de processo deve ser cuidadosamente controlado, incluindo-se uma etapa de aquecimento para facilitar o escape do hidrogênio.

Figura 1.4.1
– Falha por fadiga na ligação entre o rotor de uma bomba de parafuso de Arquimedes e a extensão do mancal. O projeto da solda gerava concentração de tensões que propiciaram a nucleação das trincas.

1.5 – Erros de Montagem ou de Instalação

Erros de montagem ou de instalação são eventos frequentes, muitas vezes ligados a erros humanos.

Encontramos esse tipo de problemas em qualquer tipo de peça, sendo clássicos os exemplos relacionados à montagem de rolamentos (impactos, sujeira), no ajuste das folgas de peças móveis, em parafusos frouxos, mancais e eixos montados desalinhados, tubulações que exercem esforços excessivos nos bocais do equipamento etc.

Esse tipo de erro pode normalmente ser evitado com elaboração de bons procedimentos, treinamento e auditorias. A Figura 1.5.1 ilustra um exemplo de falha de montagem em que um rolamento axial foi instalado desalinhado em relação ao eixo.

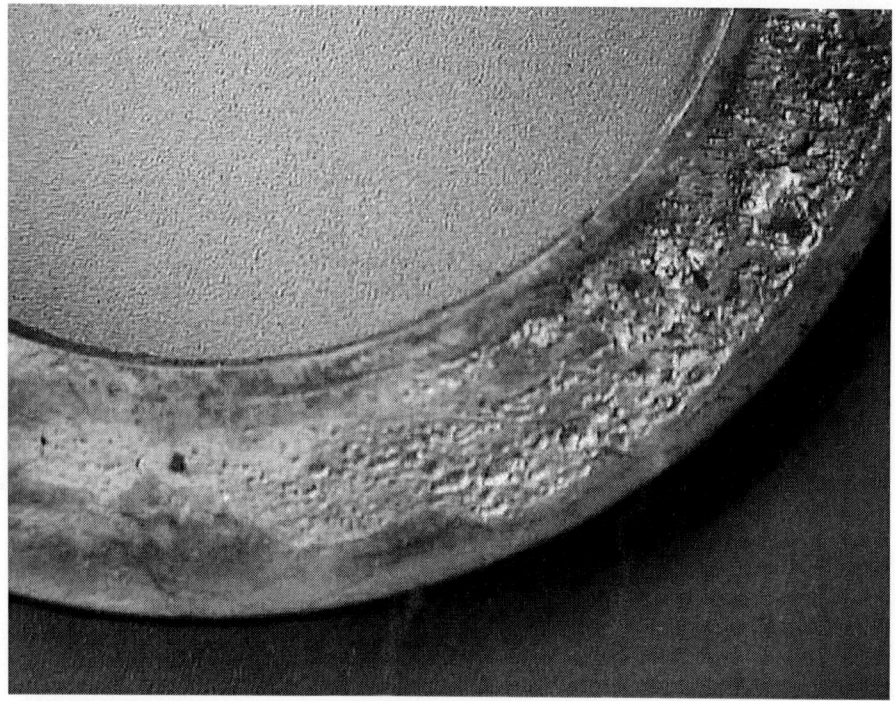

Figura 1.5.1
– Rolamento axial mostrando dano prematuro devido à montagem inadequada (falta de perpendicularidade com o eixo).

1.6 – Condições de Operação ou Manutenção Inadequadas

A operação do equipamento em condições severas de velocidade, carga, temperatura e ataque químico ou sem monitoração, inspeção e manutenção, contribui grandemente para falhas em serviço. Tem especial importância a operação de equipamentos rotativos em condições diferentes daquelas para as quais ele foi projetado. Essa ocorrência é bastante comum na indústria de processo e é causa de uma significativa parcela das falhas de máquinas.

a) Partida do equipamento é especialmente crítica, pois, nesta situação, ele é submetido a condições não existentes durante a operação normal, incluindo mudanças rápidas de condições de operação, grandes gradientes de temperatura e outras condições anormais.
b) Parada de um equipamento também é um evento crítico, pois ele fica exposto às mudanças citadas acima e está sujeito às condições de preservação durante o período de inatividade. Deve ser considerado se o projeto do equipamento e do sistema permite uma conservação adequada em períodos de inatividade;
c) Manutenção inadequada é uma grande causa de falhas de equipamentos. Os procedimentos de manutenção devem ser revistos sempre que houver falha, para avaliar a contribuição desse item.
d) Erros de operação podem acontecer, seja pela inexistência/inadequação de procedimentos, falta de treinamento ou por negligência. É necessária constante avaliação dos procedimentos de operação e auditoria das práticas reais. Os limites de projeto dos equipamentos devem ser claramente indicados nos procedimentos de operação. Os sistemas de proteção (alarmes e desarmes) devem ser adequados para evitar operação fora das condições para as quais os equipamentos foram projetados.

A Figura 1.6.1 ilustra um acoplamento de engrenagem utilizado em uma ponte rolante de processo. O estado dos dentes, com desgaste acentuado e corrosão, mostra que o acoplamento trabalhou sem lubrificação adequada. A existência de procedimentos de lubrificação inadequados é uma deficiência frequentemente encontrada nos sistemas de manutenção na indústria.

A operação de equipamentos rotativos em condições diferentes daquelas para as quais eles foram projetados podem resultar em falhas prematuras. Um exemplo bastante frequente, porém, às vezes, ignorado, é a operação de bombas centrífugas com vazão reduzida.

A Figura 1.6.2 mostra um impelidor de bomba centrífuga que operou com vazão muito baixa. Essa condição resultou em severa recirculação na descarga do impelidor, com o desgaste observado na foto. A bomba operava, também, com alta vibração, o que resultava em baixa confiabilidade. Essa condição foi causada por uma falha de projeto do sistema, não por erros de operação.

Figura 1.6.1
– Cubo de acoplamento de engrenagem do acionamento de uma ponte rolante. Notar severo desgaste dos dentes devido à falta de lubrificação.

Figura 1.6.2
– Rotor de bomba centrífuga mostrando dano na região da descarga devido à operação com vazão muito baixa. A causa do problema foi um erro no projeto de processo.

1.7 – Conclusão

A análise de uma falha de equipamento mecânico deve consistir em percorrer a história do equipamento ou componente em sentido inverso até atingir um ponto onde será possível implementar ações preventivas que evitarão a sua repetição. Essa busca do ponto ideal é, às vezes, dificultada pela impossibilidade de ação nas causas básicas, por estarem elas fora do alcance do analista. Isso pode ser ilustrado por problemas cuja causa básica seja de remoção impossível por razões técnicas ou econômicas.

A tarefa do analista de falhas é procurar, com auxílio das técnicas descritas ao longo dos próximos Capítulos, ações que permitam bloquear com eficácia a repetição do problema observado.

A variedade e complexidade dos fatores envolvidos no projeto, operação e manutenção de uma máquina recomendam que não sejam feitas alterações a menos que:

a) Todas as consequências das modificações introduzidas sejam completamente conhecidas e avaliadas;
b) Seja obtido o parecer escrito de um profissional da área em questão.

Deve ser feita uma análise de risco antes da execução de qualquer modificação relacionada ao projeto, operação e manutenção dos equipamentos de uma indústria de processo.

CAPÍTULO 2
– A Prática da Análise de Falhas

Este Capítulo trata do procedimento genérico, técnicas e precauções para uma análise de falha completa. Também são discutidos o nível de detalhe necessário para análise de cada tipo de falha e como utilizar um banco de dados computadorizado para facilitar a recuperação e utilização dos resultados das análises.

2.1 – Objetivos da Análise de Falhas

Os objetivos principais da análise de falhas são:

a) Aumentar a confiabilidade operacional da planta, o que é feito aumentando-se a disponibilidade dos equipamentos;
b) Reduzir os custos de manutenção;
c) Reduzir os riscos de acidentes pessoais ou com equipamentos e de agressão ambiental.

Esses objetivos podem ser atingidos se for possível evitar novas falhas. A investigação deve determinar as causas básicas da falha e essa informação deve ser utilizada para permitir a introdução de ações corretivas que impeçam a repetição do problema. A função do componente ou do equipamento deve ser considerada na análise, uma vez que conceituamos falha como a ocasião em que o componente ou equipamento não é mais capaz de executar a sua função com segurança.

Notar que o defeito ocorrido no equipamento será considerado uma falha prematura quando ele acontecer antes do fim da vida útil para o modo de falha considerado, no caso de componentes com vida útil definida como critério de projeto. Defeitos ocorridos a qualquer tempo serão considerados falhas prematuras se ocorrerem por modos de falhas não considerados no projeto ou em componentes com vida útil indefinida.

Analisar uma falha é interpretar as características de um sistema ou componente deteriorado para determinar porque ele não mais executa sua função com segurança. Uma análise de falhas que não serve de subsídio para um conjunto de ações preventivas tem utilidade nula. Por outro lado, se não for possível determinar as causas básicas da falha, não será possível introduzir melhorias no sistema.

2.2 – Profundidade da Análise

A profundidade da análise deve ser adequada ao tipo de falha e às consequências possíveis. Normalmente as indústrias não contam com grande contingente de pessoal dedicado exclusivamente à análise de falhas, surgindo daí a necessidade de estabelecer um critério de priorização, ou seja, um critério que nos ajude a enfocar os principais problemas, de modo a termos o maior retorno possível, utilizando de forma otimizada os recursos disponíveis.

As consequências efetivas ou potenciais da falha (perdas financeiras, lesões corporais e agressões ambientais) vão determinar a profundidade da análise. Nem sempre será justificável fazer uma análise completa do evento devido ao tempo e dinheiro gasto com isso.

A sistemática recomendada é a seguinte:

a) No caso de falhas não repetitivas que não tenham resultado em perdas de produção ou em riscos de acidentes ou agressões ambientais, a análise deve ser executada pela pessoa encarregada de consertar o equipamento e o seu supervisor. O processo é conhecido por *5 Why* (5 Por quês) pois se consiste em perguntar por 5 ou 6 vezes a causa dos eventos;

b) Quando temos falhas repetitivas do equipamento, falhas que resultaram em perdas de produção ou falhas que causaram risco de acidentes ou agressão ambiental, o processo de análise deve ser mais detalhado. Nesse caso, a análise da falha deve ser feita por um grupo em que haja, no mínimo, um especialista em manutenção do equipamento que tenha falhado, um da operação e um representante do grupo técnico ou de engenharia da fábrica. Todos os envolvidos na análise devem ter conhecimento dos fatos, idealmente obtidos por observação pessoal das evidências disponíveis e do relato de testemunhas.

Esse processo é chamado por muitos nomes, dependendo da indústria: eliminação de defeitos, análise de ocorrências anormais, relatório de não conformidade. Nesse texto, este tipo de abordagem será simplesmente chamado de análise completa, em contraposição à análise simplificada proporcionada pelo 5 Why. A designação 5 Why será mantida, por ter se tornado um termo de ampla utilização na indústria.

2.2.1 – 5 Why

O fator que mais contribui para o aumento de confiabilidade e redução de custos é a disseminação ampla, geral e irrestrita da cultura de confiabilidade. O melhor indicador de uma correta disseminação dessa cultura é a existência de uma postura questionadora e proativa entre as pessoas da linha de frente. Ou seja, os mecânicos devem permanentemente fazer duas perguntas: a) Porque ocorreu a falha?; b) O que pode ser feito para que ela não se repita?

O processo conhecido como 5 Why foi criado na década de 1950. Consiste simplesmente em perguntar 5 ou 6 vezes qual seria a causa do problema. A causa básica do problema provavelmente será próxima da 5ª ou 6ª resposta. Nesse ponto, é possível definir uma ação corretiva, fazer as modificações necessárias e monitorar o resultado. A última fase é a comunicação dos sucessos para toda a organização.

Um exemplo de aplicação:

Pergunta 1	Por quê a bomba parou?	Porque o selo estava vazando.
Pergunta 2	Por quê o selo estava vazando?	Porque as faces estavam com rugosidade elevada.
Pergunta 3	Por quê as faces do selo estavam rugosas?	Porque as faces ficaram muito quentes e o *flush* vaporizou.
Pergunta 4	Por quê o *flush* vaporizou?	Porque ele estava muito quente.
Pergunta 5	Por quê o *flush* estava muito quente?	Porque o resfriador estava parcialmente entupido com sólidos.
Pergunta 6	Por quê o resfriador estava entupido parcialmente?	Porque o resfriador não foi retrolavado após os reparos da torre de resfriamento.

Esse processo funciona porque as pessoas são naturalmente curiosas e vão querer saber mais sobre os acontecimentos à sua volta, se tiverem chance para isso.

A grande vantagem é a simplicidade. O próprio mecânico e o supervisor podem fazer a análise e propor ações corretivas. O processo nada mais é que uma ordenação lógica do raciocínio, evitando que se chegue a conclusões precipitadas. O ambiente de trabalho deve ser aberto para facilitar esse tipo de abordagem. A maior desvantagem é que a análise estará limitada ao conhecimento do executante. Essa desvantagem pode ser minimizada com treinamento e colocando recursos adicionais à disposição das pessoas, para uso quando necessário (por exemplo, ter disponível um técnico especializado para apoio).

2.2.2 – Análise Completa

O processo chamado de Análise Completa é uma extensão do 5 Why. Consiste em um aprofundamento da análise, e deve ser efetuada por um time multidisciplinar. Esse time deve ter, no mínimo, uma pessoa da manutenção, uma da operação e uma da engenharia (ou corpo técnico), embora a participação de cada um deles possa variar bastante em função do tipo de problema.

Como esse processo será utilizado no caso de falhas de maior repercussão recomenda-se um maior formalismo em todas as etapas, com registro sistemático das observações e conclusões. São quatro as suas etapas:

a) Levantamento de dados – Coletar dados sobre observações feitas no campo, tais como, análise das peças que falharam, históricos de manutenção, histórico e análise de vibrações, dados de performance, depoimentos de operadores, dados de operação etc.;
b) Organização dos dados – Transformar os dados coletados em uma "história", organizando tudo em ordem cronológica;
c) Analisar os dados – Quais os eventos que, se modificados ou suprimidos, iriam prevenir a falha? Procurar sempre por problemas de equipamentos, processos e pessoas. As questões da Tabela 2.1 podem ajudar a organizar a análise;
d) Implementação de melhorias e relatórios – Após os passos anteriores é possível definir qual será a medida para evitar repetição do evento. Um relatório simplificado deve ser emitido pelo grupo responsável pela análise contendo, no mínimo: defeito investigado, identificação do equipamento, propósito da investigação, justificativa econômica para a solução, explicação da causa básica da falha, soluções adotadas, pessoa encarregada

de avaliar os resultados, cronograma de implantação, avaliação dos resultados da modificação, autores e data.

Muitas vezes a implementação da solução será feita por uma pessoa ou grupo diferente daquele que analisou o problema. Nesse caso, essa pessoa ou grupo deve receber a devida comunicação e ser envolvido o máximo possível em todas as etapas da análise. Caso haja diversos programas em andamento, costuma ser uma boa ideia incluir o acompanhamento da execução das melhorias no sistema formal de gerenciamento da empresa, assim como existe um sistema formal para acompanhamento da execução de projetos.

Tabela 2.1 – Exemplos de causas possíveis do(s) evento(s) crítico(s)

Máquinas	<ul><li>peças defeituosas</li><li>projeto inadequado para o serviço</li><li>falha não prevista pelos sistemas de monitoração</li><li>ferramentas inadequadas</li></ul>
Processos	<ul><li>planejamento inadequado</li><li>revisão de projeto inadequada</li><li>interface homem-máquina inadequada</li><li>procedimento errado (ou inexistente)</li><li>treinamento inadequado</li><li>controle de qualidade inadequado</li><li>informação insuficiente</li><li>falta de recursos</li><li>inadequado padrão de trabalho</li><li>sobrecarga de dados</li></ul>
Pessoas	<ul><li>erros de ajustagem</li><li>peças erradas montadas</li><li>equipamento operado incorretamente</li><li>distrações no local de trabalho</li><li>equipamento manutenido inadequadamente</li><li>violação de regras e procedimentos</li><li>falha de comunicação</li><li>falta de atenção</li></ul>

2.3 – Estágios da Análise

Nesse Capítulo serão discutidos os passos para uma completa análise de uma falha de componente de máquina. Nem todas as análises de falhas serão tão detalhadas como descrito. É imprescindível que adaptações sejam feitas no processo para adequação ao caso em questão. Nem sempre será possível obter todos os dados indicados no texto, sendo às vezes necessário assumir algumas premissas para preencher as lacunas.

Fundamentos básicos da análise de falhas de máquinas (de todos os tipos):

a) A aparência da superfície danificada nos diz muito sobre o modo de falha (ver Capítulos 4 e 5). O formato das faces de fratura nos dá informações sobre o carregamento atuante, a aparência de superfícies desgastadas nos indica a origem do desgaste;
b) A velocidade das reações químicas dobra a cada 10 °C de aumento de temperatura (exemplo: motor elétrico sobrecarregado esquenta e queima o isolamento).
c) A sequência dos eventos que levaram à falha deve ser compatível com o funcionamento do mecanismo que falhou.

Os princípios descritos acima são exemplos de princípios físicos aplicáveis a todos os tipos de falhas. As regras básicas devem ser utilizadas como um guia e para verificação da consistência da análise. Isso quer dizer que uma análise de falha que viole os princípios descritos acima, ou qualquer outro princípio básico da física ou engenharia, provavelmente está errada.

Ao fazer análise de falha de máquinas, é extremamente importante considerar o modo de funcionamento do mecanismo. Quando são analisadas falhas de mecanismos, é imprescindível incluir na análise as dimensões e interação entre as peças e o funcionamento do mecanismo. O modo de falha de cada componente individual do mecanismo vai dizer muito sobre o modo de falha do conjunto. Este é, provavelmente, o conceito básico mais importante para o analista de falhas de máquinas.

Raramente o analista de falhas de máquinas precisa recorrer a métodos de inspeção e análises sofisticados. Essa afirmação ficará mais clara ao examinarmos os exemplos de análise de falhas encontrados no Capítulo 6.

2.3.1 – Coleta de Dados

A análise das falhas dos componentes fica mais fácil se conhecermos a sua história, desde seu projeto e fabricação até a instalação e operação, incluindo as condições que levaram à falha. É impossível determinar a causa básica de uma falha sem obter e analisar os dados a ela referentes. Desse modo, o primeiro passo para a análise da falha é a coleta de dados relativos a:

a) Projeto – cargas e tensões atuantes, frequências de ressonância, dimensões, folgas, acabamentos, dureza etc;
b) Fabricação da peça – análise química, propriedades mecânicas, processo de fabricação (conformação, soldagem, tratamento térmico, decapagens etc.);
c) Histórico operacional – Ambiente onde a peça trabalhava, detalhes dos carregamentos atuantes (inclusive acidentais), temperaturas, detalhes de dados operacionais, como vazões, pressões, temperaturas etc.;
d) Histórico de manutenção e de vibração – Análises de falhas anteriores, relatórios de serviços executados, espectros de frequências etc.;
e) Registros fotográficos – Devem ser feitos para permitir um registro acurado da falha, para o caso disso ser necessário no futuro;
f) Seleção das amostras – Grande cuidado deve ser tomado para selecionar as amostras para a análise. Sempre deve ser escolhida uma amostra que represente a falha. É útil examinar todas as peças do equipamento antes de decidir quais serão analisadas, enfocando o trabalho da análise no primeiro componente a falhar;
g) Condições anormais – É interessante determinar se ocorreram condições anormais de operação que possam ter contribuído para a falha;
h) Descrição do funcionamento do mecanismo envolvido na falha, incluindo dimensões, interação entre as peças, folgas, funcionamento do conjunto etc.

Pode ser possível analisar uma falha mesmo sem termos todos os dados listados. No entanto, isso deve ser feito com extremo cuidado devido ao risco de conclusões erradas em função da falta de informação.

2.3.2 – Testes e Inspeções

As peças danificadas devem ser submetidas a uma rigorosa inspeção visual antes de qualquer limpeza. Resíduos podem ser importantes para a determinação do modo de falha (por exemplo, sujeira em uma face de selo mecânico).

Tem importância especial a preservação das evidências relacionadas à falha. Não é possível analisar uma falha sem os dados indicados acima. Desse modo, faces de fratura devem ser protegidas contra corrosão, resíduos não podem ser descartados, a disposição dos componentes danificados deve ser preservada etc.

As seguintes etapas devem ser seguidas:

a) Inspeção visual e fotografias – Atenção particular deve ser dada a faces de fraturas e a regiões desgastadas ou corroídas. Prestar atenção a mudanças de textura ou de cor. Determinar o modo de falha (fadiga, fratura frágil, desgaste, corrosão etc.). As fotografias registrarão forma, tamanho e aparência das peças para referência futura;
b) Testes não destrutivos – Serão utilizados para determinar a existência de outros mecanismos de falha além dos observadas a olho nu. O tipo e a extensão do exame vão depender do tipo de peça e da natureza da falha;
c) Testes mecânicos – Muitas vezes uma medição de dureza do material pode revelar dados que vão ajudar a análise, como por exemplo, a avaliação do tratamento térmico da peça proporciona uma aproximação da resistência mecânica do material e detecta endurecimento ou amolecimento em serviço. Outros testes podem ser necessários, como testes de impacto, ensaios de tração etc.;
d) Análises químicas do material e de eventuais resíduos podem ser de grande valia. A origem de um resíduo pode dizer muito sobre a causa da falha, como por exemplo, os depósitos de sais em selos mecânicos podem indicar problemas com o tratamento da carga, dessalgação;
e) No caso da análise de falhas de mecanismos, uma reconstituição da sequência dos eventos que levaram à falha deve sempre ser feita. Essa sequência deve ser compatível com o funcionamento do mecanismo.

2.3.3 – Determinação do modo de falha e da causa básica

É o último estágio da análise antes da definição das ações corretivas. Esse assunto será tratado nos Capítulos 4, 5 e 6. A análise das causas físicas (ou químicas) da falha é somente o primeiro passo para definir a causa básica do problema. A ação corretiva será feita sobre as máquinas, pessoas e processos de trabalho, sendo então necessário cruzar a ponte entre essa instância e as causas físicas e químicas das falhas.

2.3.4 – Cuidados especiais necessários para uma análise bem sucedida

Os itens acima descrevem o procedimento genérico para uma análise de uma falha de uma máquina rotativa. Algumas outras precauções podem nos ajudar a executar um bom trabalho:

a) Manter o foco no primeiro componente a falhar

Ao examinar uma máquina danificada, pode ser difícil descobrir a origem do problema. Não deve ser esquecido que, na maior parte dos casos, somente os eventos que iniciaram a falha nos interessam, todos os demais danos observados serão consequências da falha do primeiro componente.

Esse item é extremamente importante para manter o foco do trabalho nos componentes que iniciaram a falha. Em muitos casos, esforço e tempo são gastos para analisar falhas de importância secundária.

Obviamente, deve ser dada alguma atenção ao exame de todos os destroços da máquina, já que isso pode nos ajudar a descobrir onde o problema começou, a obter informações sobre as causas da falha e a determinar a extensão dos serviços de manutenção que serão necessários para retornar o equipamento à operação normal.

b) Procurar por pontos fracos ou modos de falha ocultos

Os modos de falha ocultos são aqueles que acontecem com componentes que não funcionam o tempo todo, só sendo percebidos quando o componente é solicitado a trabalhar. Exemplos clássicos são válvulas de segurança emperradas, turbinas auxiliares travadas etc.

O ponto fraco é o componente que amplifica os efeitos de uma falha em outro componente. Um exemplo seria a ocorrência de desarme de um compressor de grande porte devido à queda de pressão do sistema de óleo, após a parada da turbina que aciona a bomba de óleo. A bomba reserva entrou em funcionamento normalmente, mas a existência de uma válvula de retenção emperrada permitiu que o óleo existente nos acumuladores (ali instalados para fornecer óleo enquanto a bomba reserva acelera até a rotação nominal) fosse drenado e que a pressão do sistema caísse além do ponto onde há desarme do conjunto. A causa básica da falha foi a parada da turbina auxiliar, mas o problema foi grandemente amplificado devido à falha da válvula de retenção. Nesse tipo de caso, nossa atenção não deve ser focada somente no primeiro componente a falhar.

c) Procurar por mais de uma causa básica

Pode ser difícil resistir à tentação de dar o trabalho de análise de falhas por terminado quando uma causa básica válida é encontrada. A causa básica é exatamente aquilo que estávamos procurando.

Isto não é correto em todas as situações, sendo necessário procurar por mais de uma causa básica, sempre tendo em mente a diferença entre causa básica e causa imediata. O risco que existe quando alguma das causas básicas da falha não é localizada é que só podemos implementar medidas preventivas para os problemas que conhecemos, ficando o sistema sujeito a falhas pelas causas não tratadas.

d) Desenvolver um banco de dados de análise de falhas e de histórico de manutenção

Nossa memória é seletiva e bastante limitada, o que resulta na necessidade de termos uma "expansão de memória" dentro de um banco de dados em um computador. Não é suficiente escrever relatório de manutenção e de análise de falhas. Algumas outras considerações sobre este assunto seguem;

e) Descobrir por que algumas máquinas não falham

Embora pareça óbvio, sempre é interessante lembrar que, se temos máquinas similares operando em serviços similares, mas só uma delas apresenta alta confiabilidade, basta descobrir qual é a diferença entre elas para descobrir como resolver o problema da máquina de baixa confiabilidade.

Uma comparação cuidadosa entre máquinas julgadas iguais pode mostrar que elas não são tão "iguais" assim. Podem ser encontradas diferenças de projeto, de instalação, de métodos de operação ou manutenção etc.

2.4 – Relatórios e Bancos de Dados

Após o término do trabalho é necessário registrar o que foi feito. No caso de um processo simplificado (5 Why) pode ser suficiente alimentar o banco de dados de falhas de equipamentos. Caso uma análise detalhada tenha sido feita, é recomendável fazer um relatório contendo os dados listados no item 2.2.2.

A principal diferença entre um relatório escrito e um banco de dados computadorizado é que o relatório serve para informar as pessoas envolvidas sobre a análise das falhas, suas conclusões e as medidas preventivas e corretivas, quando o banco de dados serve para termos acesso rápido à nossa história. Os dois são complementares, um bom sistema contará com relatórios e bancos de dados. De modo geral, todas as informações devem estar em um banco de dados computadorizado, que deve, no mínimo:

a) Registrar dados dos equipamentos instalados na planta, como identificação, unidade, marca, modelo, potência, fluído bombeado, temperatura de operação, tipo de equipamento (bomba vertical, turbina simples estágio etc.), rotação, tipo de selo etc.;
b) Registrar todas as intervenções de manutenção realizadas em cada um dos equipamentos, listando para cada uma delas o número da ordem de trabalho, o sintoma observado (vazamento pelo selo, vibração excessiva, ruídos etc.), o primeiro componente a falhar, o modo de falha (sujeira, roçamentos, trincas etc.), a causa da falha, a solução adotada (substituição do componente, recuperação, modificação de projeto etc.), a quantidade de homens-hora gastos no serviço, o executante e datas de início e fim do serviço;
c) Emitir relatórios estatísticos com base nos dados recolhidos. Esses relatórios permitem saber, por exemplo, quais os equipamentos com menor tempo médio entre falhas (TMEF), quais os sintomas mais frequentes, quais os modos de falha predominantes para cada sintoma observado, quais os componentes que apresentavam a maior taxa de falhas etc.

Outras informações sobre a falha e sua análise (conforme descrito no item 2.3) devem ser registradas na ficha de manutenção do equipamento, que se constitui em valiosa ferramenta de análise de falhas. Fichas de manutenção devem conter todos os detalhes de cada intervenção de manutenção, tais como estado dos componentes do equipamento (danos e folgas), reparos efetuados, folgas deixadas, dados sobre o balanceamento e alinhamento, dentre outros.

CAPÍTULO 3
– Organização para Prevenção das Falhas

A quantidade de falhas de equipamentos mecânicos em certa indústria pode ser muito grande, a ponto de ficarem todos sobrecarregados com a tarefa de "apagar incêndios" e perderem de vista o sistema como um todo.

O conserto rápido, barato e eficiente de uma máquina danificada é somente uma parte do trabalho de uma organização estruturada para otimização do gerenciamento dos seus equipamentos. As lições aprendidas com as análises de falhas devem ser utilizadas para evitar sua repetição.

As análises de falhas de máquinas devem ser utilizadas como uma ferramenta adicional para descobrir pontos fracos dos equipamentos ou do sistema. Ela deve ser tratada como uma ação reativa, pois é realizada após o fato, sendo uma reação ao defeito observado. Não se deve esquecer das ações proativas tradicionais para aumento de confiabilidade de equipamentos mecânicos:

Manutenção preditiva (Monitoração e análise de vibrações, por exemplo);

a) Manutenção preventiva (Lubrificação, por exemplo);
b) Operar equipamentos dentro dos limites de projeto;
c) Política de sobressalentes;
d) Treinamento de mecânicos e operadores etc.

Este Capítulo discute uma forma de organizar a empresa para prevenir falhas de máquinas, tanto aproveitando ao máximo as informações oriundas das análises como implantando programas que não necessitam dessa motivação.

3.1 – Categorias de Falhas

Existem dezenas de tipos de equipamentos mecânicos e cada um deles pode falhar de muitas maneiras diferentes. Disso decorre ser impossível tratar cada modo de falha de cada equipamento separadamente.

A maneira mais prática de classificar e de organizar o trabalho de prevenção de falhas é agrupá-las em conjuntos de problemas tecnicamente similares. Um exemplo dessa subdivisão:

a) Bombas superdimensionadas hidraulicamente: Muitos exemplos de bombas especificadas incorretamente são encontrados na indústria de processo. O principal problema observado é a vibração elevada devido à cavitação causada pelo aquecimento do fluído ou por recirculação do fluído na descarga da bomba causada pela instabilidade do fluxo. As soluções mais comuns para essa categoria de problemas são a instalação de linhas de recirculação ou a substituição do equipamento. Em alguns poucos casos é possível resolver o problema ajustando as condições de operação da planta;

b) Bombas que sofrem cavitação: Este é um problema bem conhecido em instalações de bombeamento. Observamos essa situação em muitos casos: Bombas de parques de armazenamento de GLP, cuja temperatura de sucção era aumentada pelo sol, aumentando também a pressão de vapor; bombas de poço cujos sistemas de controle de nível estavam mal ajustados ou não existiam; bombas de torres fracionadoras, em que uma variação no controle da injeção de vapor de purga causava um aumento da pressão de vapor do fluído etc. As soluções são diversas, da mudança de procedimentos operacionais até a modificação de instalações;

c) Falhas prematuras de selos mecânicos: esse costuma ser o principal problema de uma indústria de processo. As causas são diversas, tais como: excesso de vibração, deflexão excessiva dos eixos, concepção inadequada dos selos ou planos de selagem, flutuação da pressão de injeção etc. Existe grande variedade de configurações de selos, sendo a montagem de algumas delas bastante complicada. A maior parte dos problemas de selagem pode ser resolvida com a instalação de um selo padronizado, que atenda à maioria dos serviços da planta. Indústrias químicas e petroquímicas podem utilizar a normalização internacional sobre o assunto, como, por exemplo a API 682. Outros problemas podem ser resolvidos com modificações do plano de

selagem, projetos especiais como selos de fole metálico para altas temperaturas, substituição de bombas;
d) Bombas com deficiências de projeto mecânico: nesse caso, incluímos as máquinas que tem dois impelidores em balanço ou eixos muito esbeltos, bombas projetadas para funcionar com gaxetas e depois adaptadas para selos mecânicos, que não oferecem suporte para o eixo, bombas com mancais subdimensionados etc. O sintoma mais comum é a vibração elevada, que acaba levando à grande taxa de falhas. Embora algumas máquinas possam ser modificadas, com a introdução de eixos mais robustos, por exemplo, a maioria dos problemas só é resolvida com a substituição do equipamento;
e) Bombas submetidas a esforços excessivos nos bocais: foi observado que em muitos casos as tubulações foram projetadas para atender aos critérios de tensões na tubulação, sem levar em consideração os esforços suportáveis pelas bombas. Não é raro encontrar tubulações que exercem esforços 8 ou 10 vezes maiores que o limite dos equipamentos, levando a desalinhamentos, distorção e trincas de carcaças etc. A solução para essa classe de problemas é a modificação das tubulações, com a introdução de juntas ou curvas de expansão;
f) Equipamentos obsoletos: este é um problema bem conhecido de quem opera plantas antigas. Algumas máquinas são tão velhas que não é possível obter sobressalentes. Algumas máquinas apresentam taxas de falhas elevadas por terem atingido o fim da sua vida útil, sendo mais econômico substituí-las do que tentar restaurar as condições originais. Alguns equipamentos foram projetados para trabalhar nas condições originais das unidades, que também mudam com o tempo, não sendo mais possível à máquina atender às necessidades do processo;
g) Turbinas com governadores mecânicos são uma conhecida fonte de problemas, em função da dificuldade de balanceamento dos governadores. A solução é a substituição do governador mecânico por um hidráulico, que não é sujeito a desbalanceamento;
h) Ventiladores de torres de resfriamento que utilizam acoplamentos de aço são também problemáticos. A dificuldade de balanceamento do acoplamento e a sua grande massa levam a níveis elevados de vibração. A substituição do acoplamento de aço por um de fibra de carbono resolve esse tipo de problema;

As classes de problemas listadas acima representam uma síntese da situação em uma indústria específica. Cada planta deveria, idealmente, ter a sua classificação, de acordo com o resultado das suas próprias análises de falhas.

Uma categoria de problema que deve ser explorada com cuidado é o erro humano. A quantidade de erros cometidos por uma pessoa está relacionada com o nível de tensão, com a qualidade do treinamento, com o tipo de apoio que a pessoa tem de instrumentos e procedimentos escritos, com o nível de supervisão etc. Nesse item estão incluídos os erros de operação e manutenção causados pela ação ineficiente das pessoas. Algumas regras gerais para evitar erros humanos:

a) Evitar manter operadores em tarefas de supervisão contínua de variáveis, isso é feito melhor por um instrumento;
b) Automatizar todas as operações onde isso for exequível, inclusive as operações de emergência;
c) Treinar todos os envolvidos com a operação de equipamentos e fazer reciclagens periodicamente. Fazer auditagens periódicas para verificar se os procedimentos são efetivamente seguidos;
d) Treinar os mecânicos e promover auditorias dos procedimentos e práticas de manutenção;
e) Prover ferramentas e equipamentos adequados aos serviços.

Os problemas citados estão relacionados com grupos de equipamentos similares. Não devem ser esquecidos os equipamentos críticos para a operação das unidades, que, mesmo não tendo um número grande de problemas, podem comprometer seriamente a lucratividade das operações. Nesse caso, deve ser estabelecida outra categoria, que incluirá os problemas específicos de poucas máquinas bem determinadas. Alguns exemplos: a substituição de mancais de turbomáquinas para evitar vibração, a modificação de sistemas de óleo para evitar entrada de sujidades nos mancais.

3.2 – A Prevenção da Falhas

Após a análise das falhas e descoberta das suas causas básicas, o próximo passo é definir e implantar ações preventivas. Sempre vale a pena ressaltar que quaisquer modificações de projeto ou de procedimentos devem ser cuidadosamente analisadas. Nenhuma modificação deve ser implementada sem uma cuidadosa análise das suas consequências.

Essas ações preventivas podem ser as mais variadas possíveis, indo desde a modificação de um procedimento de operação ou manutenção até a completa substituição do equipamento em questão. A variedade de possibilidades faz com seja impossível fazer mais do que citar alguns exemplos de ações e estratégias:

a) Padronização de componentes – Tem enormes vantagens: redução do estoque, padronização de procedimentos de operação e manutenção, redução do tempo de manutenção (menor número de peças faz com que seja mais fácil ter todas elas em mãos);
b) Modificação de procedimentos de operação de modo a eliminar problemas por eles causados, tais como operação de bombas com nível baixo no vaso de sucção, procedimentos de partida e parada incorretos etc.;
c) Modificação de procedimentos de manutenção: introduzir melhorias nos métodos de alinhamento (laser, por exemplo), na instalação de equipamentos, nos ajustes das folgas, na limpeza das caixas de mancais etc.;
d) Modificações de projeto dos equipamentos: instalação de novos selos mecânicos, de rolamentos mais robustos, melhores lubrificantes, vedação estanque de caixas de mancais, projeto de rotores e mancais de turbomáquinas, sistemas de controle de turbinas de grande porte;
e) Modificação de projeto de instalações: mudanças de traçado de tubulações para reduzir esforços em bocais, modificações de sistemas de controle de nível para evitar cavitação, instalação de sistemas anti-surge mais modernos em compressores centrífugos sujeitos a esse problema.

A efetiva implementação das ações corretivas depende da importância dada a cada problema. Em geral, as indústrias de processo dão prioridade para os problemas dos equipamentos que apresentam falhas repetitivas ou que afetam a produção, segurança e meio ambiente.

Não deve ser esquecido que deve ser feita uma avaliação técnica e econômica precisa de qualquer solução proposta para um certo problema. Um retorno financeiro positivo é um excelente argumento para facilitar a implementação de uma melhoria, embora esse critério não deva ser o único a ser avaliado, principalmente quando tratamos de situações onde estão em jogo a segurança de pessoas, instalações e do meio ambiente.

3.3 – Avaliação dos Resultados

Etapa fundamental que às vezes é esquecida. Pode ser feita para um grupo de problemas ou caso a caso, sendo o primeiro enfoque mais adequado para avaliar as soluções implementadas no caso da miríade de pequenos problemas do dia a dia.

A melhor maneira de avaliar o progresso da confiabilidade de um conjunto de equipamentos é definir indicadores que representem o que se quer medir e calcular periodicamente esses indicadores. São muito úteis para o caso em questão os seguintes índices: tempo médio entre falhas, tempo médio para reparo e custo de manutenção. Melhorias nesses indicadores indicam certamente uma melhoria do quadro geral. Esses mesmos indicadores podem ser utilizados para avaliar melhorias no caso da implementação de medidas corretivas em um equipamento específico.

A meta para os resultados dos índices listados acima deve ser sempre o ideal, ou seja, devem ser perseguidos um TMEF infinito e um TMPR e custo igual a zero. Essas metas não são, obviamente, atingíveis, mas toda a indústria está empenhada em atingi-los.

3.4 – Monitoração e Ação Antecipatória

Além de analisar as falhas que ocorrem e implementar ações corretivas também é necessário agir para evitar falhas previsíveis.

Programas de monitoração e de manutenção preditiva e preventiva tratam dessa parte da questão. Uma breve conceituação:

a) Monitoração da performance dos equipamentos: avaliações de performance são feitas através da monitoração de pressões, vazões e temperaturas do fluido de processo, monitoração de rotação, corrente elétrica de motores, vazão de vapor de turbinas etc. O mecanismo ideal é fazer toda a coleta de dados e a avaliação automaticamente, estabelecendo níveis de alarme para todas as variáveis;

b) Monitoração de condição: visa subsidiar um programa de manutenção preditiva (com base em condição do equipamento), utilizando monitoração de vibração, temperatura de mancais, temperatura e pressão de óleo, vazamentos de selos, ruído etc. Idealmente executado através de coleta e análise automática dos parâmetros;

c) Manutenção preventiva: ações executadas independente da condição do equipamento, seguindo um cronograma preestabelecido em função da experiência com o tipo específico da máquina. Por exemplo: lubrificação.

Máquinas críticas para o processo devem ser monitoradas continuamente. Equipamentos de menor importância para a planta podem ser monitorados com coletores de dados manuais ou quase continuamente, com instalação de sensores e multiplexadores conectados a um computador central.

O estabelecimento de níveis de alarme contribui para que variações anormais dos parâmetros listados acima sejam notadas mais facilmente e analisadas. A amplitude da variação admissível vai depender da situação, sendo estabelecida com base na experiência com o equipamento específico.

Outro item relevante para permitir ações antecipatórias, ou seja, que previnem falhas, é a possibilidade de inspecionar o equipamento em operação. Instalação de acessos e instrumentos pode permitir que uma inspeção visual de rotina seja bastante informativa sobre o estado do equipamento e sobre os reparos necessários. Bons exemplos são:

a) Medição da pressão na câmara de balanceamento de um compressor permite avaliar o estado dos labirintos;
b) Medição periódica da pressão na câmara da primeira roda de uma turbina a vapor permite avaliar se ela está suja;
c) Avaliação do estado do óleo diz muito sobre os rolamentos.

3.5 – O Papel dos Operadores na Confiabilidade das Máquinas

Todo o escopo deste texto está voltado para a ação de mecânicos, técnicos e engenheiros que trabalham com manutenção e confiabilidade de máquinas. Esse tipo de abordagem dá a impressão de que as pessoas que operam as máquinas têm um papel menos importante na preservação da confiabilidade dos equipamentos, o que não é, obviamente, verdade.

Embora muito possa ser feito para aumentar a confiabilidade das máquinas sem a ajuda dos operadores, os melhores resultados serão obtidos somente se esses conhecerem e executarem o seu papel. Uma analogia simplista pode ser feita entre duas pessoas que utilizam o mesmo tipo de automóvel. É bastante intuitivo que aquele que se preocupa em manter o veículo em boas condições de lubrificação, abastece com combustível de qualidade adequada, mantém o carro limpo, opera dentro dos limites de projeto (não trafega por estradas em condições inadequadas, não carrega excesso de peso, mantém a pressão dos pneus correta etc.), observa os instrumentos do painel e se mantém atento aos sinais de início de defeitos (ruídos, vibrações, vazamentos) vai obter uma vida mais longa e um menor custo de manutenção.

O exemplo citado mostra que é impossível obter alta confiabilidade das máquinas sem participação ativa de operadores bem informados e treinados. Virtualmente todas as plantas possuem procedimentos escritos de operação e os operadores são treinados no correto uso desses procedimentos. Quantas plantas possuem e utilizam programas de treinamento para permitir ao operador saber como agir para aumentar a confiabilidade das máquinas?

O tratamento completo dessa questão está além do escopo dess,e texto, mas alguns pontos podem ser ressaltados:

a) Os limites de projeto de cada equipamento devem estar claramente estabelecidos e ser claramente informados a cada operador. Além disso, as consequências da operação fora dos limites de projeto de cada máquina devem ser claramente explicadas. Todos os operadores devem saber o que acontece com bombas e compressores centrifugas quando operados em baixa vazão, o que acontece com os acionadores quando a vazão das bombas é muito alta, quais as consequências de colocar em operação uma turbina sem o pré-aquecimento devido, o que acontece com as bombas centrífugas quando a pressão de sucção é muito baixa etc.;

b) A monitoração de variáveis operacionais deve ser automática, sempre que possível. Em uma planta moderna existem milhares de variáveis operacionais, o que nos leva a desejar que haja um monitoramento automático e alarme de condições anormais. Isso permite que a ação do operador seja dirigida para os pontos nos quais ela é mais necessária, ou seja, para os pontos em que as condições de operação são anormais. No entanto, deve ser claramente explicado aos operadores que as rondas de área tem um valor inestimável. Nem o melhor sistema de monitoração computadorizado existente no mundo substitui as inspeções periódicas feitas pelo operador, onde ele vai ver, ouvir, sentir e cheirar as condições anormais. Nessas inspeções, podem ser detectadas irregularidades que devem ser levadas ao conhecimento dos especialistas em máquinas para avaliação, assim como cuidamos de um bebê e chamamos o pediatra quando percebemos algo errado. Pequenos serviços de manutenção podem ser executados durante essas inspeções, tais como reaperto de gaxetas, lubrificação, limpeza;

c) Todos os operadores devem conhecer a construção interna e o funcionamento mecânico das máquinas, de modo a poderem entender as condições que propiciam a ocorrência de falhas. Alguns exemplos são os detalhes de operação de sistemas de selagem e o seu impacto na vida do selo, os detalhes de operação de sistemas de lubrificação e o seu impacto na vida dos mancais, porque é importante operar as bombas reserva em revezamento com as titulares etc.

CAPÍTULO 4
– Mecanismos de Falha

Este Capítulo traz uma discussão resumida dos principais mecanismos de falhas observados em componentes de equipamentos mecânicos de indústria de processo. Não se pretende ter uma descrição exaustiva de modos de falhas, uma vez que nem todos são de interesse para a análise de problemas de máquinas. A ênfase em cada um dos mecanismos será ponderada pela sua importância relativa.

O primeiro passo para entender o mecanismo de uma falha é a classificação do seu tipo, onde as informações que obtemos sobre a aparência da superfície são comparadas com os conhecimentos existentes sobre o assunto. Deste modo, é possível uma identificação do modo de falha atuante.

4.1 - Fraturas Dúcteis e Frágeis

A estrutura interna dos metais utilizados para fabricação de peças de máquinas é cristalina, o que quer dizer que os átomos estão arranjados seguindo uma certa ordem. No interior dessa estrutura cristalina são encontrados diversos tipos de descontinuidades, tais como vazios ou inclusões, que vão influenciar grandemente o comportamento da peça sob carga.

A fratura de metais e ligas sob cargas constantes e em baixas temperaturas (menor que metade da temperatura de fusão do metal) pode ocorrer sob duas formas extremas:

Fratura frágil, em que a trinca se propaga de forma instável por toda a seção resistente da peça em uma velocidade que se aproxima da velocidade de propagação do som no metal. Propagação instável é aquela que ocorre sob carga constante ou decrescente. A ponta da trinca estará em uma região onde só existem deformações plásticas localizadas e a face da fratura não mostrará deformações plásticas macroscópicas.

Ruptura dúctil, em que a seção resistente se reduz por força de deformações plásticas macroscópicas causadas pelo escorregamento dos planos cristalinos em função das tensões de cisalhamento. Trata-se de um caso de deformação levada às últimas consequências, combinada com ruptura repentina de uma certa parte da seção resistente da peça.

Falhas de componentes de máquinas em serviço raramente ocorrem por fratura dúctil, sendo ela, em geral, consequência de uma falha múltipla na qual a sobrecarga que causou a dita fratura dúctil foi originada na falha de um outro componente.

4.1.1 Aspectos morfológicos da face da fratura dúctil

Uma face de fratura dúctil vai apresentar, em geral, três regiões distintas:

a) Zona fibrosa: corresponde ao início da fratura, onde a trinca se propaga de forma estável. Essa zona fibrosa vai estar na região de maior triaxialidade de tensões, ou seja, no interior da peça ou próxima a concentrações de tensão severas;
b) Zona radial: corresponde à região de propagação instável da fratura, com aparência rugosa. Essa região possui marcas radiais que divergem a partir da região de nucleação da fratura instável. A aparência é a mesma de uma fratura frágil;
c) Zona de cisalhamento: inclinada de 45° em relação ao eixo de tração, corresponde à região em que há um alívio da triaxialidade das tensões e há um escorregamento dos planos cristalinos devido às tensões de cisalhamento.

Essas regiões são mostradas esquematicamente na Figura 4.1.1. A Figura 4.1.2 mostra uma peça que sofreu fratura dúctil, sendo visível a deformação plástica generalizada.

Figura 4.1.1
– Esquema das diversas regiões da fratura dúctil, mostrando as zonas fibrosa, radial e de cisalhamento.

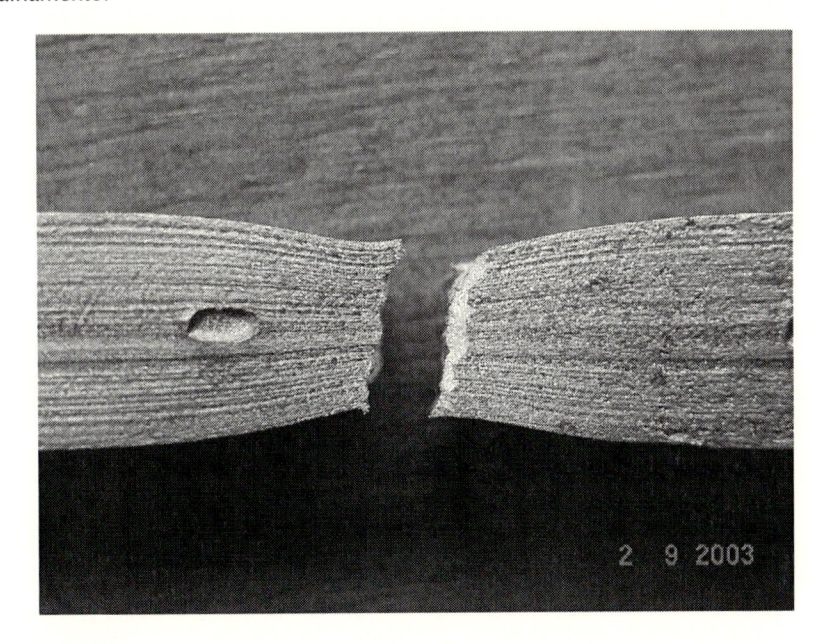

Figura 4.1.2
– Peça que sofreu fratura dúctil, sendo visível a deformação plástica.

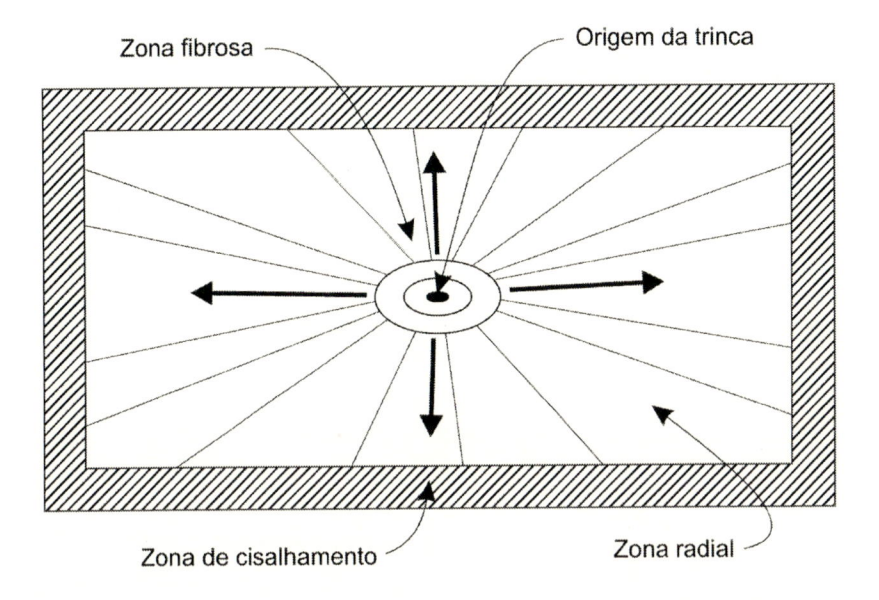

A morfologia de uma fratura específica vai variar em função de uma série de condições, condições essas que vão levar o material a ter um comportamento mais frágil ou mais dúctil. Condições que vão levar a fratura a ser mais frágil são: temperatura mais baixa; alta velocidade de carregamento; existência de fatores que gerem uma grande triaxialidade de tensões, como grandes dimensões ou entalhes; material susceptível etc.

Um exame microscópico de uma superfície de fratura dúctil em que não houve cisalhamento puro vai mostrar que a fratura dúctil se dá pela formação e coalescência de microcavidades, o que dá à superfície uma aparência de ter diversas cavidades esféricas ou parabólicas. Essas cavidades são conhecidas com o nome de *dimples*. Uma face de fratura na qual houve cisalhamento puro não terá *dimples*. O formato dos *dimples* está relacionado com modo de carregamento, sendo eles mais arredondados para carga de tração e mais alongados quando o material está sujeito a tensões de tração e de cisalhamento simultaneamente.

4.1.2 Mecanismo de Fratura Dúctil

A deformação observada em uma fratura dúctil é consequência do escorregamento dos planos cristalinos do metal uns sobre os outros. Esse escorregamento ocorre na direção da maior tensão de cisalhamento por ser exatamente essa a característica da tensão, ou seja, a tensão de cisalhamento tenta "cortar" o material, forçando o deslocamento dos planos cristalinos na sua direção.

A Figura 4.1.3 ilustra o comportamento da rede cristalina quando submetida a uma tensão de cisalhamento maior que o seu limite de resistência.

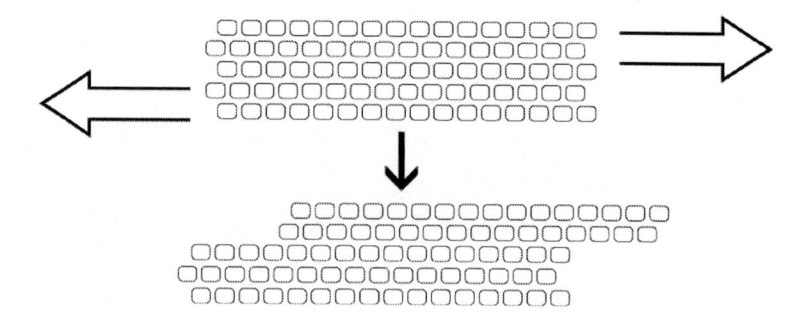

Figura 4.1.3
Ilustração do mecanismo de escorregamento dos átomos da estrutura cristalina do metal.

A formação dos *dimples* parece estar ligada à concentração de tensões na extremidade de uma banda de escorregamento que foi bloqueada por uma partícula. Essa concentração de tensões seria aliviada pelo rompimento do material da partícula ou da interface entre a partícula e o metal.

A existência dos *dimples*, embora esteja presente principalmente em fraturas dúcteis, não elimina a possibilidade de estarmos observando uma fratura frágil, já que podem aparecer *dimples* de rasgamento em alguns tipos de materiais, como aço inox austenítico e aços com limite de escoamento maior que 130 kgf/mm^2. A fratura frágil deve ser sempre caracterizada pela inexistência de deformação plástica macroscópica.

4.1.3 Fratura Frágil

Uma fratura frágil é caracterizada pela inexistência de deformações plásticas macroscópicas. Essa situação deve ser evitada no projeto de uma máquina devido às características deletérias das fraturas frágeis, que são:

a) A fratura frágil vai ocorrer sob tensões menores que as correspondentes ao escoamento generalizado, tornando inúteis os métodos de cálculo com base nas tensões máximas de cisalhamento (critério de Tresca), usualmente utilizados no projeto de peças construídas de materiais dúcteis.
b) Como a trinca é instável, ela vai se propagar com a velocidade de propagação do som no metal por toda a seção transversal da peça, o que pode levar a falhas catastróficas de uma estrutura.

Os métodos para evitar uma fratura frágil são basicamente os seguintes: escolha adequada de materiais, eliminação de concentradores de tensões, eliminação de cargas de impacto, evitar grandes seções transversais, eliminação de fontes de hidrogênio etc.

4.1.4 Aspectos Morfológicos da Face de Fratura Frágil

A face da fratura vai apresentar marcas radiais que se propagam pela sua superfície até próximo da superfície livre da peça, onde podem se formar zonas de cisalhamento em função da diminuição da triaxialidade. Em um componente que tenha espessura reduzida em relação às outras dimensões, como chapas e perfis, as marca radiais vão apresentar o aspecto característico conhecido como marcas de sargento (*chevron marks*).

Um dos pontos de maior importância na análise de uma fratura frágil é a determinação do local do seu início, local esse onde será feita uma análise mais aprofundada. Isso pode ser feito com a observação das seguintes características macroscópicas:

a) As marcas radiais irradiam a partir do ponto de início da fratura, quando apresentam o aspecto de marcas de sargento elas apontam para a região de início;
b) Quando a fratura se inicia na superfície da peça ela não vai apresentar a zona de cisalhamento;
c) Componentes fabricados de aços liga temperado e revenido e fraturados por impacto podem apresentar uma série de degraus na superfície da fratura, se o rompimento não tiver ocorrido no primeiro impacto;
d) Estruturas fabricadas de chapas de aço podem apresentar bifurcações das trincas no sentido da propagação.
e) A formação das marcas de sargento depende das condições do material e do carregamento, podendo às vezes não acontecer.

A Figura 4.1.4 mostra a face de uma fratura frágil, sendo visíveis as marcas de sargento.

A aparência microscópica de uma face de fratura frágil vai se caracterizar por exibir facetas de clivagem. Essas facetas indicam o plano cristalino onde houve o rompimento da estrutura cristalina. Esse rompimento da estrutura cristalina se dá na direção da maior tensão de tração em função da separação pura e simples dos átomos. Esse mecanismo vai ocorrer sempre que não for possível o escorregamento dos planos cristalinos, seja por termos tensão de cisalhamento muito baixa, como no caso de alta triaxialidade de tensões ou por uma característica qualquer do material.

Figura 4.1.4
– Face de uma fratura frágil em uma peça de aço liga temperada. O início da fratura ocorreu na região indicada pela seta, onde existe forte concentração de tensões. Notar marcas de sargento apontando para o início da fratura, na parte inferior da seção.

Embora as facetas de clivagem sejam a aparência predominante das fraturas frágeis, pode ocorrer em aços temperados e revenidos a formação de uma aparência de quase-clivagem, em que há *dimples* e os planos de ruptura não coincidem com os planos metalográficos.

4.1.5 Mecanismo da Fratura Frágil

Diferentemente do caso anterior, uma fratura frágil acontece pela separação dos planos cristalinos do metal quando submetidos a uma tensão de tração. Esta separação vai acontecer em uma direção perpendicular à da maior tensão de tração, da maneira ilustrada na Figura 4.1.5.

Deve ser notado que existem tensões de tração e de cisalhamento atuando simultaneamente em todas as peças submetidas a esforços de qualquer natureza. A distribuição interna dessas tensões e a susceptibilidade do material serão os fatores determinantes para o mecanismo de fratura.

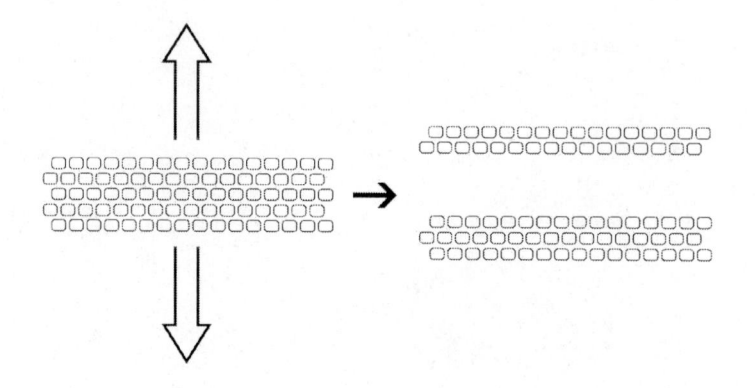

Figura 4.1.5
– Ilustração do mecanismo de fratura frágil. A rede cristalina se rompe pela separação dos átomos em uma direção perpendicular a da maior tensão de tração. Esse mecanismo é chamado de clivagem.

A magnitude relativa das tensões de tração e de cisalhamento tem grande importância nessa determinação do mecanismo de fratura. A Figura 4.1.6 ilustra situações em que são observadas diferentes distribuições de tensão. Do lado esquerdo está representada uma situação na qual há tensões principais de tração em dois planos somente (estado biaxial de tensões). No lado direito existe uma representação esquemática do efeito da introdução de um estado triaxial de tensões (três tensões principais de tração perpendiculares entre si). Note que a introdução do estado triaxial reduz a tensão máxima de cisalhamento.

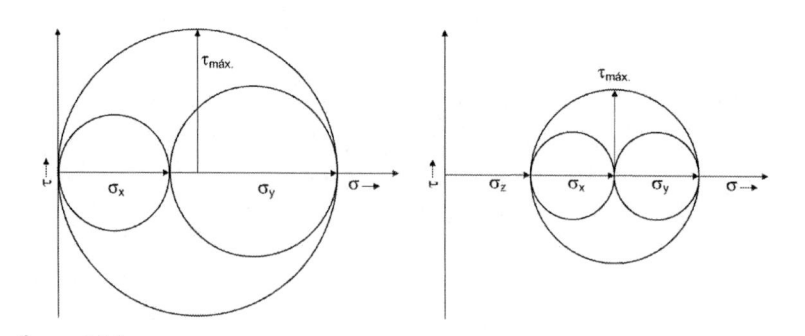

Figura 4.1.6
– Ilustração do círculo de Mohr mostrando a redução da máxima tensão cisalhante com a introdução de um estado triaxial de tensões.

É bem sabido que concentrações de tensão são fontes importantes de fraturas frágeis. O mecanismo pelo qual os entalhes facilitam as fraturas frágeis é a criação de uma forte triaxialidade de tensões na ponta do entalhe, triaxialidade essa que se refere à existência de três tensões principais de tração.

A extremidade de um entalhe é uma região onde as três tensões principais são de tração. Esse fenômeno é decorrência da distribuição não uniforme de tensões pela seção da peça, causada pelo entalhe. Essas diferentes tensões vão causar diferentes deformações, tanto na direção da tensão atuante quanto perperdicularmente à ela. A necessidade de manter a continuidade do material, sem descontinuidades de deformação entre regiões adjacentes, gera tensões em direções perpendiculares à da carga externa. Quando temos somente tensões de tração, a tensão máxima de cisalhamento é reduzida, o que dificulta o escoamento. Torna-se mais fácil atingir o limite de resistência à tensão de tração (o que vai ocasionar uma fratura frágil) do que o limite de escoamento, que levaria o material a escoar seguindo o plano de maior tensão cisalhante.

Essa situação ocorre sempre que a deformação na direção perpendicular a uma tensão de tração aplicada em uma peça (decorrentes do efeito de Poisson) é impedida, o que ocorre devido a entalhes, grandes seções etc. A Figura 4.1.7 ilustra esse mecanismo.

Um ensaio bastante utilizado para avaliar a tendência de fratura frágil de um certo material é o ensaio de Charpy, em que um corpo de prova entalhado é submetido a um impacto de energia conhecida. A energia absorvida pelo material na ruptura indica a resistência do material à fratura frágil, fornecendo dados comparativos entre os diversos materiais. Através do ensaio de Charpy, é possível avaliar a temperatura em que haverá transição de fratura dúctil para frágil, fator de extrema importância no projeto de estruturas, já que o material selecionado deve sempre estar em uma temperatura que permita fratura dúctil, ou seja, acima da temperatura de transição.

4.2 - Fraturas por Fadiga

A definição corrente de fadiga é a seguinte:

"Um processo **progressivo** e **localizado** de modificação estrutural permanente de um material que ocorre devido a condições que produzam tensões e deformações flutuantes em algum ou alguns pontos, e que pode culminar na formação de **trincas** ou **fratura completa** da peça, após um número suficientemente grande de ciclos".

Quatro palavras-chave foram destacadas:

a) Progressivo – Implica na necessidade de um processo que se desenvolve ao longo do tempo. Embora a fratura final ocorra subitamente, sem aviso, os mecanismos envolvidos podem ter existido a algum tempo;

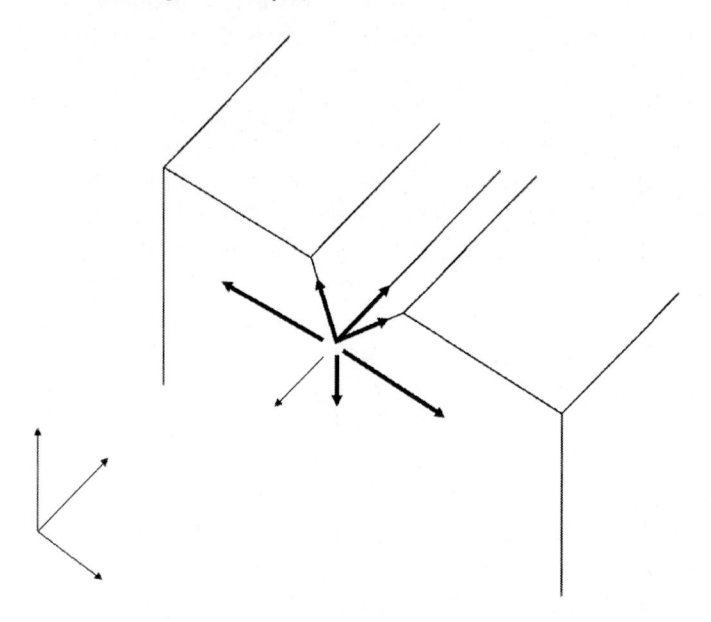

Figura 4.1.7
– Ilustração do desenvolvimento de um estado de tensões triaxial em um entalhe a partir de um carregamento uniaxial. Este fenômeno pode ser entendido se for considerado que o efeito de Poisson gera tensões em uma direção perpendicular à da carga externa, que a tensão normal na superfície externa é igual a zero e que é necessário equilíbrio de tensões no fundo do entalhe.

b) Localizado – Um único ponto pode ser o iniciador de uma fratura por fadiga, se houver condições locais para isto, como alta tensão externa, concentradores de tensões etc.
c) Trincas e fratura – A ruptura final é consequência do crescimento de uma trinca até um tamanho crítico, a partir do qual a peça não mais suporta as cargas existentes, ocorrendo a fratura que a separa em duas ou mais partes;

Chama-se fadiga de alto ciclo aquela causada por tensões menores que o limite de escoamento do material. Usualmente são necessários mais de 1000 ciclos para a ocorrência da fratura. Quando ocorre rompimento com menos que 1000 ciclos temos um caso de fadiga de baixo ciclo, normalmente com tensões acima do limite de escoamento.

A maior parte das fraturas observadas em peças de máquinas é causada por fadiga. Essa ocorrência pode ser entendida se considerarmos que todos os componentes de máquinas estão sujeitos a algum tipo de esforço cíclico.

4.2.1 Mecanismo de uma Fratura por Fadiga

Os átomos metálicos estão arranjados em uma certa ordem, o que é conhecido por estrutura cristalina. Cada grão individual tem sua estrutura cristalina orientada em uma certa direção, o que significa que ele estará mais sujeito a deformações causadas por tensões em uma certa direção específica, que é a dos planos em que o escorregamento cristalino é mais fácil. Os grãos cujos planos mais facilmente deformáveis estiverem alinhados com as tensões de cisalhamento existentes na peça serão os primeiros a se deformar.

Embora essas deformações ocorram em peças sujeitas a tensões monotônicas ou cíclicas, a deformação observada será diferente. No caso das tensões monotônicas, os planos cristalinos aos deslocados em uma única direção. No caso das tensões cíclicas, os planos cristalinos podem ser deslocados ora em uma direção, ora noutra. As deformações observadas em cada caso são vistas a seguir, nas Figuras 4.2.1 e 4.2.2.

As bandas de deformação geradas tornam-se excelentes concentradores de tensões, nucleando a formação de microtrincas. Estas microtrincas vão se propagar, a princípio, na direção da tensão máxima de cisalhamento, até que atinjam um tamanho suficiente para uma modificação de seu comportamento. A partir de então, elas passam a se propagar em uma direção perpendicular à da maior tensão de tração. O tamanho a partir do qual o comportamento da trinca muda depende da ductilidade do material e das condições de tensão locais.

A remoção dessas bandas de deformação por meios eletrolíticos, na medida em que elas vão se formando, faz com que a vida à fadiga da peça seja muito aumentada, podendo chegar a ser virtualmente infinita. Essa experiência não foi feita com o intuito de estabelecer um meio prático de aumentar a vida de peças reais sujeitas a cargas cíclicas, mas como um método de pesquisa para que fosse possível determinar a importância dessas bandas de deformação no desenvolvimento das trincas de fadiga.

A nucleação e crescimento iniciais da trinca estão ilustrados na Figura 4.2.3, em que pode ser vista a região de formação das bandas de deformação e a mudança de direção da trinca à medida que ela cresce.

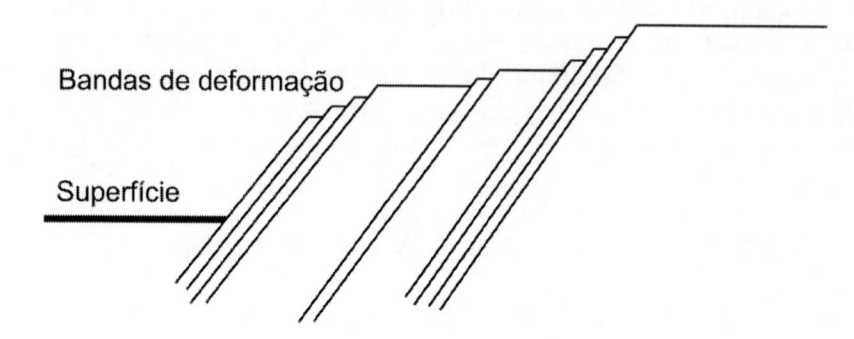

Figura 4.2.1
– Ilustração das deformações plásticas microscópicas observadas superficialmente, quando um metal é submetido a uma tensão constante de magnitude suficiente. As linhas paralelas representam os planos atômicos deslocados pela tensão cisalhante. (redesenhado, ref. 7.32)

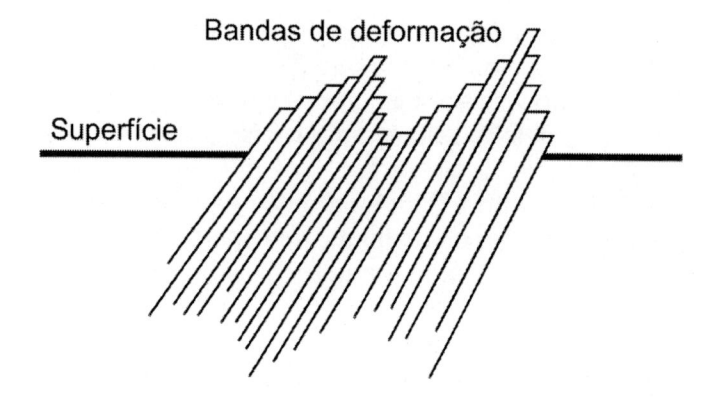

Figura 4.2.2
– Ilustração das deformações plásticas microscópicas observadas na superfície de uma peça metálica submetida a tensões cíclicas. Os planos atômicos são deslocados na direção da tensão de cisalhamento, que muda constantemente de sentido. (redesenhado, ref. 7.32)

Costuma-se dividir o processo de fadiga em três estágios:

a) O 1º estágio corresponde à nucleação da trinca devido à acumulação de descontinuidades do material causada pela **deformação plástica localizada**. Esse crescimento se dá ao longo de planos de escorregamento entre os átomos, sob influência de tensão de cisalhamento. Não existe dano visível a olho nu, já que a superfície da fratura se estende por uns poucos grãos. Essa fase pode corresponder a até 90% do número total de ciclos suportado pela peça antes da fratura. A presença de concentradores de tensões reduz a duração desse estágio.

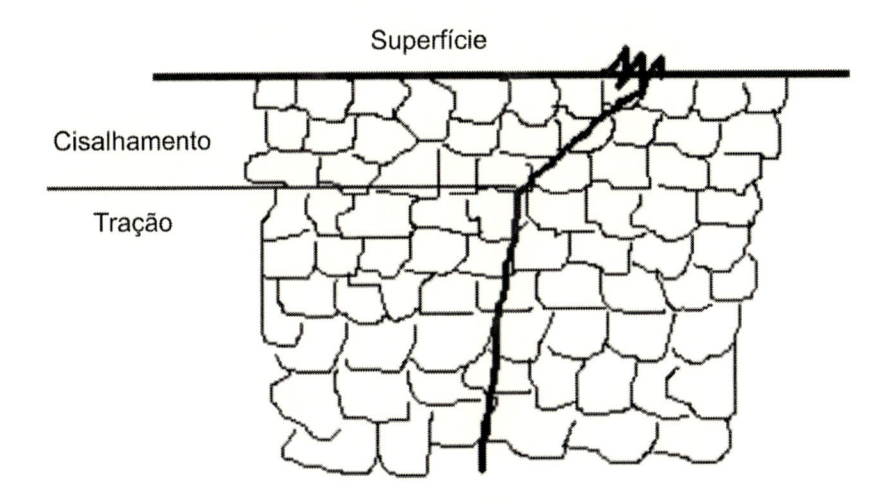

Figura 4.2.3
— Ilustração da região de nucleação e crescimento inicial de uma trinca de fadiga, onde se pode ver a modificação do seu comportamento. (redesenhado, ref. 7.32)

b) No 2º estágio ocorre o crescimento da trinca de fadiga, em um plano perpendicular ao da principal **tensão de tração**. A face da fratura é característica, sendo possível, normalmente, observar as marcas do crescimento da trinca a olho nu (embora haja diversas exceções). O 2º estágio normalmente cobre a maior parte da área da face da fratura, mesmo que não corresponda ao maior número de ciclos de carga.

c) No 3º estágio ocorre um rompimento brusco final da peça, o que vai ocorrer no último ciclo de carga. Esse estágio acontece quando a trinca atinge o **tamanho crítico para propagação**

instável. A área da região de rompimento brusco corresponde à tensão aplicada, maiores áreas indicam que maiores tensões estavam atuando, no caso de um material específico. Embora seja possível deformação plástica nessa região, ela normalmente é macroscopicamente frágil.

As palavras chaves grifadas indicam as condições necessárias para ocorrência de uma fratura por fadiga.

4.2.1 – Morfologia de uma trinca de fadiga

O exame de uma superfície de uma fratura será mais revelador quando feito com uma lupa de baixa ampliação. Nesse exame, é possível observar diversos detalhes morfológicos que indicam o tipo de solicitação e a origem da fratura.

O aspecto macroscópico mais característico de uma fratura de fadiga são as marcas de praia (ou marcas de progressão). Essas marcas são produzidas em consequência de alterações no ciclo de carga, seja na frequência ou na magnitude das tensões, sendo visíveis a olho nu. Essas marcas de progressão podem ser vistas na Figura 4.2.4.

Figura 4.2.4
– Face de uma fratura por fadiga, onde podem ser vistas as marcas de praia, a região de início da fratura e a região de ruptura final. Notar que as marcas de praia convergem para a região de início da fratura. A pequena região de fratura final indica que a tensão atuante na peça era pequena. O número estimado de ciclos de carga até a fratura foi de 4.000.000.

As marcas de praia representam mudanças na orientação da frente de propagação da trinca em função das modificações da carga aplicada. As marcas de praia não são produzidas quando não há alterações no ciclo de tensão. Não devem ser confundidas com as estrias de fadiga, visíveis somente ao microscópio eletrônico. As estrias de fadiga correspondem a cada posição da frente de propagação da trinca, nos vários ciclos de tensão.

O aspecto microscópico da face de uma fratura por fadiga mostra os mecanismos microscópicos da propagação da trinca:

a) Estrias de fadiga são marcas paralelas alinhadas com a direção de propagação da trinca. As estrias de fadiga marcam a posição da frente de propagação em cada ciclo de carga, sendo encontradas principalmente em materiais dúcteis. Uma única marca de praia pode conter milhares de estrias. As estrias de fadiga podem ser vistas na Figura 4.2.5 a;
b) Coalescência de vazios pode ser observada em materiais dúcteis, tendo a aparência microscópica mostrada na Figura 4.2.5 b;
c) Microclivagem é um mecanismo de propagação em que a dissipação de energia é pequena, sendo considerado indesejável. Sua aparência microscópica é mostrada na Figura 4.2.5 c.

Figura 4.2.5
– Faces de fraturas por fadiga mostrando estrias, coalescência de vazios e microclivagem (ASM – American Society for Metals: *Metals Handbook, vol. 12 – Fractography*, ASM, 1987)

Um resumo dos aspectos observados em uma face de fratura por fadiga:

a) O processo de fadiga envolve a nucleação e propagação de uma ou mais trincas até a fratura final. A propagação das trincas macroscópicas se dá, usualmente, em uma direção perpendicular à maior tensão de tração;
b) A região de propagação da trinca de fadiga pode ocupar qualquer fração da área total da peça entre menos que 1% até quase 100%. A área ocupada pela região de fratura brusca final aumenta com o aumento da tensão atuante e com a diminuição da tenacidade do material. A Figura 4.2.6 ilustra essas diferenças;
c) A trinca de fadiga pode ser distinguida da região de fratura final pelas marcas de praia, uma superfície lisa ou uma parte corroída. Nem sempre as marcas de praia são visíveis;

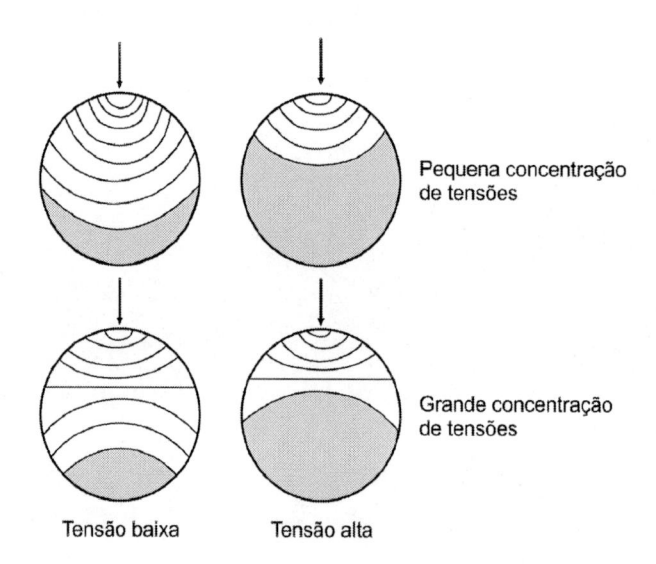

Figura 4.2.6
– Ilustração da aparência de uma face de fratura por fadiga, mostrando o aumento da área da fratura final com o aumento da carga e o aumento da velocidade de propagação da trinca na periferia com o aumento da concentração de tensões.

d) As trincas de fadiga costumam começar na superfície, nas quais as tensões são maiores e existem fatores externos, como corrosão. Concentradores de tensões também colaboram. Múltiplos pontos de nucleação indicam severa concentração de tensões. Essas múltiplas frentes eventualmente vão se unir em uma única à medida que as trincas se propagam. Como as trincas podem se nuclear em planos diferentes, vão aparecer degraus entre as diversas trincas. Esses degraus são conhecidos por marcas de catraca (*ratchet marks*);
e) A face da fratura em um eixo engastado tende a se propagar para dentro do engaste;
f) A trinca avança mais rápido nas regiões de maior triaxialidade de tensões. Quando não há concentração de tensões, isso ocorre no centro da peça. No caso de grande concentração de tensões, a frente da trinca vai se deslocar mais rapidamente na periferia do componente. Neste caso, as marcas de progressão podem apresentar uma curvatura invertida, conforme mostrado na Figura 4.2.6;
g) No caso de flexão-rotação o centro de curvatura da frente da trinca tende a se deslocar em sentido contrário ao da rotação do eixo. Esse fenômeno é devido à perda de simetria da região da frente de propagação da trinca em relação à carga. A rotação do eixo em relação à carga faz com que todas as regiões da seção transversal do eixo sejam submetidas ora à tração, ora à compressão. A frente de propagação da trinca tende a se abrir ao ser tracionada e a se fechar ao ser comprimida. Desse modo, a região trincada proporciona um apoio às demais regiões quando ela está na zona comprimida, não colaborando para sustentação da carga quando está na região tracionada. A zona de fratura final tende a se deslocar para o centro com o aumento da tensão. A Figura 4.2.7 ilustra essa situação;

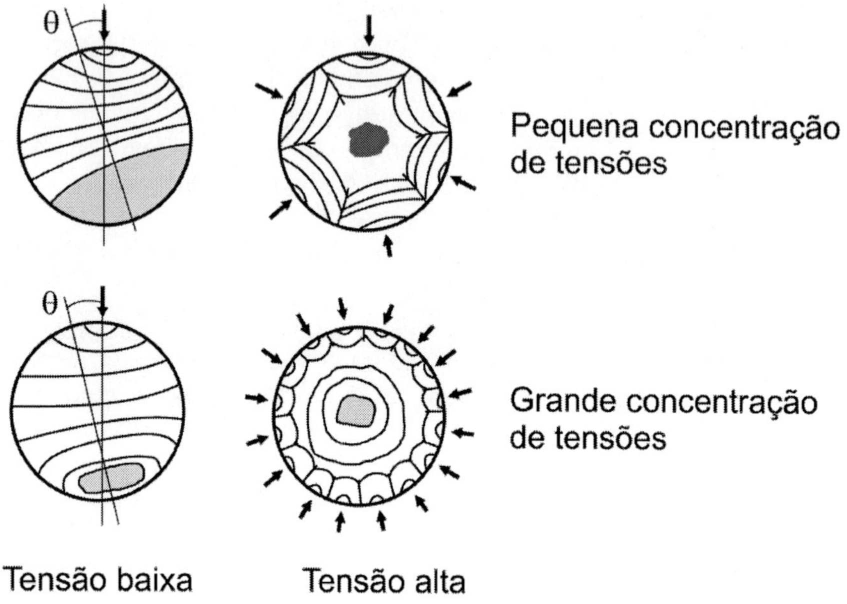

Pequena concentração de tensões

Grande concentração de tensões

Tensão baixa   Tensão alta

Figura 4.2.7
– Ilustração da face de uma fratura por fadiga de um eixo rotativo. Além disso, a região de fratura final aparece deslocada, devido à perda de simetria das tensões em cada lado da trinca, à medida que o eixo gira. A Figura mostra um eixo que girou no sentido horário.

h) No caso de torção unidirecional a fratura tende a se propagar formando um ângulo de 45° com o eixo da torção (molas, eixos). No caso de torção bidirecional a fratura se mantém no plano normal ao eixo com degraus tipo dente de serra;

4.2.2 – Fatores que Influenciam a Resistência à Fadiga

A fadiga é um processo essencialmente localizado, sendo fácil entender a importância das concentrações de tensões, acabamento superficial, tensões residuais devido à soldagem, corrosão etc. A resistência à fadiga de um material normalmente é maior para maiores resistências à ruptura. No entanto, utilizar um material de alta resistência em uma peça sujeita à fadiga não garante que ela não vai sofrer desse problema.

O número de ciclos que certa peça resiste antes de romper por fadiga depende de uma série de fatores, a começar pela natureza do material e pela magnitude da tensão. Os materiais metálicos vão resistir a um maior número de ciclo com menor tensão, conforme mostrado na Figura 4.2.8. Também pode ser visto que ligas ferrosas, quando trabalhando em ambiente não corrosivo, possuem um limite definido de resistência à fadiga, abaixo do qual a fratura não ocorre. Ligas de alumínio ou titânio, por exemplo, não possuem esse limite, sofrendo rupturas por fadiga mesmo com a redução da tensão.

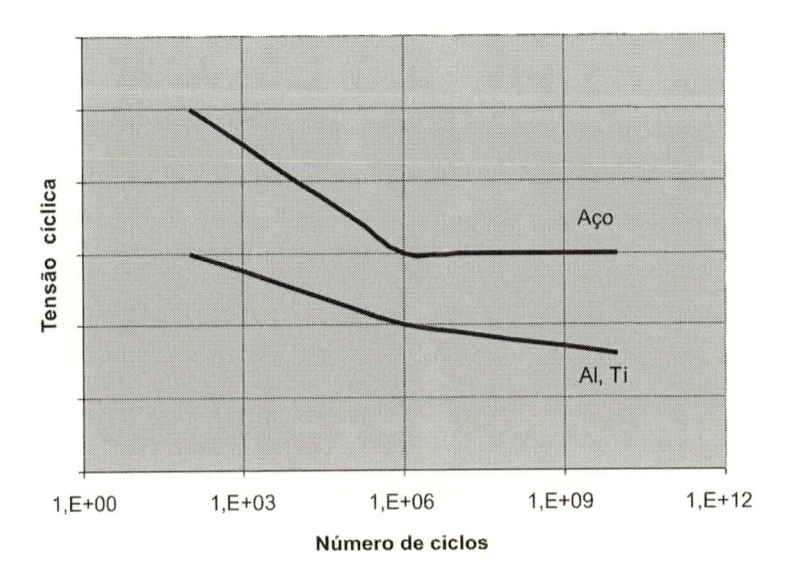

Figura 4.2.8
– Resistência à fadiga em função do número de ciclos.

Vários outros fatores influenciam a resistência da peça:

a) Acabamento superficial – Sendo a fadiga um fenômeno localizado, pequenas imperfeições superficiais podem ajudar a nucleação da trinca de fadiga. Uma peça polida terá maior resistência que uma usinada. Por outro lado, a introdução de tensões residuais de compressão na superfície da peça, como no caso de um jateamento com granalha, faz com que a resistência à fadiga aumente. Deve ser observado que um aumento da dureza do material aumenta a sua sensibilidade ao acabamento superficial. Essas influências estão ilustradas na Figura 4.2.9;

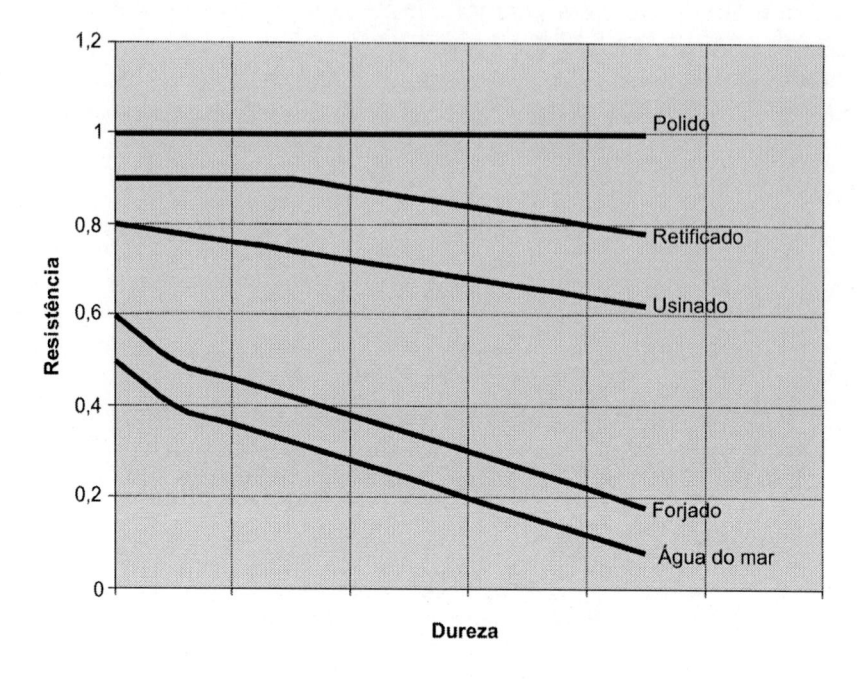

Figura 4.2.9
– Ilustração da resistência à fadiga de aços em função da resistência mecânica e do acabamento superficial.

b) Tensões residuais – A existência de tensões residuais devido a tratamentos térmicos ou soldagem pode reduzir a resistência da peça. A superposição das tensões pré-existentes com as tensões de trabalho pode fazer com que a tensão atuante no componente ultrapasse o limite do material;
c) Corrosão e *fretting* reduzem grandemente a resistência à fadiga, em função das alterações superficiais que produzem;
d) Concentrações de tensão – Roscas, cantos vivos, filetes e outros concentradores de tensões fazem com que a tensão localizada seja bastante mais alta que as tensões médias, sendo notórios pontos de início de trincas por fadiga. Esse efeito é ilustrado na Figura 4.2.10;

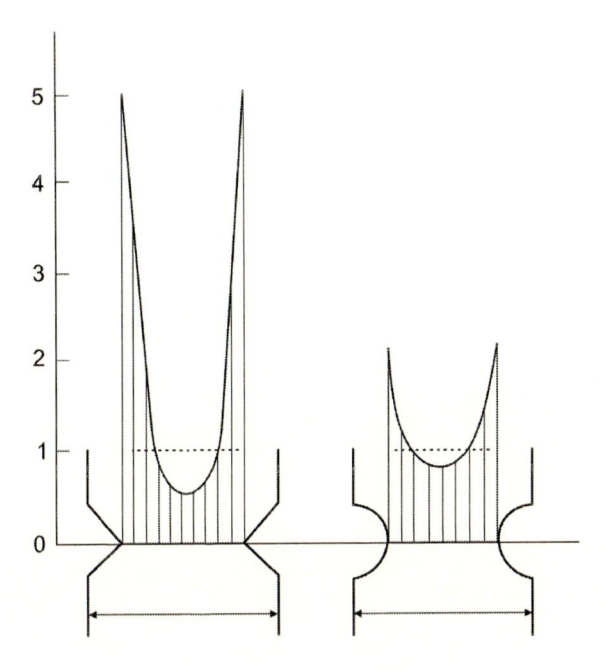

Figura 4.2.10
– Ilustração do aumento da tensão localizada na presença de entalhes em barras cilíndricas tracionadas com a mesma tensão média.

e) Tamanho da peça – A resistência à fadiga diminui com o aumento das dimensões da peça. Essa menor resistência das peças de maiores dimensões à fadiga parece estar relacionada com a maior área superficial, que resulta na existência de uma maior quantidade de locais em que há potencial para ocorrência das deformações localizadas que iniciam o processo.

Materiais de alta resistência são mais sensíveis aos fatores listados acima. A vida e a fadiga de uma peça deve ser cuidadosamente avaliada quanto à influência de cada um desses fatores antes da escolha do material.

O projeto de um componente deve considerar a resistência do material e as tensões a ele impostas. O diagrama de Goodman, ilustrado na Figura 4.2.11, delimita os níveis de tensão que uma peça pode suportar no caso de solicitação estática, solicitação cíclica e combinações de ambos. A combinação de tensões cíclicas e estáticas atuando na peça deve ser plotada no gráfico, estando nele indicada a vida esperada do material. Deve ser notado que existem diversos outros critérios para dimensionamento de peças em função da fadiga. O critério mais adequado depende do tipo de material, do tipo de peça e do tipo de serviço a que a peça será submetida.

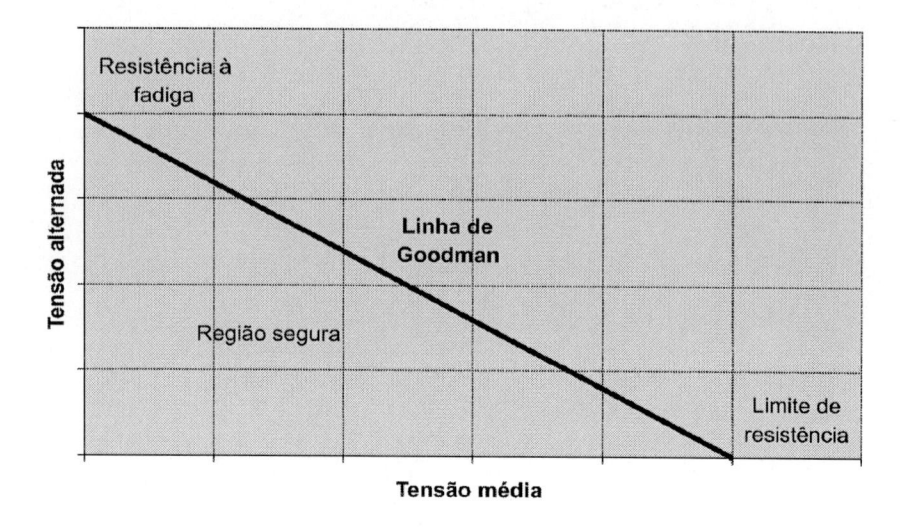

[Diagrama de Goodman: eixo vertical "Tensão alternada" com "Resistência à fadiga" no topo; eixo horizontal "Tensão média" com "Limite de resistência" na extremidade direita; linha diagonal descendente rotulada "Linha de Goodman"; área abaixo da linha marcada como "Região segura".]

Figura 4.2.11
– Diagrama de Goodman ilustrando a resistência à fadiga do aço no caso de tensões cíclicas superpostas a uma tensão estática.

4.2.3 – Casos Especiais

a) Fadiga Superficial

Fadiga superficial ou de contato ocorre quando temos alta tensão de contato entre peças que rolam uma sobre a outra, como rolamentos e engrenagens.

O contato entre superfícies que rolam desenvolve tensões de cisalhamento subsuperficiais, conhecidas por tensões Hertzianas, que podem originar uma falha por fadiga se o contato for intermitente.

A maneira mais fácil de entender o desenvolvimento dessas tensões de cisalhamento subsuperficiais é considerar o que ocorre com um material macio, por exemplo, gelatina, quando ele é pressionado por uma superfície convexa, por exemplo, uma colher. A gelatina escorre para os lados nessa situação, o que evidencia a existência de tensões de cisalhamento.

No caso mais comum, essas trincas vão ser nucleadas logo abaixo ou na superfície e vão se propagar até causarem a remoção da camada superficial, como se o material estivesse "descascando". Esse mecanismo é um modo de falha clássico de rolamentos e engrenagens. As formas pelas quais se manifesta serão vistas com mais detalhes no Capítulo sobre falhas de componentes.

b) Fadiga Térmica

A ocorrência de fadiga térmica está ligada à existência de restrições à dilatação térmica do material ou a aquecimentos diferentes nas várias regiões de uma mesma peça. O aquecimento causa uma dilatação e uma redução na resistência mecânica do material. As restrições à dilatação podem dar origem a deformações plásticas, que geram ruptura por fadiga de baixo ciclo se repetidas.

Uma peça presa nas extremidades e aquecida 80° C acima da temperatura inicial vai desenvolver tensões de cerca de 200 MPa, que pode ser suficiente para fazer escoar o material e gerar trincas por fadiga, se repetida diversas vezes.

c) Corrosão e *Fretting*

Corrosão pode iniciar a nucleação de trincas de fadiga. Embora o mecanismo do fenômeno não seja bem conhecido, ele provavelmente está relacionado com as alterações superficiais provocadas pela corrosão. O mecanismo de fadiga-corrosão será analisado no item sobre corrosão.

Uma falha por fadiga pode ser iniciada em uma região sujeita a *fretting*. Uma descrição do mecanismo de falha se encontra no item correspondente, no Capítulo seguinte.

4.3 – Desgaste

O entendimento dos fenômenos que acontecem quando duas superfícies apresentam movimento relativo é de fundamental importância para a análise de falhas de máquinas industriais. O desgaste é, nas suas várias formas, o principal mecanismo de dano observado nos componentes das máquinas das indústrias de processo químicos e petroquímicos.

Este Capítulo é dedicado ao estudo do desgaste que ocorre por meios predominantemente mecânicos, mesmo sendo impossível descartar totalmente a contribuição dos mecanismos químicos e eletroquímicos.

4.3.1 Desgaste por Deslizamento

Desgaste por deslizamento ocorre quando duas superfícies sólidas deslizam uma sobre a outra. Sendo as máquinas de uso industrial construídas basicamente de aço, o Capítulo tratará do desgaste de metais, somente. Serão consideradas tanto as situações onde há lubrificação quanto o caso de desgaste a seco. Os mecanismos de desgaste onde há participação de partículas duras serão estudados em Capítulo posterior.

Este mecanismo de falha é comumente chamado de desgaste adesivo, em virtude da importante participação da adesão das microrrugosidades no dano. Este nome pode, no entanto, encobrir a participação de outros mecanismos que agem simultaneamente.

4.3.1.1 – Teoria do Desgaste por Deslizamento

O ponto de partida para estabelecer um modelo matemático do desgaste por deslizamento é o conjunto de hipóteses básicas sobre o contato não lubrificado (sem filme de óleo) de superfícies rugosas, a saber:

a) O contato efetivo entre as superfícies ocorrerá nos locais onde os pontos altos das microrrugosidades das duas superfícies se tocam;
b) A área total de contato será igual à soma de todas as áreas das microrrugosidades, sendo aproximadamente proporcional à carga aplicada;
c) Na maioria dos casos, principalmente no caso de metais, a deformação desses pontos de contato será plástica, ou seja, a pressão efetiva de contato em cada ponto será maior que a dureza da superfície mais macia.

No caso de termos deslizamento de duas superfícies com uma certa carga de contato, a taxa de desgaste será determinada pela equação de Archard:

$$Q = K \times W / H$$

Em que:
Q = taxa de desgaste, medida em volume de material removido por metro linear de deslocamento (mm^3/m);
W = carga normal, medida em Newton;
H = dureza do material, N/mm^2;
K = coeficiente de desgaste, adimensional e sempre menor que 1.

O coeficiente de desgaste pode ser utilizado para comparar a severidade do desgaste em diferentes situações, considerando-se, sempre, que ele se refere não só ao material ensaiado, mas ao sistema (materiais, cargas, velocidades, temperaturas, existência ou não de oxigênio ou lubrificante etc.). Alguns valores típicos de coeficiente para alguns sistemas de desgaste sem lubrificação, com os corpos sendo atritados ao ar:

Aço doce X aço rápido 7 X 10^{-3}
Latão X aço rápido 6 X 10^{-4}
Aço rápido X aço rápido 1,3 X 10^{-4}

O coeficiente de desgaste pode ser entendido como sendo a relação entre o volume de material deformado e o volume de material efetivamente removido durante o contato entre as superfícies. Deve ser considerado que o coeficiente de desgaste K será aproximadamente constante para um sistema onde há desgaste somente dentro de certos limites, o que significa que as condições do sistema, conforme mencionado acima, devem permanecer constantes. Um exemplo típico de situação em que o valor de K muda com a carga é no desgaste seco do aço, onde, acima de uma certa carga, é observado um aumento significativo de K, devido a uma mudança no mecanismo de desgaste. Esse comportamento será analisado mais adiante.

4.3.1.2 – Mecanismo de desgaste por deslizamento

O mecanismo do desgaste por deslizamento (ainda tratando somente de atrito seco) pode ser compreendido ao examinarmos as experiências feitas com o latão α/β atritado contra um disco de Stellite. Esse material foi bastante estudado e tem um comportamento que costuma ser facilmente reproduzido, em laboratório.

A Figura 4.3.1 mostra que, em cargas baixas, a taxa de desgaste aumenta com a carga seguindo a equação de Archard. Com uma carga entre 5 e 10 N, há um aumento significativo da taxa de desgaste, que passa, posteriormente, a seguir novamente a equação de Archard. Há uma grande redução na resistência elétrica do contato na mesma carga. A rugosidade da superfície aumenta muito com cargas acima da de transição, assim como o tamanho dos detritos formados. Pode-se considerar que o desgaste é moderado, na região de cargas baixas; e severo, na região de cargas altas.

A transição do desgaste moderado para severo acontece devido a uma modificação no processo de desgaste. Em baixa carga, a velocidade de remoção do óxido presente na superfície é menor do que a velocidade de oxidação do metal exposto, o que permite que haja sempre uma cobertura de óxidos. Esta cobertura dificulta a adesão superficial das microrrugosidades, reduzindo o atrito. Essa camada de óxidos explica, também, a elevada resistência elétrica do contato. Com cargas elevadas, a velocidade de remoção do óxido passa a ser maior que a de formação, o que resulta na existência de metal ativo em uma grande parcela dos picos, facilitando a adesão e, por conseguinte, aumentando atrito e o desgaste e reduzindo a resistência elétrica do contato.

Esta transição é observada em muitos metais. Assim como as mudanças de carga e velocidade, elas podem resultar do aumento da distância percorrida. Esta outra transição está associada ao "amaciamento" da superfície, sendo usual uma passagem de um regime de desgaste severo para um de desgaste moderado devido à redução da rugosidade, formação de uma camada de óxidos ou formação de camadas de fases mais duras, como, por exemplo, martensita, no caso do aço. Os detritos formados durante o deslizamento causam, como era de se esperar, desgaste abrasivo nos materiais atritados.

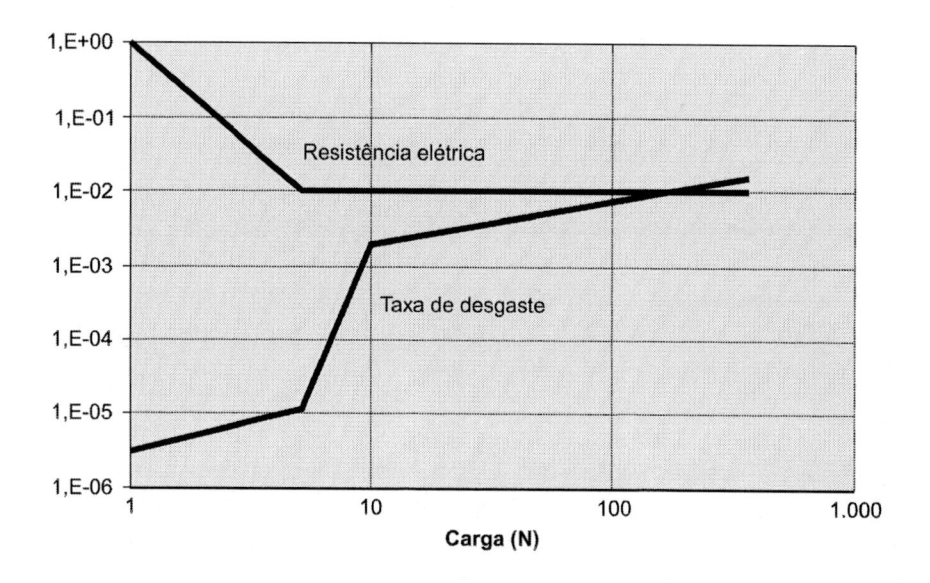

Figura 4.3.1
– Ilustração da taxa de desgaste e resistência elétrica do latão em contato com um disco de Stellite, em um ensaio de desgaste. As peças estavam expostas ao ar.(redesenhado, ref. 7.26)

O mecanismo do desgaste por deslizamento de metais é, comumente, afetado por dois outros fenômenos separados, que agem conjuntamente:

a) Plasticidade e Adesão

O contato de superfícies metálicas resulta, em geral, na ocorrência de deformações plásticas localizadas na superfície mais macia. O movimento relativo das superfícies pode causar o deslocamento lateral das regiões de contato. Esse deslocamento ocasiona uma deformação da superfície mais macia, o que pode resultar em um deslocamento de material e formação de trincas, conforme ilustrado na Figura abaixo. Deve ser notado que as deformações superficiais se acumulam e trincas se formam nas proximidades da região de contato, propiciando a remoção de uma partícula metálica.

A Figura 4.3.2 ilustra o mecanismo de desgaste severo, em que há remoção de partículas metálicas. No caso de desgaste moderado há remoção de óxidos superficiais, não de partículas de metal. A estrutura superficial resultante será alongada, com os grãos se apresentando deformados na direção do deslizamento.

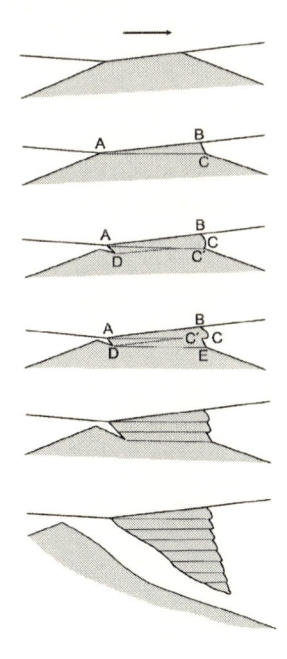

Figura 4.3.2
– Ilustração da remoção de uma partícula metálica. O acúmulo de deformações plásticas acaba resultando em uma trinca (A – D), que se propaga até culminar na remoção de uma partícula.

Note que a deformação superficial devido ao deslizamento e a remoção de partículas podem ocorrer mesmo que não haja adesão, pela simples interação geométrica das rugosidades. A microestrutura da superfície dos metais desgastados mostra uma região com deformações severas, que aumenta à medida que nos aproximamos da superfície. A camada externa contém, usualmente, uma mistura de óxidos e metal, além de material transferido do contracorpo. A região externa tem uma estrutura lamelar.

b) Oxidação

O aumento de temperatura localizado pode ser bastante grande nas superfícies que se atritam, mesmo em baixas velocidades. Essa alta temperatura propicia uma oxidação rápida da superfície, o que acaba competindo com o mecanismo anterior. Esta oxidação rápida faz com que seja mais difícil a adesão entre as superfícies e com que a remoção de material ocorra principalmente na camada de óxidos. O papel da temperatura na oxidação é bem conhecido. Quando a temperatura ambiente é alta, isso pode influenciar a formação de óxidos na superfície e, por conseguinte, o desgaste. O papel do deslizamento das superfícies metálicas na oxidação parece ser o de acelerar esse processo, provavelmente devido à exposição de metal ativo quando da remoção de partículas superficiais.

O mecanismo de remoção do óxido superficial parece ser o seguinte: o óxido é removido de um local pelo contato e se acumula na superfície próximo a esse local; mais óxido removido de outros pontos se acumula acima desse; um contato posterior remove o aglomerado formado desse modo. Também é possível que as partículas metálicas sejam oxidadas após a sua remoção.

A Figura 4.3.3 mostra um componente de máquina sujeito a desgaste severo. Podem ser observadas regiões onde houve remoção de material devido à adesão entre os pontos altos das superfícies em contato. Na Figura 4.3.4 podemos ver uma peça submetida a um desgaste moderado. É evidente a diferença de acabamento entre as duas superfícies. Os principais fatores que mudam o regime de desgaste de moderado para severo, mantidas as demais condições idênticas, são: o aumento da carga normal e o aumento da velocidade relativa.

A geração de calor devido ao atrito contribui para o aumento da temperatura superficial, o que pode resultar em aumento da oxidação. Esse aumento de temperatura pode, também, resultar na possibilidade de choques térmicos e trincas superficiais, se existirem condições para um resfriamento rápido da superfície. Esse fenômeno está ilustrado na Figura 4.3.5.

Figura 4.3.3
– Superfície metálica sujeita a desgaste severo, com remoção de partículas devido à adesão

Figura 4.3.4
– Superfície metálica sujeita a desgaste moderado. Notar a diferença de acabamento superficial, em relação à Figura 4.3.3.

4.3.1.3 – Deslizamento Lubrificado

O ponto fundamental para determinação das características de um sistema lubrificado é a razão λ entre a distância efetiva das superfícies e a altura média quadrática das asperezas, ilustrado na Figura 4.3.6. Como pode ser facilmente entendido, os fatores que reduzem λ são o aumento da carga ou da rugosidade, a redução da velocidade ou da viscosidade do lubrificante.

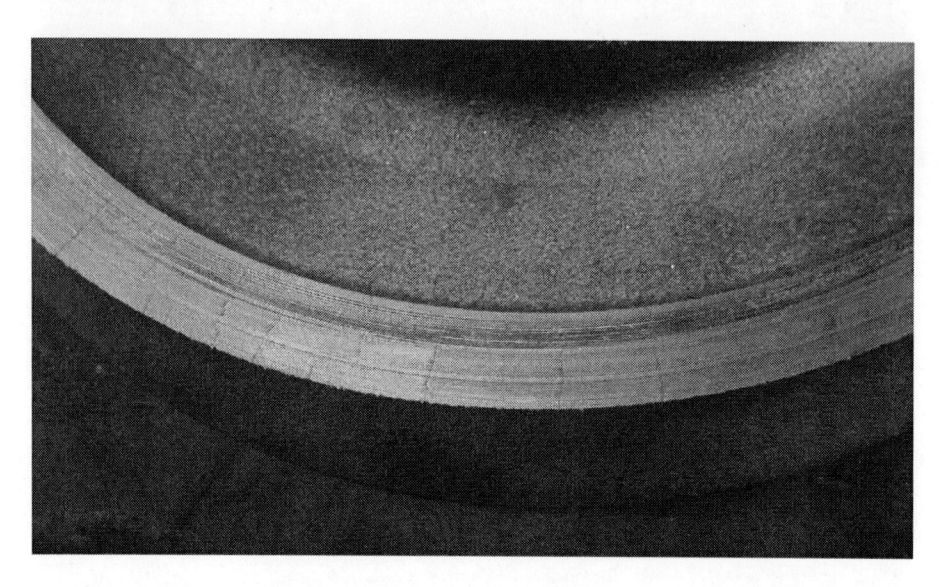

Figura 4.3.5
– Superfície sujeita a desgaste por deslizamento. Pode-se notar a existência de sulcos concêntricos, causados pelas partículas arrancadas da superfície. Também é possível observar a existência de trincas radiais, que tiveram sua origem no choque térmico causado pela alta temperatura gerada pelo atrito.

Com $\lambda > 3$, temos condições de lubrificação hidrodinâmica, em que o filme de fluido separa completamente as superfícies. Nessa situação, não há contato sólido e a taxa de desgaste e o coeficiente de atrito serão muito baixos. É o tipo de situação encontrada em mancais de deslizamento, por exemplo.

Com valores de λ entre 1 e 3, o regime de lubrificação é dito elastohidrodinâmico. Haverá algum contato entre os pontos altos das superfícies e o desgaste será, inevitavelmente, maior que na situação anterior. Nesse caso, costuma ser importante considerar a elasticidade das superfícies na avaliação das condições de lubrificação, sendo esta a origem do nome. Este tipo de lubrificação é encontrado em mancais de rolamento.

Se ☐ < 1, haverá contato sólido pronunciado, com pouco ou nenhum filme lubrificante. O desgaste e o coeficiente de atrito serão ainda maiores. Essa é a situação em que os lubrificantes sólidos podem colaborar para reduzir o atrito. Os lubrificantes sólidos e os aditivos de extrema pressão (EP) formam camadas superficiais que alteram as características do contato. Essas alterações podem ser: formação de filmes adsorvidos e deposição de camadas que dificultam a adesão superficial. Outro recurso bastante utilizado é a confecção de componentes com materiais que possuam características adequadas de dureza e dificuldade de adesão. Este tipo de situação pode ser encontrado em alguns tipos de selos mecânicos, principalmente os que trabalham com fluido de baixa lubricidade, sendo as faces que se atritam fabricadas de carbeto de silício e grafite sinterizada.

Note que a rugosidade RMS é o mesmo que o desvio padrão da altura das rugosidades superficiais. Se tivermos uma distribuição normal das alturas das rugosidades, a probabilidade de uma imperfeição superficial qualquer atingir uma altura maior que 3 ☐ é muito reduzida.

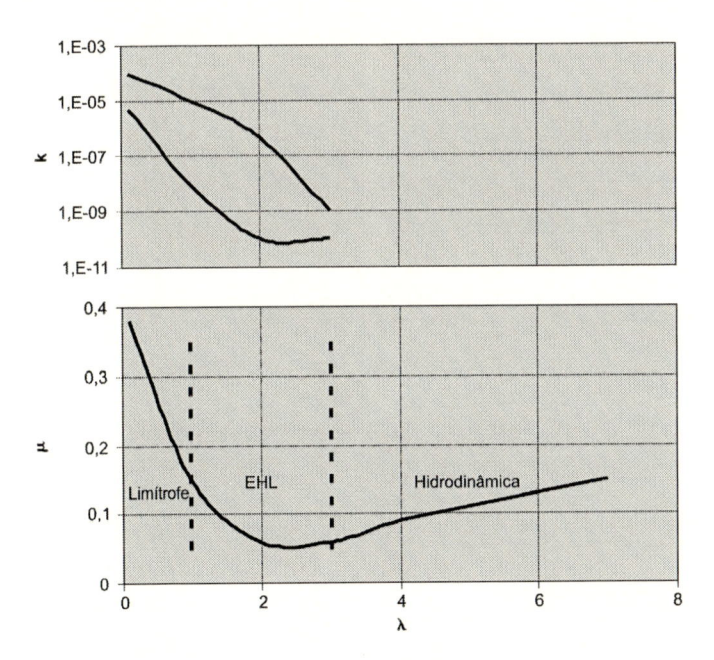

Figura 4.3.6
– Ilustração do comportamento do coeficiente de atrito (μ) e da faixa de variação da taxa de desgaste (k) em função da espessura relativa do filme (λ). (redesenhado, ref. 7.26)

As diferentes situações podem ser entendidas se fizermos uma divisão da carga normal em duas parcelas, uma delas sustentada pelo contato sólido e a outra pela pressão hidrodinâmica no filme líquido. A Figura 4.3.7 ilustra os três casos, sendo a situação em que $\lambda > 3$ ilustrada do lado esquerdo. Pode ser visto que toda a carga é sustentada pela pressão do filme de óleo, não havendo contato sólido. O caso em que $1 < \lambda < 3$ é mostrado no centro, com parte da carga sustentada pelo filme fluido e parte pelo contato sólido. O caso com $\lambda < 1$ é ilustrado à direita.

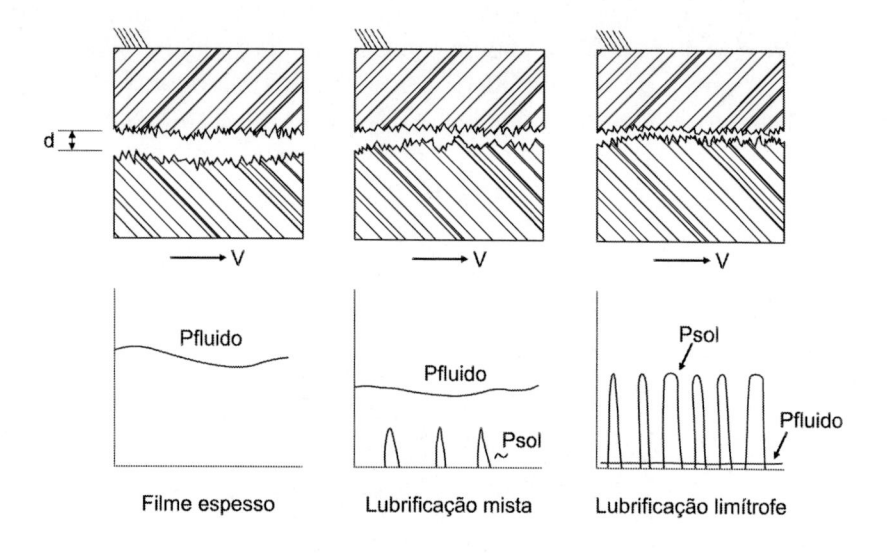

Figura 4.3.7
– Ilustração da divisão de carga entre o contato sólido e a pressão do filme de fluido, nas situações descritas no texto.

Nas situações em que há contato sólido, o atrito e o desgaste dos metais mostram uma tendência de redução com o tempo. Essa redução se deve à formação de uma camada de óxidos, que colabora para reduzir a adesão superficial, e à remoção dos pontos mais altos, o que colabora para aumentar o valor de λ para uma mesma distância entre as superfícies. Alterações superficiais, como, por exemplo, a formação de martensita devido à têmpera localizada de superfícies construídas em aço, pode influir no comportamento das superfícies.

Como regra geral, todos os fatores que diminuam a dissipação de energia na forma de calor e, por conseguinte, reduzam os picos de temperaturas superficiais e a temperatura do lubrificante, vão colaborar para reduzir o desgaste. Alguns exemplos: redução da carga, redução da rugosidade etc.

A Figura 4.3.8 mostra um mancal de deslizamento, componente que funciona sob condições de desgaste lubrificado com filme espesso. Nesse caso, pode ser observado que existem pequenas marcas de desgaste, que aconteceram durante as partidas e paradas do equipamento. Nessa situação, a velocidade do eixo não é suficiente para formar um filme espesso de óleo, o que só acontece quando a máquina atinge algumas centenas de rotações por minuto.

A Figura 4.3.9 mostra um exemplo de desgaste acentuado de um componente da transmissão de um veículo, uma cruzeta, desgaste ocorrido devido a uma falha na lubrificação. O desgaste severo acontece sob condições de lubrificação limítrofe. Foi observado que, nos mancais em que a lubrificação permaneceu efetiva, o desgaste foi praticamente inexistente.

Figura 4.3.8
– Mancal hidrodinâmico mostrando a condição de desgaste lubrificado. É possível notar que existem poucos sinais de desgaste, ocorrido durante as paradas e partidas da máquina.

4.3.1.4 – Desgaste por Fretting

O termo *fretting* designa um pequeno movimento oscilatório entre duas superfícies sólidas em contato. A amplitude do movimento que costuma causar dano superficial está entre 1 e 100 µm, sendo esse movimento, normalmente, na direção tangencial.

Existem diversas diferenças importantes entre desgaste por *fretting* e desgaste por deslizamento, como conceituado acima, tais como:

a) O deslocamento que resulta em desgaste por *fretting* é, como o próprio nome indica, microscópico;
b) O desgaste por *fretting* ocorre, normalmente, entre superfícies que não deveriam ter movimento relativo, sendo esse movimento decorrência de vibrações ou deformações elásticas de algumas peças do conjunto;

Figura 4.3.9
– Cruzeta com desgaste acentuado devido a uma falha de lubrificação. Notar remoção de material da superfície em alguns pontos.

c) Os detritos formados no desgaste por *fretting* raramente são removidos espontaneamente do local onde são formados. Como os óxidos da maior parte dos metais tem volume específico maior do que o metal, isso pode levar ao gripamento de peças projetadas para terem movimento relativo com folgas pequenas. Esse acúmulo de óxidos resulta em um coeficiente de atrito e em uma taxa de desgaste menor que em uma situação de desgaste por deslizamento, devido ao efeito lubrificante dos óxidos;

d) O desgaste por *fretting* pode facilitar a nucleação de uma trinca de fadiga, sendo o fenômeno conhecido como *fretting-fatigue*. Esse fenômeno pode propiciar fraturas de peças de máquinas e será estudado mais adiante.

O estudo do desgaste por *fretting* é normalmente feito com esferas pressionadas contra planos. A teoria da deformação de corpos de Hertz mostra que a pressão de contato será maior na região central da esfera, diminuindo em direção às bordas. Se um pequeno deslocamento oscilatório lateral for imposto à esfera, pode haver deslizamento de alguma região próxima à borda, onde a pressão de contato, e, por conseguinte, as forças de atrito máximas, são menores.

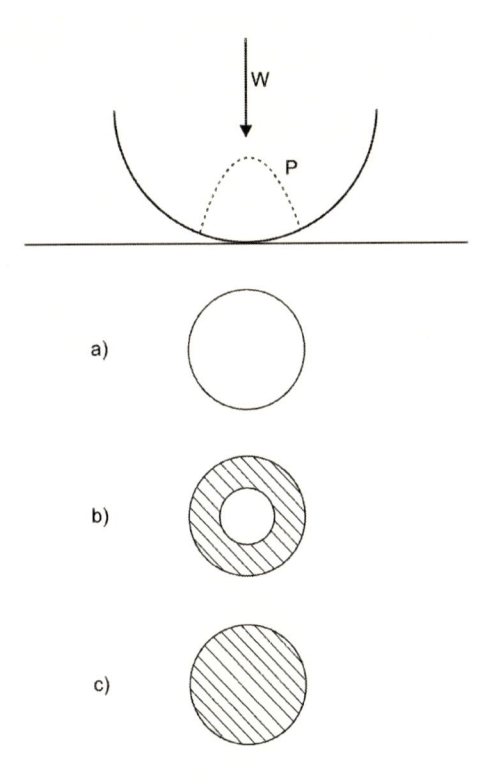

Figura 4.3.10
– Ilustração da região onde ocorre *fretting* em uma esfera pressionada contra um plano, em três casos de amplitude oscilatória lateral, que aumenta de (a) para (c). (redesenhado, ref. 7.26)

O deslizamento com pequena amplitude ocorre na região em que a força máxima de atrito seja menor que a força externa que atua localmente na parte da superfície em questão. A Figura 4.3.10 ilustra a situação. Uma esfera é pressionada contra um plano por uma força norma W. A pressão de contato está designada por P. A parte hachurada das Figuras circulares mostra a parte da superfície da esfera em que houve *fretting*, sendo que a carga lateral aumenta do caso (a) para o (c). Pode ser visto que a região sujeita a *fretting* aumenta, indicando que o deslizamento também aumentou. Em (a), não há deslizamento em nenhuma região. Em (b), existe deslizamento na periferia e, em (c), esse deslizamento ocorre em toda a região de contato.

Este experimento simples mostra que podem existir diversas situações, em que a taxa de desgaste varia com a amplitude do deslizamento da esfera. A Figura 4.3.11 ilustra o comportamento da taxa de desgaste com o aumento da amplitude do deslizamento. Pode ser visto que pequenas amplitudes (1 μm ou menos) resultam em pouco ou nenhum dano. Um aumento da amplitude do deslocamento causa inicio do deslizamento das superfícies, e a taxa de desgaste aumenta consideravelmente. Na região onde ocorre deslizamento acentuado, com amplitudes em torno de 10 μm, um aumento rápido da taxa de desgaste é observado. Essa taxa de desgaste aumenta com o deslocamento, se tornando constante a partir de cerca de 300 μm, em que já fica difícil distinguir o desgaste por *fretting* do desgaste por deslizamento, discutido anteriormente. Os valores indicados na Figura não são de aplicação geral, tendo sido obtidos em testes com corpos de prova de aço inoxidável.

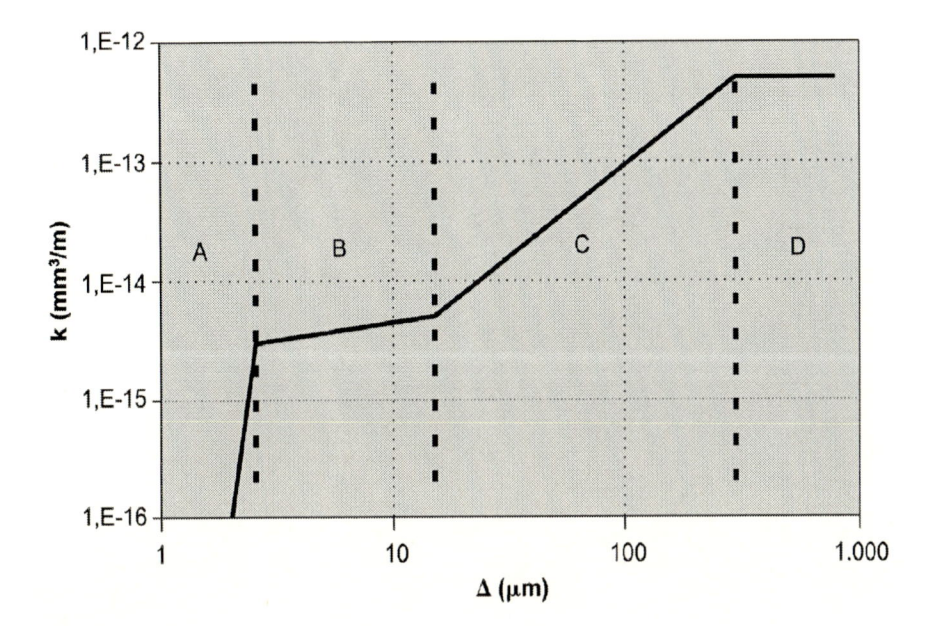

Figura 4.3.11
– Ilustração da variação da taxa de desgaste (k) em função da amplitude do deslocamento (Δ). As regiões marcadas indicam: A) não há deslizamento; B) existe deslizamento em partes da peça; C) há deslizamento acentuado em toda a peça; D) existe movimento alternativo macroscópico de toda a peça. (redesenhado, ref. 7.26)

A Figura 4.3.12 mostra uma peça com desgaste por *fretting*, neste caso, um suporte das sapatas do mancal de escora de um compressor centrífugo. Outros exemplos de componentes de máquinas que sofreram desgaste por *fretting* podem ser vistos no Capítulo 5.

Embora o desgaste por *fretting* possa causar afrouxamento de peças conectadas, vazamentos de componentes pressurizados etc., o seu principal efeito deletério é a sua capacidade de facilitar a nucleação de trincas de fadiga. A resistência à fadiga da peça varia com a amplitude do deslocamento, havendo um ponto de mínima resistência na região entre (b) e (c) (Figura 4.3.11).

Pode ser demonstrado que a tensão alternada máxima ocorre na interface entre a região em que há deslizamento e onde não há deslizamento, sendo essa a área onde se espera que haja nucleação de trincas de fadiga. O deslocamento que resulta no maior risco de fratura por fadiga é responsável por um pequeno desgaste por *fretting*.

As Figuras 4.3.13 e 4.3.14 ilustram a ocorrência de fratura por fadiga em uma haste de compressor alternativo. A nucleação das trincas de fadiga ocorreu devido à ocorrência de *fretting* entre o anel de trava e a haste.

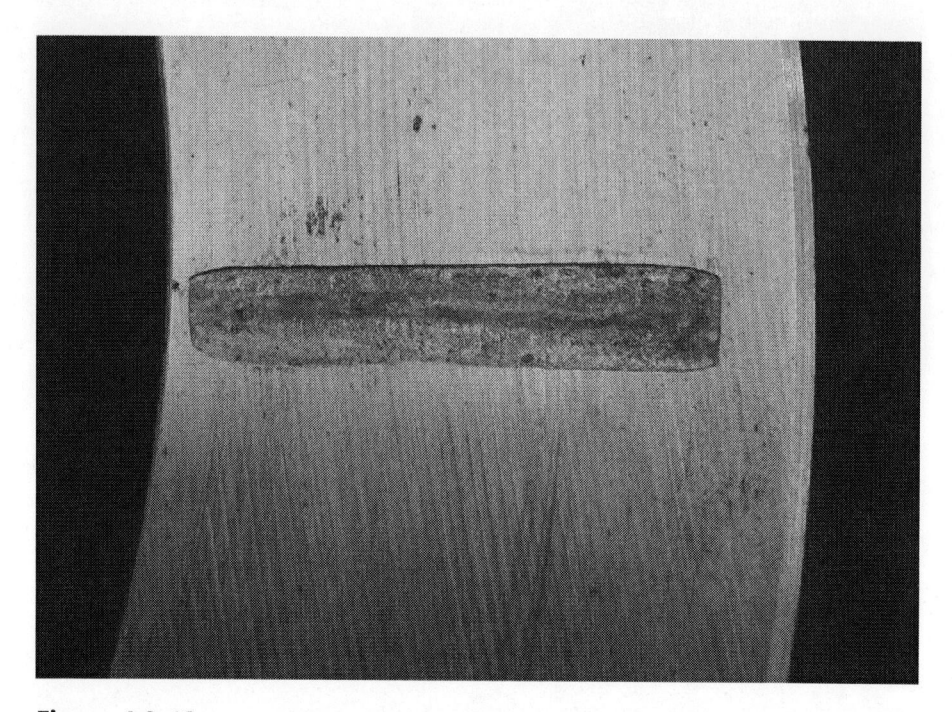

Figura 4.3.12
– Peça que sofreu desgaste por *fretting*.

As marcas do desgaste podem ser vistas na primeira fotografia, os danos causados ao compressor podem ser apreciados na segunda. A fratura da haste ocorreu exatamente na região em que foi encontrada a marca de *fretting*. Não ocorreram anormalidades operacionais e o dimensionamento da haste estava correto.

O problema foi resolvido com uma modificação do projeto do anel, passando ele a se apoiar em uma região não tracionada da haste.

ANÁLISE DE FALHAS DE MÁQUINAS 73

Figura 4.3.13
– Anel de trava de compressor alternativo, com marca de *fretting*.

4.3.1.5 – Como reduzir o desgaste por deslizamento

Embora os exemplos citados acima sejam relativamente simples, uma situação mais genérica pode demandar algum estudo adicional. No caso do projeto de um componente ou equipamento sujeito a desgaste, os seguintes passos serão importantes:

a) Determinar os mecanismos de desgaste predominantes e as respectivas taxas de desgaste aceitáveis. A determinação dos mecanismos de desgaste predominantes vai permitir focar a investigação nesses mecanismos. A determinação da taxa de desgaste (ou do desgaste total) aceitável depende do serviço específico, podendo variar de uns poucos micra, no caso de rolamento e selos mecânicos, até vários milímetros, no caso de máquinas de terraplenagem, britadores etc.;

b) Estimar a taxa de desgaste a que o componente ou equipamento estará sujeito em operação. Existem três maneiras de fazer isso, sendo a primeira o teste de um equipamento real em serviço, o que pode não ser muito prático e resultar em erros devido ao amaciamento, por exemplo; a segunda, o teste de componentes em laboratório simulando as condições de serviço, como no caso de mancais de rolamento; ou utilizando equações e modelos teóricos, o que permite uma estimativa grosseira da taxa de desgaste, devido à enorme dispersão dos coeficientes de desgaste e a dificuldade de extrapolação;

c) Analisar o efeito de lubrificantes, seleção de materiais, tratamentos superficiais etc., na resistência ao desgaste do componente ou equipamento.

Figura 4.3.14
– Vista interna do dano causado ao compressor pela fratura por fadiga iniciada na região sujeita a *fretting*.

Embora impossível de se evitar totalmente, o desgaste dos materiais que deslizam entre si pode ser reduzido a níveis insignificantes. Uma grande variedade de fatores afeta a taxa de desgaste, sendo adequado um enfoque segmentado. O conhecimento do exato mecanismo de desgaste é de fundamental importância.

a) Redução do desgaste pela modificação das condições de operação

As oportunidades para redução do desgaste pela modificação das condições de operação costumam ser limitadas, uma vez que essas condições são, normalmente, determinadas pela razão de ser do componente.

A descrição do mecanismo de desgaste dá algumas pistas sobre como mudar as condições de operação para reduzi-lo: redução de carga normal, redução de velocidade (em condições de atrito seco) etc.

b) Efeito da lubrificação

A lubrificação é o método clássico de redução de atrito e desgaste, consistindo, basicamente, no afastamento das superfícies. A condição ideal é aquela em que $\lambda > 3$, e o filme de fluido separa completamente as superfícies. Este é o mecanismo utilizado, por exemplo, em mancais, anéis de segmento de pistões etc. Nestes casos o desgaste será desprezível. No entanto, não é possível manter essa situação por todo o tempo, uma vez que, nas situações em que a velocidade cai muito, haverá contato sólido (partida e parada dos mancais, ponto morto superior e inferior do anel de segmento). Mesmo no caso de $\lambda < 3$, lubrificantes sólidos ou EP podem reduzir consideravelmente o atrito e o desgaste.

c) Seleção de materiais e modificação das superfícies

A quantidade de opções é bastante vasta. As soluções mais tradicionais se baseiam no endurecimento superficial (têmpera, cementação etc.); soluções mais modernas incluem revestimentos com características controladas de dureza, rugosidade e atrito.

d) Redução do *fretting*

A redução do *fretting* é feita evitando-se os fatores contribuintes, a saber: movimento relativo e contato entre as peças. Isso pode ser feito por meio do aumento da pré-carga que une duas peças, ou pela introdução de uma folga que evite o contato entre elas. A lubrificação não costuma ser efetiva, pois as velocidades envolvidas não são suficientemente altas para permitir a separação das superfícies. A introdução de dificuldades para a adesão pode contribuir para reduzir o desgaste por *fretting*, sendo esse o caso do uso de lubrificantes com aditivos EP (extrema pressão) ou revestimentos de materiais lubrificantes (Grafite, Bissulfeto de molibdênio etc.).

4.3.2 – Desgaste por Partículas Duras

O desgaste causado por partículas duras costuma ser subdividido em três tipos, dependendo do mecanismo de imposição da carga que pressiona a partícula dura contra a superfície desgastada:

a) Abrasão entre dois corpos, em que as partículas duras são, na verdade, protuberâncias duras em uma superfície, que se arrasta contra outra;
b) Abrasão entre três corpos, em que as partículas duras estão soltas entre duas superfícies que possuem movimento relativo;
c) Erosão, na situação nas quais as partículas duras são projetadas ou arrastadas por uma corrente de fluido sobre a superfície desgastada.

A Figura 4.3.15 ilustra os mecanismos descritos acima.

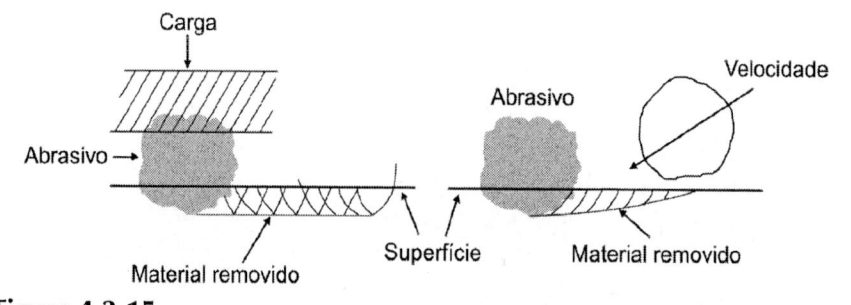

Figura 4.3.15
– Ilustração da remoção de material de uma superfície pela ação de partículas duras.

É possível designar o processo como abrasão com alta tensão quando a carga aplicada é suficiente para romper a partícula dura, em oposição à abrasão com baixa tensão, situação em que não há ruptura da partícula.

As partículas duras podem estar presentes como consequência natural da atividade desempenhada, como no caso de perfuração de poços, podem ser contaminantes, como no caso da entrada de corpos estranhos em um sistema de lubrificação, ou podem ser consequência da deterioração de componentes, como no caso de detritos formados pelo desgaste por deslizamento ou corrosão.

4.3.2.1 – Propriedades das partículas abrasivas

As propriedades das partículas duras exercem influência sobre o mecanismo e a taxa de desgaste. As características cujo efeito são mais importantes para o processo são:

a) Dureza

A dureza das partículas envolvidas em um processo de abrasão ou erosão influencia a taxa de desgaste. Em especial, quanto maior a relação entre a dureza da partícula e a da superfície, maior será a taxa de desgaste.

Examinando-se a mecânica do contato entre a partícula e a superfície, podemos concluir, com a teoria de Hertz, que haverá deformação plástica significativa da superfície se a pressão de contato for maior que três vezes a tensão de escoamento uniaxial do material da superfície. Essa pressão de contato é a dureza da superfície. Se a partícula se quebrar ou se deformar com carga menor que esta, ela não é capaz de introduzir uma deformação plástica apreciável na superfície.

Ainda segundo Hertz, para uma partícula esférica, a tensão máxima de contato será aproximadamente 80% da dureza da partícula. Ou seja, se a dureza da partícula for cerca de 125% da dureza da superfície, ela será capaz de causar deformação plástica na superfície.

Então, se a relação entre a dureza da partícula e a da superfície for maior que cerca de 1,2, a abrasão é dita abrasão dura, situação onde se espera maior remoção de material da superfície. O caso oposto é conhecido como abrasão macia, sendo a remoção de material muito menor.

A observação de que é necessário que um material seja mais duro que outro para poder riscá-lo permitiu a criação da escala Mohs de dureza, em que números inteiros são atribuídos à dureza de dez minerais. A Figura 4.3.16 mostra uma comparação da escala Mohs com uma escala convencional, em que pode ser visto que a relação entre a dureza de minerais vizinhos na escala (exceto para o diamante) é aproximadamente constante e igual a cerca de 1,6, um pouco maior que o mínimo necessário para permitir riscar a superfície.

A sequência dos minerais utilizados por Mohs, com a sua respectiva dureza é a seguinte

Talco
1. Gipsita
2. Calcita
3. Fluorita

4. Apatita
5. Ortoclase
6. Quartzo
7. Topázio
8. Coríndio
9. Diamante

Sabendo que a abrasão e erosão serão severas quando a dureza da partícula for igual ou maior que 1,2 vezes a dureza da superfície, podemos avaliar as condições a que estão sujeitas peças metálicas que funcionam sobre a superfície terrestre. Sendo ela composta basicamente de sílica (quartzo), com dureza da ordem de 800 kgf/mm^2, e sabendo que mesmo o mais duro dos aços martensíticos tem dureza apreciavelmente menor, podemos imaginar que o potencial para abrasão e erosão de peças de aço por contaminantes à base de areia é alto.

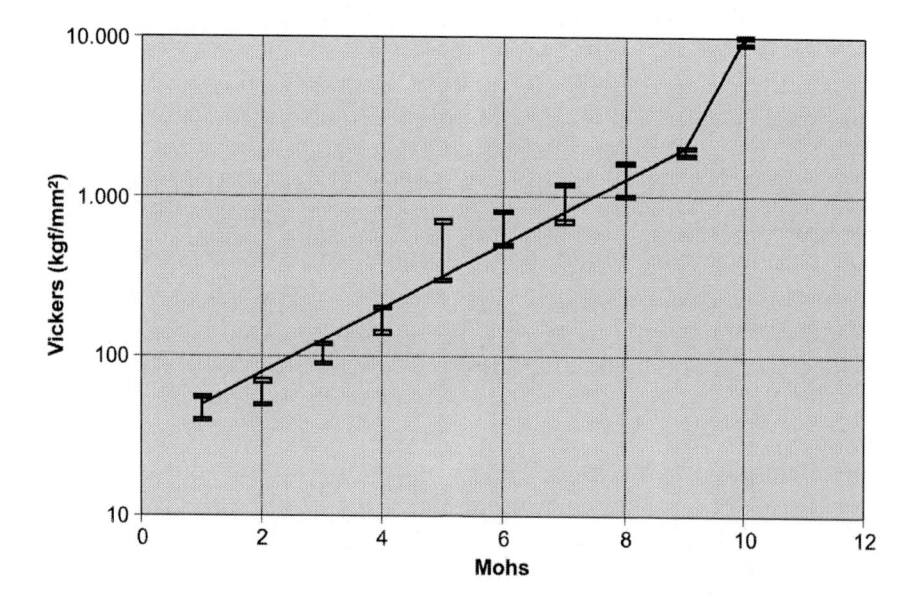

Figura 4.3.16
– Comparação da escala de dureza Mohs com a Vickers. (redesenhado, ref. 7.26)

b) Formato da partícula

A maior parte das partículas abrasivas encontradas na natureza é aproximadamente equiaxial. Apesar disso, a existência de cantos vivos aumenta significativamente a remoção de material, uma vez que os cantos vivos agem como concentradores de tensões.

c) Tamanho da partícula

O tamanho das partículas que pode causar desgaste varia consideravelmente. A maior parte do dano observado no mundo real é causado por partículas entre 5 e 500 µm.

O dano causado por partículas menores que cerca de 100 ou 150 µm diminui à medida em que as dimensões das partículas ficam menores, sendo aproximadamente constante para partículas maiores que 150 µm. Acredita-se que esse efeito se deve à maior dificuldade de fazer escoar o metal quando a carga é aplicada em uma região de menores dimensões, uma vez que a quantidade de pontos para nucleação e movimento de descontinuidades é menor.

4.3.2.2 – Desgaste Abrasivo

O mecanismo de desgaste abrasivo envolve deformações plásticas em conjunto com fraturas dúcteis ou fraturas frágeis. As condições de desgaste e a ductilidade do material da superfície vão determinar que parcela do desgaste se deve a cada um dos mecanismos. Os metais utilizados na construção de máquinas são predominantemente dúcteis, fato que recomenda a análise do mecanismo de desgaste por deformação plástica em conjunto com fraturas dúcteis somente.

Podemos imaginar que o desgaste acontece devido à endentação da superfície pela partícula, seguida do deslocamento lateral dessa partícula, o que estende a deformação e a remoção de material. Uma modelagem matemática simples resulta em uma equação de desgaste que é igual à equação de Archard, apresentada anteriormente, embora as premissas sejam diferentes.

Essa equação indica que a quantidade de material removido é diretamente proporcional à distância percorrida e à carga normal e inversamente proporcional à dureza do material. A resistência relativa ao desgaste é o inverso da quantidade de material removido. A Figura 4.3.17 mostra a relação entre resistência relativa ao desgaste e a dureza de metais puros, sendo possível notar que existe uma relação. Ligas metálicas costumam apresentar comportamento diferente, dependendo do tratamento térmico a que foram submetidas.

Outros fatores que merecem nota:

a) Embora as deformações plásticas e o encruamento aumentem a dua\reza do material, o efeito na resistência ao desgaste costuma ser pequeno. Esse efeito pode ser entendido ao se considerar que as tensões desenvolvidas durante o processo de desgaste são elevadas, mesmo em comparação ao limite de escoamento dos metais deformados;
b) A adição de elementos de liga aumenta a resistência ao desgaste somente se o elemento de liga favorecer a resistência mecânica em altas deformações, com o é o caso da precipitação de carbonetos no aço;
c) O tratamento térmico para aumento de dureza usualmente aumenta a resistência ao desgaste;
d) A adição de lubrificantes tende a aumentar o desgaste abrasivo dos metais se as partículas abrasivas forem maiores que a espessura do filme lubrificante. O lubrificante reduz o atrito entre o abrasivo e o metal, facilitando o corte.

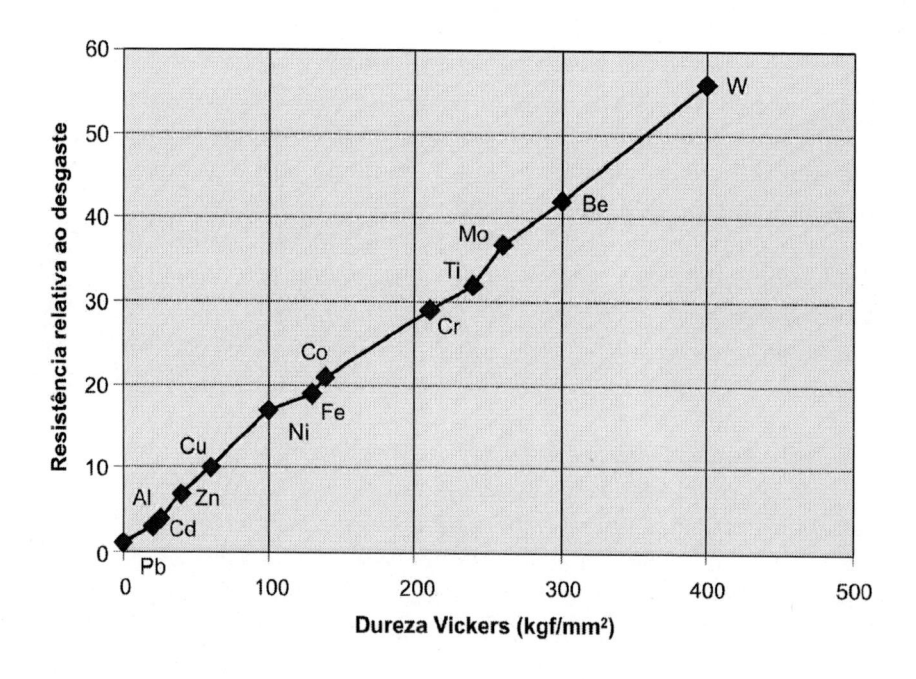

Figura 4.3.17
– Resistência relativa ao desgaste e dureza de metais puros. (redesenhado, ref. 7.26)

Embora haja uma boa correlação entre a dureza dos metais puros e a sua resistência ao desgaste, ligas diferentes podem ter a mesma dureza e resistência ao desgaste diferente. A razão pela qual isso ocorre está ligada ao mecanismo de remoção de material.

Quando o mecanismo de desgaste é dominado pela deformação plástica, caso típico dos metais, a taxa de desgaste sofre influência da parcela de metal deformado que é removida por cada partícula individual. Essa fração depende das características dos materiais, em especial da relação entre módulo de elasticidade e dureza (E/H)

Uma baixa relação E/H favorece a remoção de material por corte, ao invés da deformação. Desse modo, uma maior fração de material é removida, levando a maiores taxas de desgaste. Cerâmicas, por exemplo, exibem uma relação E/H mais baixa que a dos metais, apresentando maior taxa de desgaste para a mesma dureza.

Os aços tratados termicamente têm a sua dureza aumentada. O módulo de elasticidade, no entanto, varia muito pouco, o que resulta em uma relação E/H menor. Desse modo, o acréscimo de resistência ao desgaste não é tão pronunciado quanto poderia ser se a relação ficasse constante. Além disso, diferenças em microestrutura afetam a resistência ao desgaste dos diversos tipos de aço. A existência de fases mais dúcteis, como austenita, aumenta a resistência ao desgaste, em comparação a outro aço de mesma dureza, porém com maior teor de martensita, por exemplo.

A Figura 4.3.18 mostra um exemplo típico de abrasão entre dois corpos, sendo, nesse caso, o resultado do lixamento de um depósito de solda de alta dureza. O material foi depositado sobre uma chapa de aço inoxidável AISI 410, tendo atingido dureza de cerca de 55 RC.

Muitos materiais sujeitos a abrasão contém uma fase mais dura dispersa em uma matriz mais macia. Nesses casos, a resistência ao desgaste vai depender do tamanho relativo entre as partículas abrasivas e as partículas duras dispersas na matriz. Em geral, uma fase dura fina, em comparação com o abrasivo, resulta em um aumento da resistência ao desgaste, em virtude da maior dificuldade de deformação plástica. Abrasivos de tamanho pequeno, em relação à fase dura, tendem a apresentar uma resposta heterogênea. A ação do abrasivo na região dura pode resultar em deformação plástica da fase macia ou fratura, dependendo da carga. O desgaste tende a ser mais rápido que no caso anterior.

4.3.2.3 – Desgaste erosivo pelo impacto de sólidos

O desgaste erosivo devido ao impacto de partículas sólidas ocorre quando partículas individuais colidem com uma superfície. Ela difere da abrasão entre três corpos principalmente na origem das forças entre as partículas e a superfície.

A força dominante que impele a partícula contra a superfície desgastada é devida à sua inércia, ao ser desacelerada da velocidade inicial de impacto. No caso do desgaste abrasivo, a quantidade de material removida depende da carga normal e da distância percorrida. No caso da erosão pelo impacto de sólidos, a quantidade de material removido depende da quantidade e massa das partículas que colidem com a superfície, bem como de sua velocidade inicial.

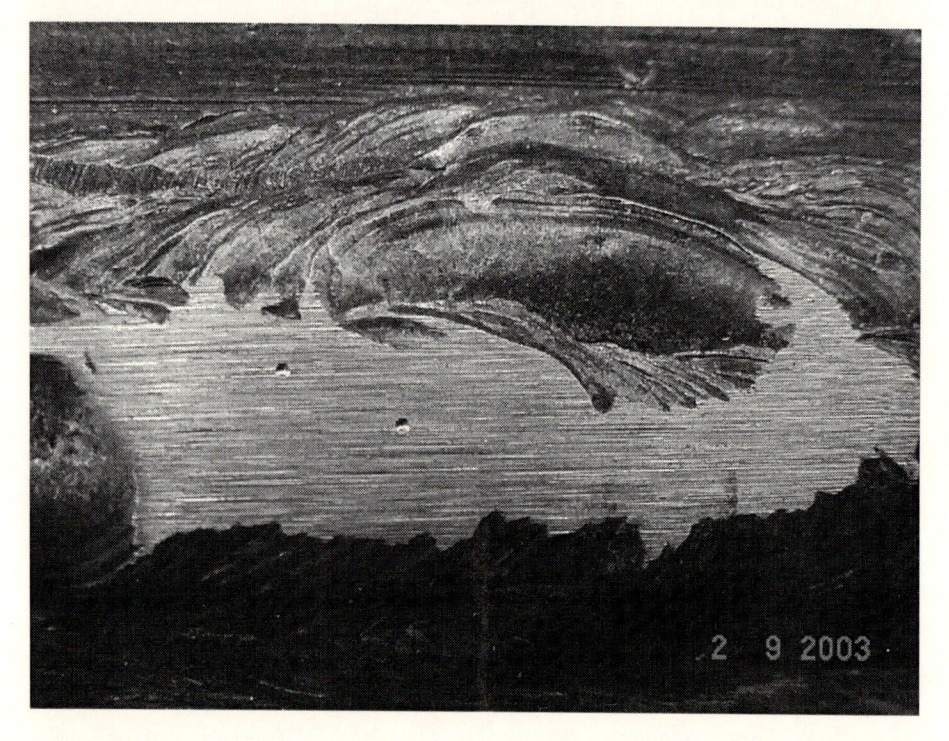

Figura 4.3.18
– Superfície de um depósito de solda de alta dureza (57 – 59 HRC) após desgaste abrasivo causado por partículas de carbeto de silício na superfície de uma lixa. Este é um caso clássico de abrasão entre dois corpos.

Assim como no caso anterior, o principal mecanismo de remoção de material é a deformação plástica da superfície causada pelo impacto das partículas. O comportamento da superfície erodida é similar ao da superfície abradida. Um modelo simples para o desgaste erosivo indica que a quantidade de material removida é proporcional à massa total de abrasivo que colidiu com a superfície, proporcional ao quadrado da velocidade e inversamente proporcional à dureza da superfície. A Figura 4.3.19 mostra um exemplo de componente de bomba centrífuga que sofreu desgaste devido ao impacto de partículas carreadas pelo fluido.

4.3.2.4 – Redução do Desgaste Abrasivo e Erosivo

Os mecanismos clássicos de redução do desgaste abrasivo e erosivo são os seguintes:

a) Remoção do abrasivo, o que só é possível nos problemas onde o abrasivo é um contaminante, como no caso de sistemas de lubrificação;

b) Endurecimento das superfícies, por substituição de materiais ou revestimentos duros. Uma maior resistência mecânica da superfície vai dificultar o corte superficial causado pelo abrasivo. Um dos revestimentos metálicos mais utilizados é o Stellite;

c) Revestimento da superfície com elastômeros, método bastante utilizado no caso de abrasão por partículas carregadas por um fluido. Os elastômeros são capazes de absorver a energia cinética da partícula com deformações elásticas e depois retornar à forma original sem danos. Em alguns casos, especialmente com baixa velocidade e baixa temperatura do fluido, esse processo permite uma vida útil maior que a de metais de alta resistência.

Figura 4.3.19
Desgaste abrasivo severo em bucha de garganta de bomba centrífuga que opera com fluido contendo particulados compostos de fluoreto de ferro. A região desgastada fica alinhada com a direção do fluxo.

4.3.3 – Desgaste por Impacto de Fluidos

Erosão de superfícies sólidas pode ocorrer em meios fluidos mesmo sem presença de sólidos. O mecanismo do desgaste é o impacto de gotas de líquido carregadas por uma corrente de vapor ou gás. Erosão por líquido ocorre quando há impacto de gotículas em alta velocidade. Os efeitos resultantes do impacto são:

a) alta pressão no ponto de contato;
b) escoamento radial de líquido em alta velocidade pela superfície próxima ao ponto de impacto, com subsequente remoção de material em irregularidades superficiais.

A pressão de contato é alta o suficiente para causar danos no metal. O impacto de todas as gotículas tem potencial para causar dano. Se uma gotícula impactar uma depressão pré-existente, um microjato de líquido será formado e o dano será mais rápido, pois a pressão na superfície tende a aumentar. Esse tipo de dano ocorre em turbinas a vapor, pás de ventiladores de torre de resfriamento e outros equipamentos.

A superfície erodida perde material e adquire a aparência rugosa característica. O tipo de material tem grande influência na extensão do dano. Em geral, materiais com maior resistência mecânica serão mais resistentes à erosão (por exemplo, Stellite).

A Figura 4.3.20 ilustra o mecanismo. A Figura 4.3.21 mostra um exemplo de componente de máquina que sofreu desgaste pelo impacto de líquido, neste caso, a carcaça de uma turbina de condensação na região dos últimos estágios. A Figura 4.3.22 mostra um tubo de um pré-aquecedor de água para uma caldeira de alta pressão que sofreu desgaste em uma região próxima da mandrilagem devido a um vazamento pelo espelho. A água em alta pressão vaporizava ao vazar, gerando um fluxo bifásico em alta velocidade. O impacto desse fluxo bifásico com o tubo resultou no desgaste mostrado na Figura.

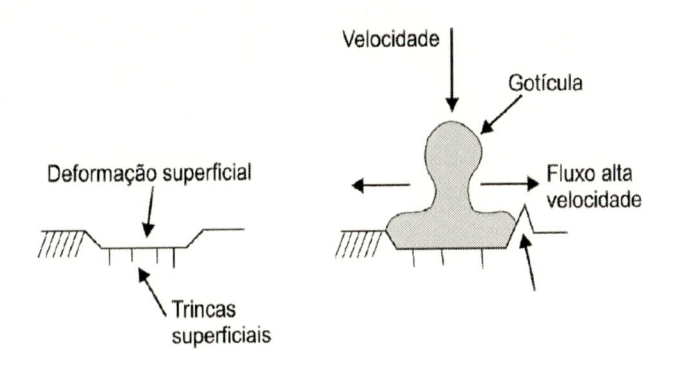

Figura 4.3.20
– Ilustração do mecanismo de dano de uma superfície pelo impacto de uma gotícula de fluido. São mostradas a região de fluxo radial em alta velocidade (b) e a região de alta pressão no ponto de impacto (c) e formação do microjato em uma depressão existente (d).

4.3.4 – Cavitação

Cavitação é o fenômeno no qual ocorre a formação e o subsequente colapso de bolhas de vapor do líquido quando o fluxo de fluido sofre variações de pressão ou de temperatura no seu trajeto. Esse mecanismo de desgaste é frequente em impelidores de bombas, hélices de navios, válvulas sujeitas a grande diferencial de pressão e outros. A cavitação ocorre da seguinte maneira:

a) Redução local da pressão (ou aumento da temperatura) do fluido, atingindo uma condição que permita a vaporização do fluido;

Figura 4.3.21
– Erosão na carcaça de turbina a vapor de condensação causada pelo impacto de gotículas de líquido.

b) Subsequente colapso da bolha formada anteriormente, quando ela atinge uma região de alta pressão (ou baixa temperatura).

Quando esse colapso ocorre próximo a superfícies metálicas o dano por cavitação pode ocorrer. O microjato de líquido atinge altas velocidades, arrancando pequenas partículas da superfície. Uma grande quantidade de implosões é necessária para causar uma deterioração visível a olho nú. A Figura 4.3.23 ilustra o mecanismo.

Alguns fatores colaboram para agravar ou atenuar o impacto do microjato de líquido na superfície metálica quando do colapso das bolhas de vapor:

a) Gases dissolvidos no líquido tendem a ocupar uma parte do volume das bolhas juntamente com o vapor. No momento do

colapso, a pequena quantidade de gás não condensável tende a amortecer o impacto, tornando o dano menos severo;
b) Uma alta relação entre volume específico do vapor e volume específico do líquido faz com que o volume das bolhas seja maior. Tendo maior espaço para acelerar quando da implosão da bolha de vapor, o microjato de líquido atingirá maior velocidade e vai causar maior dano. Essa é a razão que faz com que a cavitação seja mais deletéria em equipamentos que trabalham com água do que em equipamentos que trabalham com hidrocarbonetos, por exemplo.

Figura 4.3.22
– Erosão de tubo de trocador de calor de pré-aquecimento de água de uma caldeira de alta pressão, causada por um vazamento na conexão do tubo com o espelho. A água aquecida que vazava era vaporizada pela redução de pressão, gerando um jorro bifásico.

Os métodos para redução do dano erosivo e cavitativo são os mesmos citados anteriormente, acrescidos da redução da energia do fluido, seja por redução de velocidade como por eliminação das condições que geram a cavitação

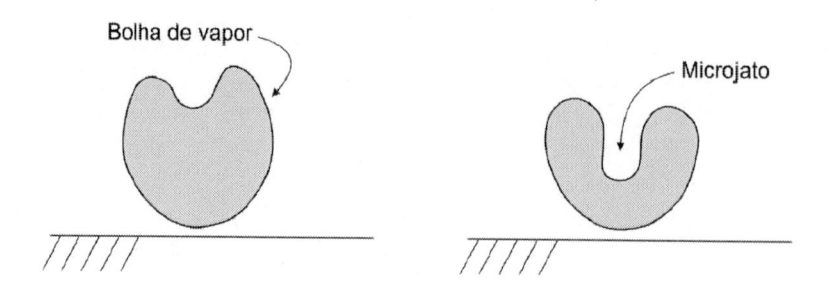

Figura 4.3.23
– Ilustração do colapso de uma bolha de vapor com a incidência de um microjato de fluido sobre a superfície sólida.

Em um impelidor de bomba centrífuga, a redução de pressão se dá pela mudança de direção do fluido ao contornar o bordo de ataque das palhetas. A pressão aumenta à medida que o fluido se move para o diâmetro externo do impelidor. A Figura 4.3.24 mostra um impelidor de bomba centrífuga que sofreu cavitação. A remoção de material foi grande o suficiente para furar a pá do impelidor.

Figura 4.3.24
– Dano por cavitação em impelidor de bomba de água.

A Figura 4.3.25 mostra um tubo de dreno de um tubulão de caldeira com danos por cavitação. Esse desgaste aconteceu após uma válvula globo. A queda de pressão na *vena contracta* foi suficiente para vaporizar parte da água. Esse vapor se condensou ao atingir a região de recuperação de pressão e causou o dano observado.

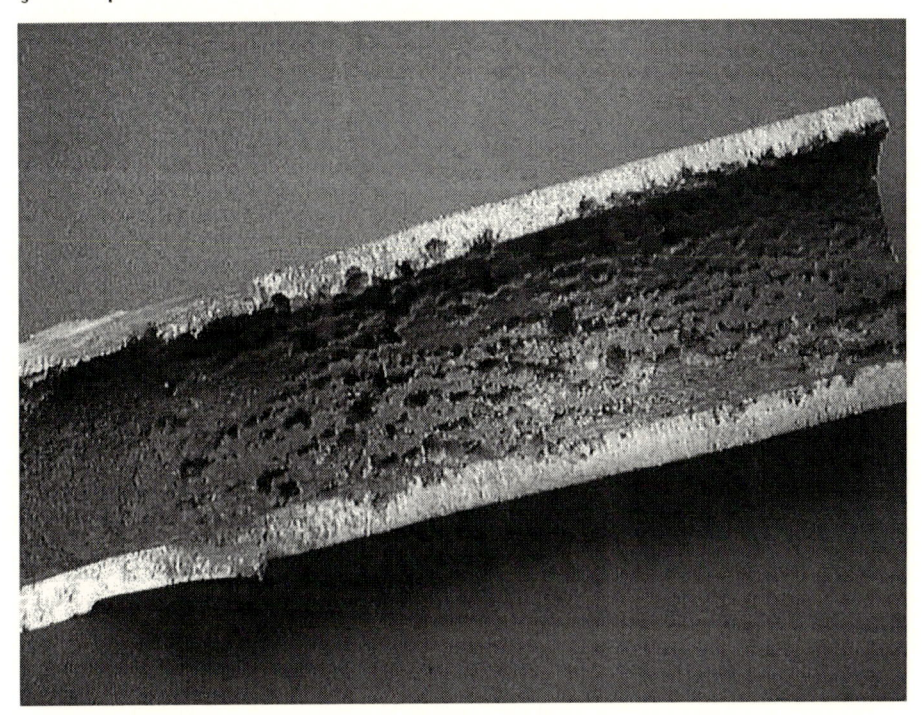

Figura 4.3.25
– Danos por cavitação em tubulação à jusante de uma válvula.

4.4 – Corrosão

Corrosão é a deterioração das propriedades úteis do material por ação química ou eletroquímica do meio ambiente. A corrosão pode causar a falha de componentes metálicos diretamente ou tornar a peça mais sujeita a outros tipos de falhas. A taxa, tipo e extensão do dano corrosivo admissível varia muito em função do tipo de peça.

Falhas por corrosão são tão variadas que o assunto tornou-se uma especialidade. Trataremos aqui somente dos tipos encontrados com mais frequência em máquinas rotativas de processo.

Os fatores que influenciam as falhas por corrosão são:

a) Composição química; microestrutura e uniformidade do material; e constituintes do meio;
b) Temperatura e gradientes de temperatura, interface entre o metal e o meio, existência de frestas no equipamento, movimento relativo do meio e existência de metais dissimilares;
c) Etapas do processo de fabricação do material como esmerilhamento, tratamento térmico, conformação a frio ou soldagem introduzem mudanças locais ou gerais nas peças que afetam a susceptibilidade ao ataque corrosivo.

As especificidades de um certo serviço vão determinar a quantidade de metal que pode ser perdida antes que possa ser considerado que a peça falhou por corrosão. Em algumas aplicações, principalmente onde o mecanismo predominante é corrosão geral, uma grande perda de material pode ser tolerável. Exemplo dessa situação é o caso de caçambas de guindastes, na qual mesmo severa corrosão não impede a operação segura da peça. Por outro lado, mesmo uma pequena corrosão de peças de equipamentos mecânicos pode prejudicar o seu funcionamento. Além disso, um ataque localizado, como corrosão alveolar, pode perfurar o corpo de bombas e válvulas e levar a vazamentos intoleráveis com pequena perda de material. Ataques relativamente pequenos podem resultar em concentrações de tensões ou fragilização por hidrogênio, que propiciarão a falha da peça por outro mecanismo.

4.4.1 – O Mecanismo da Corrosão Eletroquímica

A grande maioria dos processos corrosivos ocorre em meio aquoso. Essa afirmação é facilmente verificável ao se observar que a água está presente em todo o planeta, sendo o diluente mais comum da natureza. Esses processos corrosivos são eletroquímicos em sua natureza, sendo esse tipo de processo caracterizado pela passagem de corrente elétrica por meio de uma distância maior que a distância interatômica. Essa distância pode ser da ordem do tamanho do grão, alguns micra, no caso da dissolução de um metal em um meio ácido, ou de vários quilômetros, como no caso de corrosão de oleodutos enterrados ao lado de ferrovias, por exemplo.

Uma vez que há necessidade de circulação de corrente elétrica, o meio e o material corroído devem ter baixa resistividade. Essa condição é facilmente atendida no caso de metais em soluções aquosas, por motivos óbvios. No caso de corrosão atmosférica, por exemplo, o eletrólito é fornecido pela umidade do ar, que se deposita na superfície do metal, sob certas condições. Ocorre, também, circulação de corrente pela camada de óxido formada, que age como um eletrólito sólido.

A natureza eletroquímica da corrosão foi determinada por uma experiência muito simples, a experiência da gota salina. Nesse experimento, uma gota de uma solução aquosa com 3% NaCl é depositada sobre uma superfície de ferro polida. A solução deve conter, também, uma pequena quantidade de ferricianeto de potássio, que se torna azul na presença de íons ferrosos (azul da Prússia) e de fenolftaleína, que se torna rosa na presença de íons OH⁻.

Olhando a gota de cima, observa-se que logo de início aparecem pequenas áreas tanto de coloração azul como rosa, distribuídas ao acaso sobre a superfície do ferro (distribuição primária), conforme ilustrado na *Figura 4.4.1(a)*. Passado um certo tempo, no entanto, a distribuição dessas áreas altera-se, conforme mostrado na *Figura 4.4.1(b)*, ficando a área rosa na periferia da gota, a área azul no centro e aparecendo entre as duas áreas um precipitado de coloração marrom (distribuição secundária).

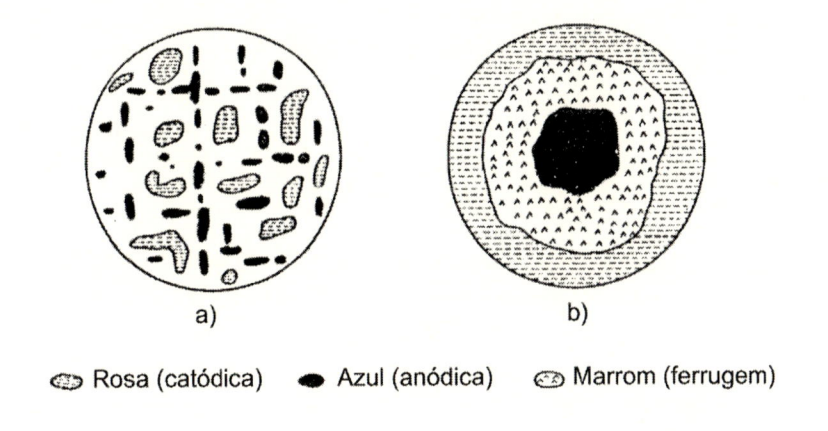

a)   b)

 Rosa (catódica)   ● Azul (anódica)   Marrom (ferrugem)

Figura 4.4.1
– Vista esquemática da gota salina sobre a superfície polida de ferro, logo após o início do experimento (a) e após algum tempo (b). (Wolynec, S.: *Técnicas Eletroquímicas em Corrosão*, notas de aula, 2003).

As reações que ocorrem dentro da gota estão indicadas esquematicamente na Figura 4.4.2, que representa a gota vista de lado. O aparecimento da área azul deve-se à formação de íons ferrosos segundo à reação:

$$Fe \rightarrow Fe^{2+} + 2e$$

Trata-se de uma *reação anódica*, que é uma reação de *oxidação*, visto que os elétrons são produtos na reação. O aparecimento da área rosa, por sua vez, é devido à formação do íon hidroxila a partir do oxigênio dissolvido na solução segundo a reação:

$$O_2 + 2H_2O + 4e \rightarrow 4OH^-$$

Essa é uma *reação catódica*, isto é, uma reação de *redução*, uma vez que os elétrons são reagentes na reação. Ela é mais conhecida como *reação de redução do oxigênio*. Essa reação ocorre graças aos elétrons que são gerados pela reação anódica e que se deslocam por meio do metal da região azul para a região rosa, isto é, da *região anódica* para a *região catódica*, conforme indicado na Figura 4.4.2. Essa é a reação catódica típica das soluções aeradas.

Assim, as duas reações acima ocorrem simultaneamente graças à passagem por meio do metal de corrente elétrica da região em que ocorre a dissolução do metal (região anódica) para a região em que ocorre a redução do oxigênio (região catódica). Essas reações, de natureza eletroquímica, constituem-se em reações básicas do processo corrosivo que tem lugar dentro da gota salina. As reações acima, no entanto, não são únicas e elas, à medida que prosseguem, desencadeiam uma série de outros processos.

A reação consome o oxigênio dissolvido na gota. Esse fato é responsável pela passagem da distribuição primária para a secundária, pois à medida que o oxigênio originalmente dissolvido na gota vai sendo consumido, novo oxigênio se dissolve na gota a partir da atmosfera. Com isso, ocorre um gradual deslocamento das áreas catódicas para a periferia da gota, pois é nessa região que o oxigênio fica mais facilmente disponível. As áreas anódicas, por sua vez, concentram-se na região central da gota em que o acesso do oxigênio é o mais difícil. Cria-se, assim, uma situação de separação quase completa entre os dois tipos de áreas.

```
              Ferrugem

   O₂      OH⁻ → ▨ ← Fe²⁺ → ▨ ← OH⁻      O₂
                      Fe
                 Fluxo de elétrons
```

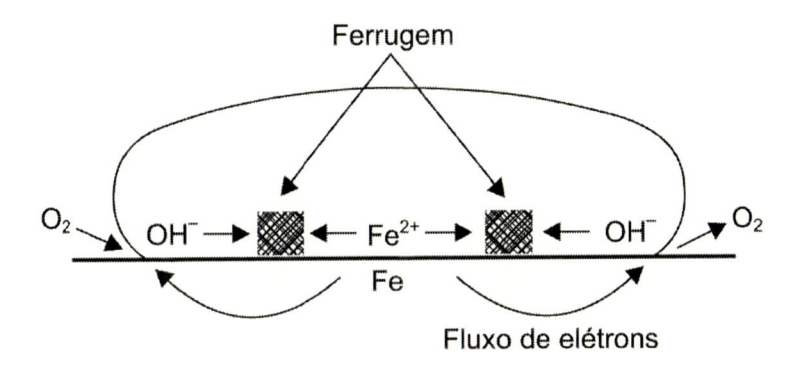

Figura 4.4.2
– Vista lateral da gota salina e dos processos que ocorrem quando da corrosão do ferro.
(Wolynec, S.: *Técnicas Eletroquímicas em Corrosão*, notas de aula, 2003).

O consumo do oxigênio pela reação catódica é responsável pelo aparecimento dos seguintes processos, que podem desempenhar um importante papel no desenvolvimento do processo corrosivo:

a) dissolução do oxigênio na gota (passagem do oxigênio do ar para a solução por meio da interface eletrólito/atmosfera), e
b) transporte do oxigênio por meio da solução por difusão e convecção.

Uma outra consequência das duas reações eletroquímicas básicas é a precipitação do produto marrom. Trata-se de um produto final do processo corrosivo, mais conhecido como *ferrugem*. Ele tem uma composição complexa, porém basicamente é constituído por compostos da forma $FeOOH$ e Fe_3O_4. A ferrugem é resultante da reação entre o íon ferroso formado na área anódica e a hidroxila formada na área catódica, razão porque a sua precipitação ocorre entre as duas áreas em consequência do encontro dos dois íons.

Finalmente, ocorre mais uma reação em consequência das duas reações eletroquímicas básicas. Na região periférica, devido à elevação do pH provocada pela produção de íons hidroxila, criam-se condições favoráveis à formação de uma película de óxido na superfície do metal. Essa película, que é aderente ao metal e é extremamente fina (da ordem de 4 nm), é conhecida como *película passiva*, sendo o processo designado como *reação de passivação*. Na região em que se forma a película passiva o metal praticamente não é corroído devido às propriedades protetoras dessa película, no entanto, ela não evita a passagem dos elétrons, necessários para a ocorrência das reações citadas, pois trata-se de um óxido semicondutor.

4.4.2 – Corrosão Uniforme

A corrosão dos metais de maneira uniforme é a mais simples e mais comum forma de corrosão. Ela ocorre na atmosfera, no solo e em uma enorme variedade de meios líquidos aquosos ou não, frequentemente em condições normais de serviço. Dependendo da velocidade, temperatura e principalmente da solubilidade dos produtos de corrosão no meio,a superfície pode ficar limpa ou coberta de resíduos.

A corrosão uniforme normalmente acontece em superfícies metálicas de composição e microestrutura homogêneas que tenham acesso uniforme ao meio corrosivo.

Normalmente o ataque é mais rápido com o aumento de temperatura. A temperatura a ser considerada na análise de um problema de corrosão deve ser a da interface entre o metal e o eletrólito, que é a região onde os fenômenos corrosivos ocorrem. Essa temperatura pode ser consideravelmente diferente da temperatura do fluido e do metal. A relação entre taxa de corrosão e temperatura segue a lei de Arrhenius, que diz que um aumento de 10º C na temperatura dobra a velocidade das reações químicas. No caso de soluções aquosas o aumento de temperatura pode reduzir o teor de oxigênio e reduzir a corrosão.

O aumento de concentração do produto corrosivo a partir de uma solução diluída provoca, na situação típica, inicialmente um aumento da taxa de corrosão e, com maiores concentrações, uma redução. Por essa razão é possível armazenar ácido fluorídrico com concentração elevada (> 99%) em vasos de aço carbono, por exemplo. A presença de água tornaria o meio extremamente corrosivo.

O combate a esse tipo de ataque é feito principalmente das seguintes maneiras:

a) Com a seleção de metais com resistência adequada, normalmente advinda da formação de um filme de óxido na superfície, fenômeno conhecido como passivação;
b) Proteção do metal com revestimentos orgânicos (pintura) ou inorgânicos (cromagem, galvanização);

c) Introdução de modificações no meio corrosivo, como inibidores de corrosão;
d) Proteção catódica;
e) Proteção catódica ou anódica.

Exemplos desse tipo de ataque são o enferrujamento do aço e o enegrecimento da prata quando expostos à atmosfera. Esse tipo de corrosão afeta sobremaneira peças de máquinas não pintadas expostas à atmosfera, como eixo, parafusos etc. Todos esses componentes devem ser pintados. A Figura 4.4.3 mostra um impelidor de bomba centrífuga sujeito à corrosão uniforme devido a um descontrole do processo. A Figura 4.4.4 mostra um eixo de ventilador de tiragem induzida sujeito à corrosão uniforme devido ao vazamento de ar atmosférico para o seu interior.

Componentes de máquinas podem sofrer corrosão geral quando em contato com papelão ou madeira das embalagens para transporte. O contato prolongado do componente com a embalagem vai permitir a corrosão em função dos ácidos gerados pela decomposição da madeira ou do papelão. Peças que serão armazenadas por períodos longos devem ser protegidas desse mecanismo de falha.

É importante reconhecer que a corrosão-fadiga não estará necessariamente envolvida no caso em que a corrosão e as cargas cíclicas não agem ao mesmo tempo. Além disso, a corrosão nem sempre acelera a fadiga, e vice-versa. O mecanismo pelo qual a corrosão acelera a falha por fadiga não é bem compreendido.

Figura 4.4.3
– Impelidor de bomba com corrosão uniforme severa.

4.4.3 – Corrosão-fadiga

Corrosão-fadiga é o modo de falha em que efeitos corrosivos advindos do ambiente agem em conjunto com cargas cíclicas para produzir trincas no material. Usualmente, a corrosão tem um efeito deletério na resistência à fadiga dos metais, resultando em uma falha mais rápida do que no caso em que existem somente os esforços cíclicos.

O meio ambiente influencia tanto a nucleação quanto a propagação da trinca de fadiga. Normalmente esse ambiente contém soluções aquosas ou é sujeito à condensação periódica de vapores. A redução da resistência à fadiga sob ação de meios corrosivos é maior para um maior tempo de exposição ou um maior número de ciclos, o que é coerente com o modo de ação dos processos corrosivos, dependente do tempo. Um exemplo da redução da resistência à fadiga seria aços de alta resistência que sofrem uma redução de 90% na sua resistência à fadiga quando expostos à água salgada, ao se comparar com a resistência no ar seco.

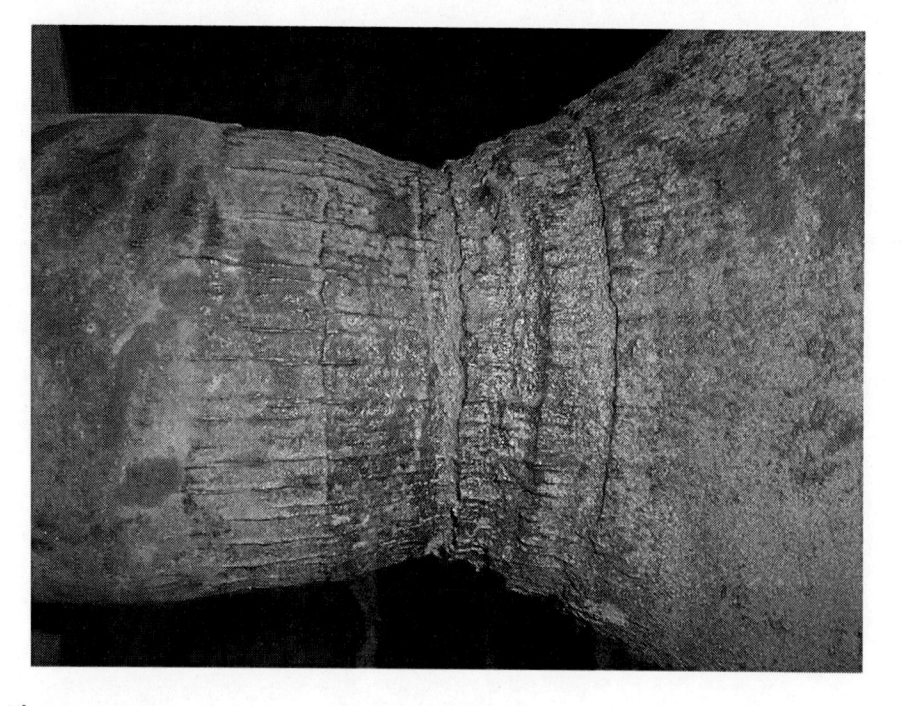

Figura 4.4.4
– Corrosão ácida de eixo de ventilador de tiragem induzida de forno. A baixa temperatura dessa região propiciou a condensação de ácidos, devido aos compostos de enxofre presentes no gás de combustão, resultando em corrosão severa. A baixa temperatura foi causada pela entrada de ar e pela proximidade da parte do eixo que fica fora da carcaça.

O mecanismo de nucleação da trinca de fadiga varia em função do material. No caso de aço carbono essa nucleação normalmente se dá no fundo de alvéolos de corrosão hemisféricos e em geral contém apreciáveis quantidades de produtos de corrosão, embora a formação dos alvéolos superficiais não seja uma precondição essencial para a nucleação da trinca.

O modo como a corrosão afeta a propagação da trinca também é complexo. Em geral, o dano corrosivo altera suficientemente a superfície da fratura para inviabilizar uma análise detalhada. Ao contrário da corrosão sob tensão, não é necessária a presença de compostos químicos específicos, sendo suficiente uma ação corrosiva do meio.

A Figura 4.4.5 mostra uma mola de um purgador automático que sofreu corrosão fadiga.

Figura 4.4.5
– Mola com ruptura por fadiga induzida pela corrosão. A mola trabalhava em serviço cíclico e sujeita a corrosão devido à contaminação do ar utilizado para seu acionamento por umidade. O revestimento para proteção anticorrosiva foi removido no lado onde houve a fratura em função do atrito entre a mola e a superfície interna do pistão.

4.4.4 – Corrosão Localizada

Chama-se corrosão localizada um mecanismo que produz alvéolos bem definidos no metal. O ataque na parede interior dos alvéolos é, em geral, uniforme. Qualquer metal está sujeito a esse tipo de ataque que, geralmente, ocorre quando uma pequena área da sua superfície fica anódica em relação ao restante, ou quando existem grandes modificações no meio corrosivo, como em frestas ou sob depósitos.

Quando a corrosão localizada ocorre em uma superfície metálica limpa e com livre acesso ao meio, um ligeiro aumento na corrosividade vai resultar em corrosão geral, já que a corrosão localizada normalmente significa que está tendo início um rompimento da proteção proporcionada pela camada passiva.

Quando os alvéolos são pouco numerosos e distantes uns dos outros e o restante da superfície não sofre corrosão, teremos uma grande relação entre área do cátodo e área do ânodo. Nessa situação a progressão da corrosão alveolar será mais rápida do que quando os alvéolos são numerosos e próximos.

O dano causado pela corrosão localizada é de difícil detecção antes de uma falha do equipamento, principalmente pela sua capacidade de perfurar o metal rapidamente com pequena perda de massa. É também possível que a corrosão localizada se desenvolva sob resíduos de corrosão uniforme ou outros tipos de depósitos, tornando uma inspeção visual inútil.

O mecanismo que permite a penetração rápida do alvéolo é a formação de um excesso de cargas positivas no seu interior em função da rápida dissolução do metal. Esse excesso propicia a migração de íons do eletrólito para dentro do alvéolo, tornando o processo autossustentável.

Algumas causas de corrosão alveolar são:

a) Heterogeneidades superficiais do material;
b) Perda local de passividade pela ruptura mecânica ou química do filme de óxido;
c) Formação de células de concentração diferencial sob depósitos.

Esse processo corrosivo está ligado a combinações específicas de metais e meios corrosivos, sendo clássico o exemplo de aço inoxidável austenítico em meios contendo cloretos. Aços ao carbono podem sofrer corrosão localizada em meios moderadamente corrosivos. Os alvéolos se distribuem pela superfície, podendo se combinar e formar uma superfície rugosa sem cavidades distintas. Caso os alvéolos não se combinem, , a penetração será rápida. A Figura 4.4.6 mostra uma tubulação de aço carbono que sofreu corrosão localizada no seu interior devido ao contato com condensado de vapor.

4.4.5 – Corrosão Galvânica

Quando dois metais dissimilares estão em contato e imersos em um eletrólito, pode ser observado que o metal menos nobre será corroído mais rapidamente do que se ele não estivesse em contato com o outro metal. A corrosão galvânica é facilmente reconhecível, pois ocorre principalmente na interface entre os metais dissimilares. A aparência da região corroída será similar à de uma peça exposta à corrosão uniforme. Quanto maior a relação entre a área do metal mais nobre em relação à do menos nobre, mais rápido será o ataque.

Figura 4.4.6
– Corrosão localizada no interior de um tubo de condensado.

Combinações de metais comuns são: aço inox com cobre, latão e bronze junto com aço, aço inox com aço carbono. A avaliação da possibilidade de corrosão galvânica entre dois metais pode ser avaliada examinando-se a série galvânica dos metais em água do mar, que mostra a sua posição relativa. Alguns exemplos, com o metal menos nobre no topo da lista: magnésio, zinco, aço galvanizado, alumínio, ferro fundido, aço inox 410 (ativo), aço inox 304 (ativo), chumbo, cobre, níquel (ativo), níquel (passivo), monel 400, aços inox 410 e 304 (passivo), hastelloy C, prata, titânio, grafite, ouro, platina.

A Figura 4.4.7 ilustra um exemplo de corrosão galvânica.

4.4.6 – Corrosão erosão

Consiste na combinação dos dois mecanismos, corrosão eletroquímica e remoção mecânica do produto de corrosão. O resultado é um desgaste muito mais rápido do que dos mecanismos isolados, pois a erosão remove a camada de óxido que poderia proteger a superfície rapidamente, expondo metal ativo e propiciando mais corrosão. A remoção da camada de óxido é mais rápida porque, muitas vezes, como no caso do aço carbono, o óxido do metal é mais macio do que o próprio metal.

Figura 4.4.7
– Um exemplo de corrosão galvânica: peça fabricada em aço inoxidável fixada com uma porca de aço carbono. Notar que a relação de áreas é desfavorável.

Muitas vezes encontrada no interior de bombas centrífugas que trabalham com fluidos corrosivos, como hidrocarbonetos contendo enxofre ou ácido fluorídrico. Esse processo corrosivo vem sendo mais encontrado na indústria petroquímica à medida que petróleos de qualidade inferior vêm sendo utilizados. Normalmente, esse tipo de corrosão é encontrada em regiões sujeitas à alta velocidade de escoamento do fluido, como na voluta e impelidor. A superfície fica com aparência lisa e com sulcos rasos na direção do escoamento do fluido. Um exemplo pode ser visto nas Figuras 4.4.8 e 4.4.9.

4.4.7 – Corrosão sob Tensão

É a corrosão que é acelerada ou provocada pela existência de tensões de tração internas ao material. Pode também ser entendido como trincamento do material em tensões mais baixas que o seu limite de resistência em função da existência de processos corrosivos que vão facilitar o fenômeno.

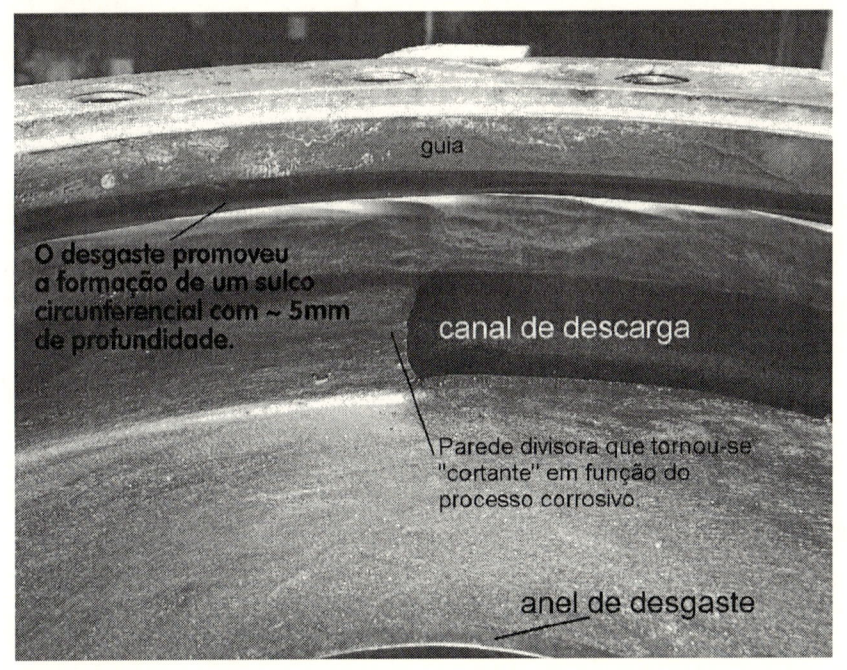

Figura 4.4.8
– Corrosão-erosão em interior de carcaça de bomba centrífuga. Este tipo de equipamento pode, facilmente, reunir as condições para a ocorrência desse fenômeno.

A origem das tensões internas pode ser qualquer uma, desde esforços externos na peça até tensões residuais de soldagem ou conformação. As trincas vão se iniciar microscopicamente e podem levar muito tempo até atingirem um tamanho visível. Também é possível a situação inversa, ou seja, uma propagação rápida com a consequente ruptura da peça.

A corrosão sob tensão vai se manifestar com o aparecimento de trincas que podem ser ramificadas ou não, intergranulares ou transgranulares. Esse fenômeno é típico de algumas combinações específicas de metais e meios corrosivos, alguns exemplos estão listados abaixo.

Esse tipo de corrosão pode causar grandes danos em função do início imperceptível da trinca e da impossibilidade de interromper a sua propagação, após o seu início. A maneira mais simples e segura, embora nem sempre seja a mais barata, de evitar a corrosão sob tensão é evitar o uso de materiais susceptíveis a esse fenômeno em um certo meio. Cuidado especial deve ser tomado no caso em que o meio corrosivo entra em contato com o material em condições não previstas no projeto.

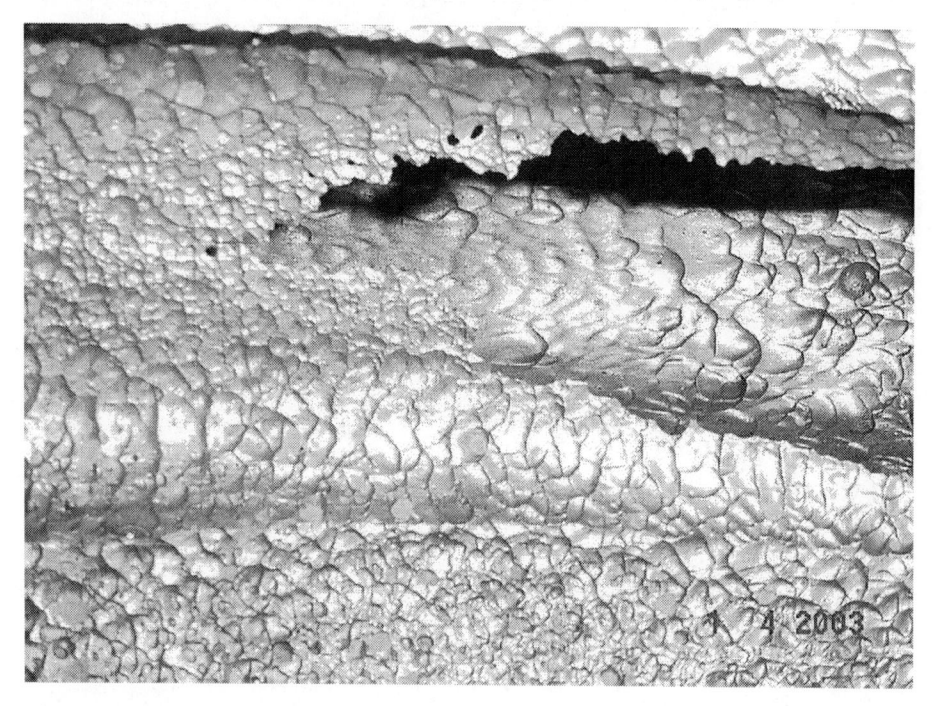

Figura 4.4.9
– Corrosão em carcaça de aço carbono atribuída aos ácidos naftênicos existentes em uma corrente de hidrocarbonetos quentes. Notar que a aparência é bastante diferente da anterior, sendo mais visível a aparência das cavidades provocadas pela corrosão ácida. Isso indica que a erosão teve um papel menos preponderante que no caso anterior.

A corrosão sob tensão se manifesta com algumas combinações clássicas de material e meio corrosivo. Algumas das situações mais encontradas na indústria de processo estão listadas na Tabela 4.4.1.

metal	meios corrosivos
aço carbono e de baixa liga	• soluções de soda cáustica em algumas condições • H_2S úmido • Amônia • Nitratos
Aços inoxidáveis austeníticos	• Cloretos e hipocloritos • Algumas soluções cáusticas
Latões	• Amônia, aminas • sais de mercúrio

Tabela 4.4.1 – Algumas combinações de material e meio conhecidas na indústria de processo como passíveis de originar corrosão sob tensão.

Na Figura 4.4.10 vemos um fole de válvula de segurança trincado em função da ocorrência de corrosão sob tensão. O material do fole é aço inoxidável austenítico e havia presença de cloretos na região. A Figura 4.4.11 mostra uma micrografia das mesmas trincas.

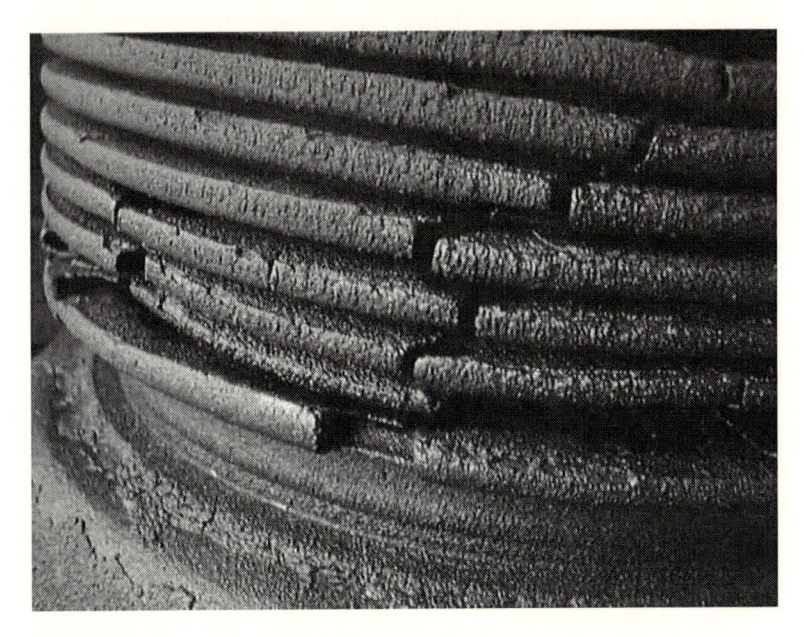

Figura 4.4.10
– Corrosão sob tensão em fole de válvula de segurança.

Um exemplo de situação em que o meio corrosivo pode entrar em contato com o material sem que isso seja considerado no projeto está ilustrado na Figura 4.4.12. Essa Figura ilustra uma bomba centrífuga de processo com carcaça e tubulação de dreno construídas de aço inoxidável austenítico, material sensível à corrosão sob tensão na presença de cloretos. A água de *quench* do selo provém do sistema de água de resfriamento e contém cloretos. Ao ser derramada sobre o dreno, a água encontra uma região em alta temperatura, o que propicia as condições para a corrosão sob tensão (cloretos, temperatura acima de 60 °C). Embora a concentração de cloretos na água de resfriamento não seja suficiente para causar corrosão sob tensão, essa concentração é aumentada pela evaporação de parte da água, quando em contato com as partes quentes da bomba.

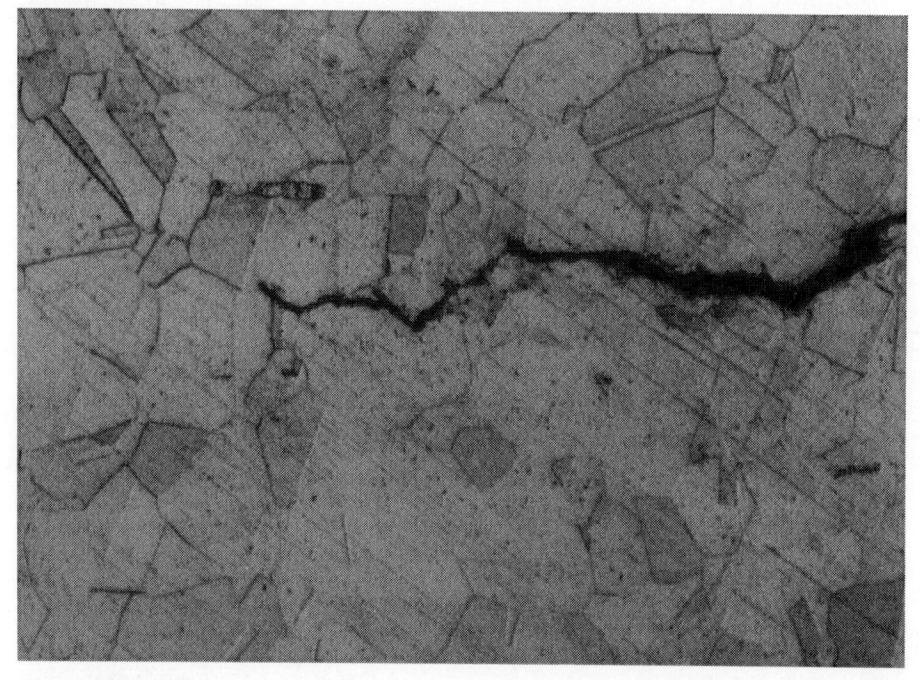

Figura 4.4.11
– Micrografia da trinca ocorrida no fole mostrado acima, onde pode ser observada a sua característica transgranular e ramificada.

4.5 – Incrustação

Incrustação é o modo de falha em que ocorre deposição de material do ambiente ou processo sobre a superfície dos componentes da máquina, resultando em subsequente deterioração do seu funcionamento. As consequências das incrustações são diversas:

a) travamento, como em selos mecânicos;
b) impossibilidade de ajuste das peças móveis, como em sedes de válvulas;
c) obstrução da passagem de fluidos, como em palhetas de turbinas a vapor.

Formação de depósitos pode ocorrer nas situações mais variadas, sendo altamente dependente do tipo de processo em que o equipamento opera. A velocidade da formação do depósito e a sua resistência mecânica vão depender do tipo de processo (fluidos, pressões, temperaturas), do tipo de superfície (material, rugosidade, forma), da velocidade e turbulência do fluido.

Figura 4.4.12
– Derramamento de água de *quench* do selo sobre a linha de dreno, resultando em acúmulo de cloretos e corrosão sob tensão.

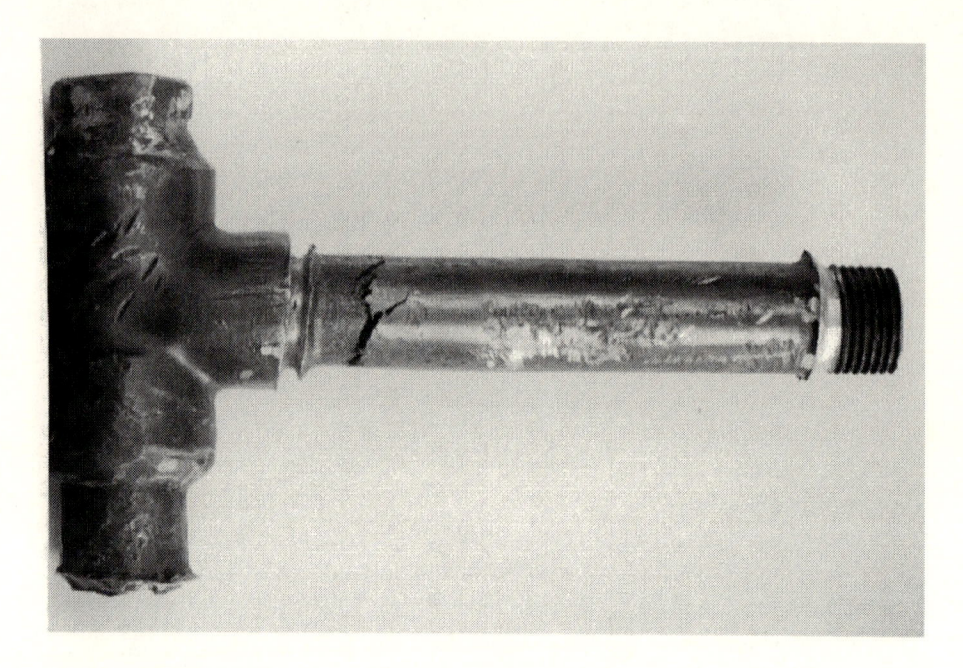

Figura 4.4.13
– Tubulação de dreno de bomba em aço inoxidável austenítico mostrando trinca de corrosão sob tensão devido à presença de cloretos.

Os depósitos devem ser divididos em dois tipos: a) depósitos inerentes ao processo, que não podem ser evitados e b) depósitos decorrentes de situações fortuitas, como falhas de operação, por exemplo.

Quando o mecanismo físico-químico da incrustação é uma consequência normal do processo em que o equipamento está instalado e não pode ser eliminado, os equipamentos devem ser projetados para conviver com a situação. Isso pode incluir: instalação de sistemas de lavagem ou de revestimentos anti-incrustantes para evitar a deposição, instalação de equipamentos que podem funcionar mesmo com incrustações etc.

Na situação em que a incrustação acontece devido a um descontrole do processo, o problema pode ser enfrentado de diversas maneiras, tais como: melhoria do controle, modificações de projeto do processo, instalação de equipamentos resistentes à incrustação etc.

Depósitos encontrados em equipamentos de indústria de processo usualmente são de um dos seguintes tipos:

a) Deposição de coque;
b) Deposição de sais ou outras partículas inertes;
c) Aderência de organismos vivos.

4.5.1 – Deposição de coque

Consiste na formação de uma camada dura, composta principalmente de carbono, oriunda da polimerização dos hidrocarbonetos. Esse processo ocorre normalmente em alta temperatura, condição que facilita a polimerização. Os hidrocarbonetos estão sujeitos a essa polimerização, especialmente se o teor de compostos com duplas ligações for alto (olefinas, diolefinas).

Às vezes os fluidos de processo contém também enxofre e ferro, esse último oriundo de processos corrosivos em outros equipamentos e tubulações. Em algumas situações pode ocorrer a deposição de finos de coque formando uma camada pastosa. Essa ocorrência é comum em selos mecânicos.

Se as condições que determinam a formação de coque forem consequência das características do processo, será difícil evitar essa deposição, já que, em geral, as condições de trabalho não podem ser alteradas. Os equipamentos que trabalham nesses processos devem ser projetados levando em consideração essa solicitação, tendo uma construção que não seja sensível ao depósito ou que permita fácil limpeza em operação. Os métodos utilizados para que os equipamentos resistam às condições de trabalho sujeitas à deposição de coque são: a) Injeção de vapor, que evita o contato do fluido polimerizável com a superfície onde queremos evitar a incrustação; b) Injeção de líquido para promover uma lavagem das superfícies de interesse; c) Revestimento da superfície com produtos especiais para evitar aderência do coque.

A Figura 4.5.1 mostra o disco de uma válvula globo com incrustações de coque, oriundo da polimerização do produto contido na válvula. Esse produto é uma mistura de hidrocarbonetos com temperatura de cerca de 500 °C. A incrustação impede o correto ajuste das peças, impossibilitando a vedação. Sendo esse mecanismo de incrustação relacionado com o processo normal da unidade, um equipamento projetado para resistir a esse fenômeno deveria ter sido utilizado. Nesse caso específico, foram instaladas válvulas macho projetadas para serviços severos, tendo a região de vedação protegida do fluxo e dispondo de injeções de vapor em pontos selecionados para impedir a formação prejudicial de coque.

Figura 4.5.1
– Depósito de coque no plug de uma válvula globo que operava com hidrocarbonetos a 500 °C.

A Figura 4.5.2 mostra a tampa do cilindro de um compressor alternativo com incrustações do coque, oriundo da polimerização do gás comprimido. O aumento de temperatura durante a compressão colaborou para a polimerização das frações instáveis do gás (olefinas e diolefinas). A forma arredondada das partículas indica que o material que as constitui já foi líquido. Essa deposição é uma consequência do tipo de processo utilizado.

A Figura 4.5.3 mostra um compressor centrífugo com deposição de coque devido ao mesmo fenômeno descrito acima. Nesse caso, o problema se originou de uma falha operacional, uma vez que o sistema de injeção de líquido para lavagem dos internos não era utilizado.

Figura 4.5.2
– Depósito de carbono e enxofre na região das válvulas de um compressor alternativo que trabalha com gás contendo compostos polimerizáveis (olefinas). A forma arredondada indica que o produto depositado entrou no compressor na forma gasosa e polimerizou nas superfícies internas. A temperatura de descarga do gás é de cerca de 120 °C. A deposição de coque causa baixa confiabilidade do compressor por danificar a vedação da haste e impedir o bom funcionamento das válvulas de sucção e descarga.

A Figura 4.5.4 mostra um compressor centrífugo equipado com bocais para injeção de líquido para limpeza. O líquido deve ser selecionado para manter o compressor limpo ou para remover incrustações de tempos em tempos, conforme o caso. O fluido injetado deve ser compatível com o processo e deve ser capaz de remover as incrustações. Outros pontos que devem ser considerados:

a) Fonte do fluido – a melhor opção é utilizar uma corrente existente de processo que tenha as características desejadas. Note que a pressão necessária para o fluido será próxima da pressão de descarga do compressor. Será necessário um sistema de controle e de filtragem do líquido;

b) Pontos onde o fluido será injetado no compressor – em geral, são usadas injeções na região de sucção de cada impelidor, com bocais que geram uma névoa fina espalhada uniformemente por uma grande área, para evitar sobrecargas localizadas nas pás do impelidor devido a um jato de líquido;

4.5.2 – Deposição de Sais

Consiste na formação de crostas de sais precipitados, oriundos do processo. Alguns exemplos:

a) sílica e outros sais, como encontrado nas palhetas de turbinas a vapor. A deposição de sais em palhetas de turbinas a vapor pode ser decorrência de deficiências do tratamento de água, que não remove os contaminantes até o nível exigido pelas máquinas. Pode ser, também, consequência de um projeto inadequado do tubulão da caldeira, que permita o arraste de gotículas de água para o sistema de vapor. A Figura 4.5.5 mostra uma turbina a vapor com deposição de sílica oriunda do vapor;

b) cloreto de amônia, usualmente encontrado em equipamentos que trabalham com fluidos oriundos do topo das torres de fracionamento que utilizam inibidores de corrosão contendo amônia. Este tipo de sal pode ser também encontrado em operações de regeneração de alguns tipos de catalisador utilizados em processos de refino. A Figura 4.5.6 mostra a deposição de cloreto de amônia no impelidor de um compressor centrífugo, oriunda de uma falha de operação durante a regeneração do catalisador utilizado na unidade;

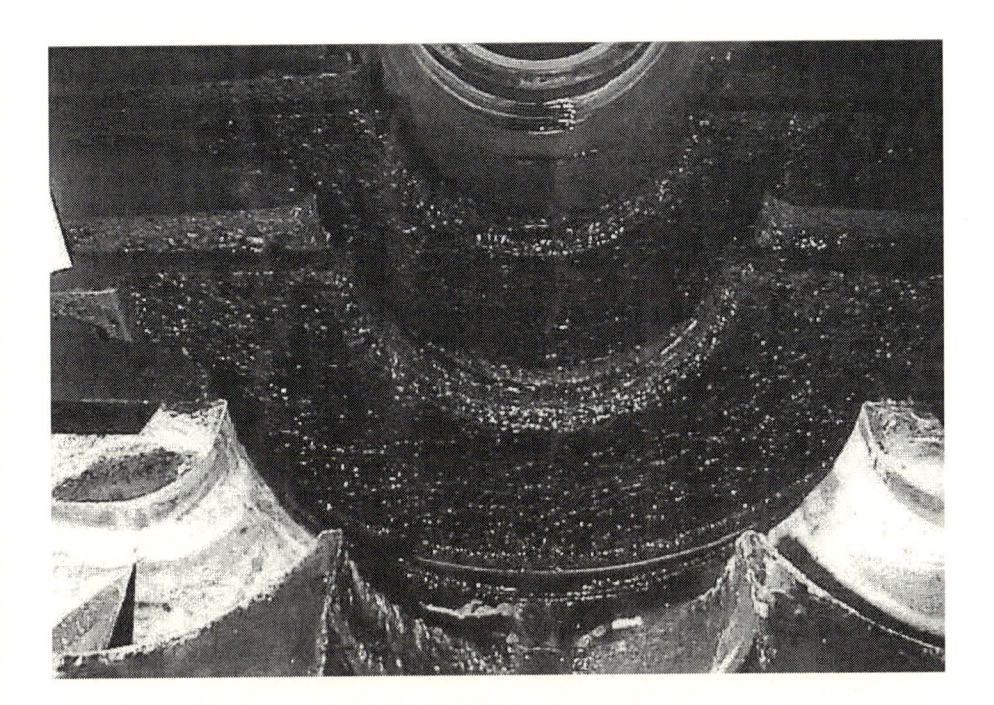

Figura 4.5.3
– Incrustação de oque em compressor centrífugo.

c) equipamentos que trabalham com solução de hidróxido de sódio estão sujeitos a deposições de cristais;
d) fluoretos diversos, como ocorre em equipamentos que lidam com hidrocarbonetos contendo ácido fluorídrico (HF) em unidades de alcoilação. A Figura 4.5.8 mostra um componente de selo mecânico de bomba centrífuga com deposição de fluoreto de ferro. Essa deposição impede a movimentação das peças e leva a vazamentos pelo selo;

Compressores de ar podem sofrer incrustação dos impelidores e outras partes internas devido aos particulados existentes no ar. A quantidade de particulados varia bastante de um lugar para outro. Dentre as possíveis maneiras de enfrentar essa ocorrência encontram-se: instalação de filtros, instalação de sistemas de lavagem, revestimentos antiaderentes.

Figura 4.5.4
– Bocais utilizados em sistemas de lavagem de compressores centrífugos para evitar a deposição mostrada acima.

Figura 4.5.5
– Deposição de sílica e cálcio em palhetas de turbina a vapor.

Figura 4.5.6
– Impelidor de compressor com incrustação de cloreto de amônia.

A Figura 4.5.7 mostra um rotor de compressor de ar com revestimento antiaderente. Nesse caso específico, parte do revestimento foi removido pela ação dos particulados existentes na corrente, durante um longo período de operação do compresso. As regiões mais claras nas palhetas mostram as regiões nas quais o revestimento não foi removido.

Figura 4.5.7
– Rotor de compressor axial mostrando revestimento antiaderente. Esses revestimentos são fornecidos por diversos fabricantes, sendo constituídos de polímeros com características de não aderência, tais como Teflon.

4.5.3 – Aderência de organismos vivos

Este é um problema bem conhecido da indústria naval, na qual há ocorrência de grande variedade de de organismos se fixando ao casco de navios ou a colunas de plataformas. Na indústria de processo, esse problema aparece em sistemas de captação de água, notadamente na região de sucção de bombas de água do mar.

Diversas técnicas podem ser utilizadas para evitar a incrustação, desde o uso de pinturas com pigmentos tóxicos para os organismos até injeção de produtos químicos nos sistemas de água. A construção de equipamentos ou componentes com ligas de Cu-Ni reduz a aderência dessas cracas e mexilhões.

A Figura 4.5.9 ilustra um exemplo de incrustação no filtro de sucção de uma bomba de captação de água do mar. A quantidade de mariscos e mexilhões é tão grande que afetava o funcionamento da bomba.

Figura 4.5.8
– Incrustação de fluoretos em carvão de selo mecânico. Essa incrustação impede que as molas tenham uma atuação correta, impedindo o bom funcionamento do selo.

Figura 4.5.9
– Filtro de sucção de bomba de captação de água do mar com incrustações que impediam o seu funcionamento.

4.6 – Danos por Descargas Elétricas

Uma certa turbomáquina pode se transformar em um gerador de eletricidade, sob condições especiais. É bem conhecido o fenômeno da geração de eletricidade estática em sopradores de ar, por exemplo, devido ao atrito do ar com as partes metálicas. Também é bem conhecido o efeito eletromagnético, no qual grande quantidade de eletricidade é gerada quando campos magnéticos se movem em relação a condutores (ou vice-versa). Embora isso aconteça sem problemas em uma enorme quantidade de geradores ao redor do mundo, um grande dano pode ocorrer se a máquina não foi projetada para gerar eletricidade.

O efeito Joule é a transformação de energia elétrica em energia térmica ao passar por um condutor com resistência elétrica maior que zero. Isso inclui a circulação de corrente por meio do ar, na forma de centelhas. A circulação de eletricidade em componentes de turbomáquinas pode gerar grande aquecimento desses componentes, com uma grande probabilidade de ocorrência de danos. Esse dano pode ocorrer em dois tipos de situação:

a) Derretimento localizado do metal devido ao aquecimento gerado pelas centelhas. Isso acontece quando a eletricidade circula por meio do ar em regiões em que há certa folga entre as peças, como selos, mancais etc. A região afetada vai mostrar a aparência macroscópica característica de uma peça que sofreu um jateamento com areia. Um exame microscópico mostrará pequenos alvéolos arredondados com fundo brilhante, consequência do mecanismo de dano;
b) Aquecimento generalizado do componente devido à circulação de corrente elétrica pelo componente, conhecida como efeito Joule. O componente pode mostrar uma aparência oxidada.

É desnecessário dizer que ambas as situações podem ser extremamente danosas para as máquinas. A Figura 4.6.1 mostra um componente de turbina a vapor que foi danificado pelos dois mecanismos citados ao mesmo tempo. Essa turbina, em particular, sofreu magnetização de alguns de seus componentes, sendo a geração eletromagnética suficiente para aquecer o componente até o ponto de causar oxidação acentuada das suas superfícies. As centelhas geradas nas regiões com folga reduzida também causaram certo dano à peça, mostrado na parte com aparência jateada.

Figura 4.6.1
– Elemento primário de governador de turbina a vapor mostrando o dano devido a descargas elétricas. Notar o desgaste com aparência de jateamento com areia e região oxidada devido ao aquecimento da peça.

Mancais hidrodinâmicos são especialmente sensíveis a este fenômeno, já que o metal patente costuma ter uma temperatura de fusão relativamente baixa. Assim como nos casos citados acima, o mancal vai exibir uma superfície com aparência de ter sido jateada com areia a olho nu. A região danificada vai estar, normalmente, na região em que há pequenas folgas, que facilitam a formação das centelhas.

Com a continuação do desgaste, o mancal vai perder a sua capacidade de sustentar o filme de óleo e pode ser completamente destruído. Nessa situação, as evidências do dano por descarga elétrica serão eliminadas, tornando a análise da falha mais difícil. Muitos problemas desse tipo foram erroneamente diagnosticados como falhas de lubrificação, já as evidências foram removidas pelo atrito.

A aparência microscópica da região danificada, ao ser examinada com um microscópio de baixo aumento (20–40X), mostra uma série de cavidades arredondadas com um fundo brilhante. Esse formato é possível devido ao derretimento causado pela centelha.

A Figura 4.6.2 mostra o mancal de uma turbina a vapor de condensação com danos por descargas elétricas. As gotículas do vapor condensado circulando pelo interior da turbina podem gerar eletricidade estática que pode, por sua vez, circular pelos mancais e causar o dano observado. A instalação de escovas de aterramento evita esse tipo de problema.

Figura 4.6.2
– Danos elétricos em mancal de uma turbina a vapor que aciona um soprador de ar.

As Figuras 4.6.3 e 4.6.4 mostram micrografias de mancais que sofreram danos por descargas elétricas. A Figura 4.6.5 mostra a aparência do dano causado ao eixo de uma turbina a vapor.

Esse tipo de problema pode afetar mancais de rolamento, também. A aparência da superfície, neste caso, será bastante diferente, devido às diferentes características do material. A Figura 4.6.6 mostra um exemplo.

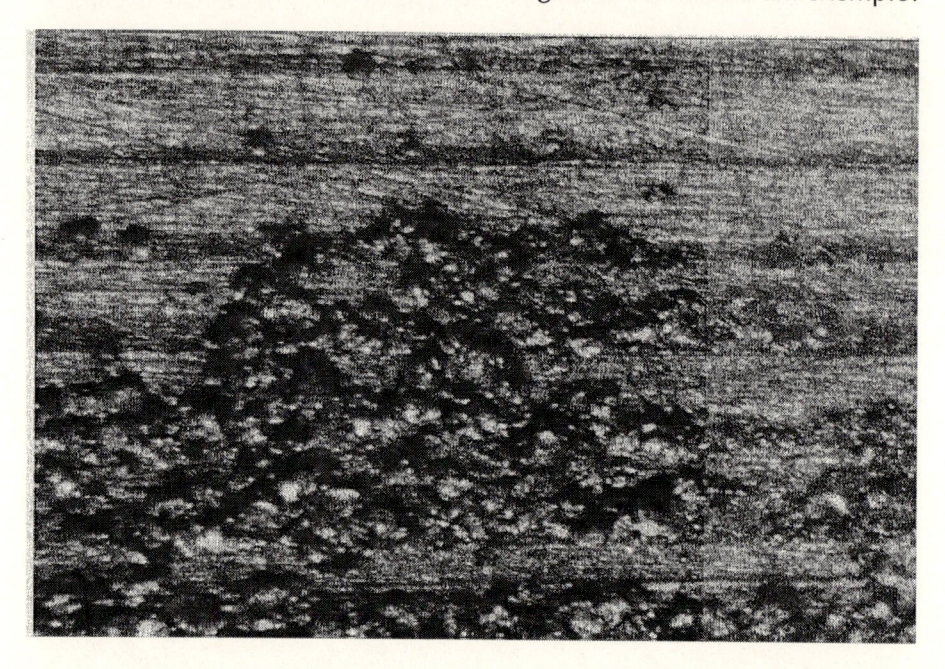

Figura 4.6.3
– Micrografia de uma superfície de mancal de deslizamento mostrando as cavidades causadas pelas centelhas. As marcas da usinagem original do mancal também podem ser vistas.

As duas principais fontes de geração de eletricidade em turbomáquinas são:

a) Eletricidade estática pode ser gerada pelo fluxo de fluido no interior da máquina. Esse fenômeno é mais comum em compressores de ar e turbinas a vapor de condensação. A quantidade de energia é, normalmente, pequena, o que permite que o problema seja tratado com a simples introdução de um correto aterramento do eixo;

b) Eletromagnetismo, no entanto, pode gerar quantidades apreciáveis de energia elétrica. Esse fenômeno pode acontecer se algum componente da máquina estiver magnetizado acima de um certo nível. As densidades de corrente costumam ser mais altas que no caso anterior, sendo uma solução possível somente com a completa desmagnetização da máquina.

As principais origens para o magnetismo das peças são:

a) Utilização de placas magnéticas para fixar as peças em máquinas-ferramenta.
b) Passagem de corrente elétrica pela máquina, devido, talvez, à execução de serviços de soldagem nas suas proximidades;
c) Uso de inspeção com partículas magnéticas, durante a fabricação do componente, sem uma correta desmagnetização;

Figura 4.6.4
– Micrografia de um mancal de escora mostrando outra forma de manifestação do dano por descarga elétrica. Notar a existência de arranhões.

As maneiras mais efetivas de evitar danos devido à descarga elétricas são:

a) Assegurar que todos os componentes da máquina (incluindo carcaça, tubulações e base) estejam desmagnetizadas. Um

gaussímetro portátil pode ajudar a localizar as regiões magnetizadas. O magnetismo residual admissível é de 5 Gauss, de acordo com as normas API (*American Petroleum Institute*). Alguns autores sugerem utilizar um limite de 2 Gauss;
b) Manter os mancais de motores e geradores, especialmente os de grande porte, isolados da carcaça;

Figura 4.6.5
– Eixo de uma turbina mostrando dano por descarga elétrica. A aparência jateada característica é visível na parte superior do eixo.

Figura 4.6.6
– Mancal de rolamento com dano por descargas elétricas (FAG: *Mounting and Dismounting of Rolling Bearings*, Publ. No. 80 100/2 EA)

Instalar e manter em boas condições de funcionamento as escovas de aterramento. Isso deve ser feito para as máquinas onde haja risco de desenvolvimento de eletricidade estática. Deve ser notado que a maioria dos geradores e motores de grande porte dispõe de escovas de aterramento feitas de carvão. A utilização de escovas de carvão em outros tipos de turbomáquinas deve ser analisada com cuidado, uma vez que as escovas podem não funcionar bem se houver contaminação com óleo e que elas precisam de uma razoável densidade de corrente para manter as suas características condutoras. A alternativa às escovas de carvão são as escovas feitas com filamentos metálicos, conforme mostrado na Figura 4.6.7;

Evitar solda elétrica nas proximidades da máquina, já que isso pode acarretar a passagem de correntes elétricas pelos seus componentes. Se isso for impossível, alguns cuidados podem reduzir este risco: não permitir que a máquina fique entre o ponto a ser soldado e o ponto aterrado; em caso de oldas de tubulação, utilizar isolamento elétrico entre os flanges da máquina e os da tubulação a ser soldada etc.

Figura 4.6.7
– Escova de aterramento com filamentos metálicos. Note que os filamentos estão gastos pelo uso. Esse desgaste é mais rápido quanto maior for a corrente circulando pela escova.

CAPÍTULO 5
– FALHAS DE COMPONENTES

Os modos de falha citados no capítulo anterior se manifestam de maneiras típicas em diferentes componentes. Um estudo dos modos de falha característicos de cada tipo de peça torna mais rápida a análise. Uma revisão resumida da função e do modo de funcionamento de cada componente está incluída.

A imagem da falha do componente diz muito a respeito do que aconteceu. Como o exame da aparência da falha é muito importante, é imprescindível cuidar para que as superfícies que a caracterizam não sejam modificadas antes da análise. Componentes danificados devem ser preservados, resíduos não devem ser removidos, superfícies em que haja evidências de danos protegidas contra corrosão etc.

5.1 – Eixos

Eixos são utilizados para suportar componentes rotativos e/ou para transmitir potência ou movimento rotativo ou axial. Os eixos trabalham em condições extremamente variáveis de ambiente e carregamento – torção, flexão, tração e combinações. As cargas externas se traduzem em tensões internas que estão normalmente relacionadas com o modo de falha do eixo. A vida útil do eixo é considerada como sendo indefinida. Qualquer tipo de falha deve ser tratada como um evento anormal e analisada, levando-se em consideração a importância de cada problema, como descrito no Capítulo 2.

A maior parte das falhas de eixos se manifesta na forma de fraturas por fadiga, cuja origem usualmente se encontra em concentrações de tensão como cantos vivos, filetes, entalhes, rasgos de chaveta, defeitos de forjamento etc. A Figura 5.1.1 mostra um exemplo de eixo que sofreu fratura por fadiga. Mais raras são as fraturas frágeis e dúcteis, as primeiras associadas à seleção ou processamento incorreto do material (baixa temperatura, revestimentos eletrolíticos que introduzem hidrogênio) e as segundas associadas a sobrecargas acidentais. Eventualmente observamos falhas por outros mecanismos, sendo essas, em geral, consequência de falhas de outros componentes.

Em uma análise de falha de um eixo devem ser seguidos os passos descritos no Capítulo 2, iniciando com o levantamento dos dados necessários para a análise. Os dados mais importantes são:

a) Projeto e fabricação do eixo – Dados sobre o processamento do eixo e detalhes construtivos, tais como análise química, propriedades mecânicas, desenho do eixo etc.;
b) Históricos operacionais da máquina, incluindo histórico de vibrações;
c) Histórico de manutenção e de falhas do equipamento;
d) Carregamentos e tensões atuantes no eixo;
e) Condições anormais de funcionamento e demais solicitações atuantes, como corrosão, desgaste etc.

Deve ser dada atenção especial a regiões de concentração de tensões no eixo e alinhamento dos mancais que o suportam. A região da fratura deve ser observada cuidadosamente. Marcas que indiquem funcionamento anormal são extremamente reveladoras, principalmente marcas de *fretting*, em função da grande redução da resistência à fadiga quando da sua ocorrência.

Figura 5.1.1
– Eixo de uma turbina a vapor de 9 MW, 7.000 rpm, mostrando fratura por fadiga na região do rasgo de chaveta do disco de escora. Pode ser visto que não houve danos nas sapatas do mancal axial, indicando que não havia carga axial elevada.

5.1.1 – Tensões Atuantes em um Eixo

Os esforços atuantes em um eixo geram tensões internas. O formato da face de fratura deve corresponder às tensões atuantes, já que a trinca sempre cresce na direção da maior tensão atuante para o modo de falha correspondente. Pode ser interessante fazer uma avaliação das tensões envolvidas na operação do eixo como parte do processo de análise da falha. Uma ilustração das tensões desenvolvidas para cada tipo de carregamento pode ser vista na Figura 5.1.2.

Fraturas dúcteis ocorrem segundo a direção da maior tensão de cisalhamento, fraturas frágeis segundo uma direção perpendicular à da maior tensão de tração. A progressão das fraturas por fadiga acontece seguindo uma direção perpendicular à da maior tensão de tração.

Normalmente, as tensões atuantes em eixos de máquinas são muito pequenas, já que o critério de dimensionamento é a deformação máxima. Por exemplo, a API 610 especifica que a deflexão máxima do eixo de bombas centrífugas na região do selo mecânico deve ser menor que 0,05 mm e que a frequência de operação deve ser pelo menos 20 % menor que a rotação (para o caso de eixo rígido). A API 617 especifica que a deflexão do eixo de compressores centrífugos deve ser menor que 75% da folga interna entre eixo e peças estacionárias. O afastamento das frequências naturais depende do fator de amplificação, sendo sempre maior que 10%.

Esses critérios podem não ser válidos para alguns tipos de máquinas ou para máquinas antigas. Eixos de bombas antigas, por exemplo, normalmente são demasiadamente esbeltos para os requisitos atuais. A razão desse fato é que a vedação do eixo das bombas antigas era feita com gaxetas que proporciona um suporte adicional para o eixo.

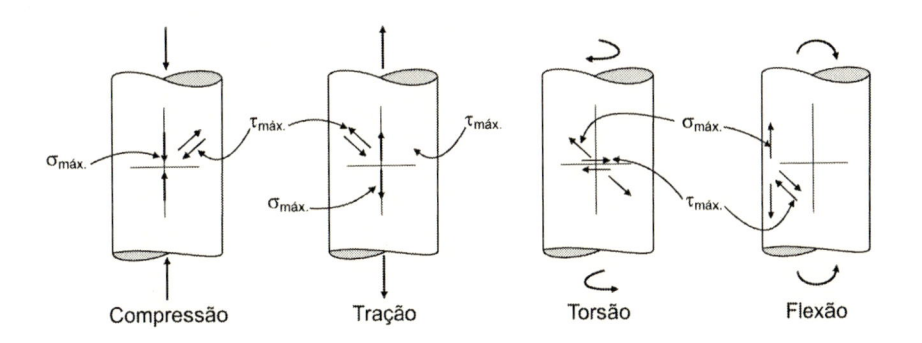

Figura 5.1.2
– Tensões atuantes em um eixo em função do tipo de carregamento.

Essas considerações permitem relacionar o formato da face de fratura em com o tipo de carregamento. A Figura 5.1.3 mostra um eixo que rompeu de forma frágil devido a um carregamento torsional. Pode ser observado que a fratura se propagou em uma direção a 45° da linha de centro do eixo, que é perpendicular à direção da maior tensão de tração. Fraturas frágeis se propagam na direção perpendicular à da maior tensão de tração, conforme explicado no Capítulo 4.

Figura 5.1.3
– Fratura frágil por torção de um eixo.

A Figura 5.1.4 mostra o caso de um parafuso que sofreu uma carga compressiva axial. Sendo o material dúctil, a deformação ocorrerá seguindo a direção da maior tensão cisalhante, ou seja, a 45° do eixo, neste caso.

Figura 5.1.4
– Parafuso danificado devido à sobrecarga compressiva.

5.1.2 – Falhas por Fadiga

As falhas por fadiga começam em uma região tracionada do eixo. No caso de flexão unidirecional (o eixo suporta cargas em uma única direção) a trinca normalmente se inicia em um concentrador de tensões qualquer, tal como um arranhão ou rebaixo. Concentradores de tensão vão fazer com que a propagação da trinca seja mais rápida nas suas proximidades, alterando o formato das marcas de progressão, conforme mostrado na Figura 5.1.5.

Figura 5.1.5
– Eixo de turbina de alta rotação mostrando fratura por fadiga com todos os elementos característicos claramente visíveis.

A carga cíclica que causa uma ruptura de eixo de um equipamento rotativo por fadiga pode ou não estar associada à rotação do eixo e às cargas de trabalho normais. Se a frequência de aplicação da carga for igual à de rotação do eixo, em pouco tempo o eixo vai percorrer um número de rotações suficiente para romper por fadiga. Uma bomba que gire a 3.550 rpm vai girar 10 milhões de vezes em aproximadamente dois dias. Isso significa que, ao observarmos uma fratura por fadiga nesse eixo, tendo ele trabalhado por mais tempo do que dois dias, devemos procurar por outras condições que não as cargas normais e a rotação somente para explicar o fenômeno. Isso se aplica também a componentes sujeitos a esforços alternativos. Exemplos típicos de condições que podem colaborar para causar uma ruptura da peça por fadiga são: corrosão, *fretting*, modificação das condições de operação, anormalidades operacionais, como cavitação de bombas, montagens incorretas, dentre outras.

Fraturas de eixos rotativos podem não mostrar claramente as marcas características de fadiga, em função do roçamento que pode ocorrer entre as partes após a ruptura. Nesse caso, é necessária uma análise mais aprofundada para identificar os elementos que vão indicar o modo de falha. A Figura 5.1.6 mostra um eixo de bomba centrífuga que sofreu uma fratura por fadiga. Pode ser visto que as marcas características não estão tão claramente visíveis como na Figura 5.1.5.

Figura 5.1.6
– Eixo de bomba que sofreu fratura por fadiga. Notar que, ao contrário do caso anterior, as marcas características de uma fratura por fadiga não são muito claras. Esse tipo de situação é mais comum do que o caso em que as marcas se apresentam bem definidas.

Pode ser bastante instrutivo, embora um pouco difícil, calcular as cargas e as tensões atuantes em um determinado eixo durante o trabalho de análise de sua falha. Os métodos para esses cálculos podem ser facilmente obtidos em manuais de projeto de máquinas.

Fraturas por fadiga torsional mostram as mesmas marcas de praia que as por flexão. Concentrações de tensões longitudinais, como rasgos de chavetas, que são relativamente menos deletérias no caso de flexão, tornam-se muito importantes na solicitação à torção. Fraturas em rasgos de chaveta podem acontecer caso o cubo do acoplamento seja montado com folga no eixo, facilitando a ocorrência de impactos. Esse problema é especialmente grave em equipamentos cujo torque de acionamento é variável, tais como bombas e compressores alternativos. A Figura 5.1.7 mostra um exemplo. Note que existem marcas de *fretting* ao redor do eixo, indicando claramente que o acoplamento se moveu em relação ao eixo. Cuidado especial deve ser tomado na fabricação das chavetas, atentando para suas tolerâncias dimensionais e para a dureza, que deve ser sempre menor que a do eixo.

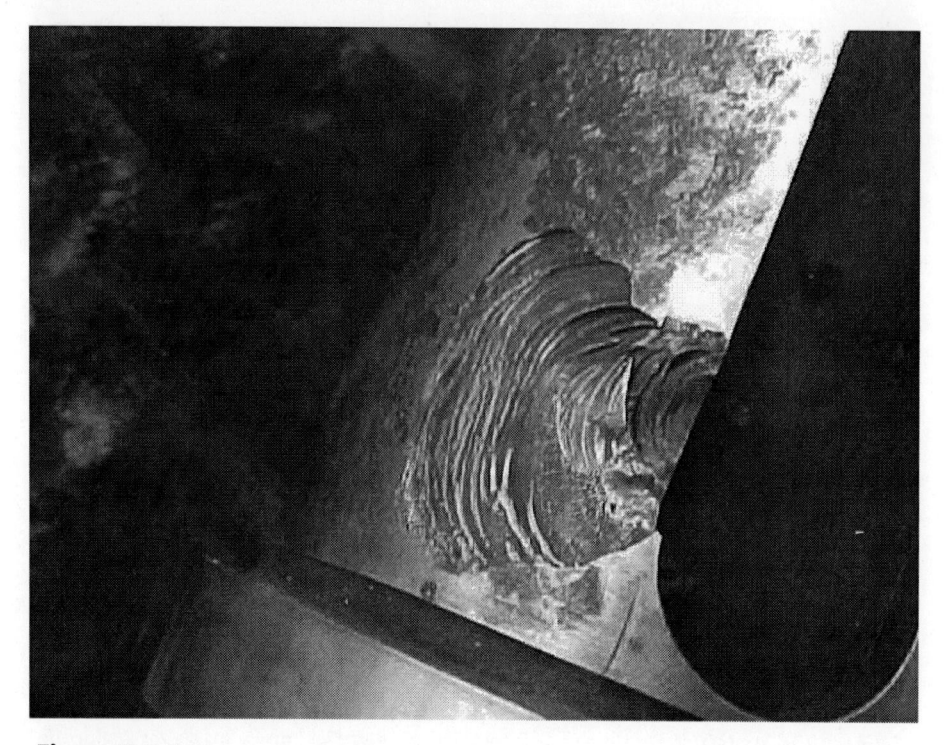

Figura 5.1.7
– Trincas originadas nos rasgos de chaveta, notórias fontes de concentração de tensões.

5.1.3 – Desgaste

O Desgaste de eixos acontece principalmente na região dos mancais, de selos e gaxetas e de labirintos. A análise das regiões danificadas deve ser feita conforme descrito no item 4.5. Esse mecanismo de dano é, via de regra, consequência da falha de algum outro componente da máquina. A Figura 5.1.8 mostra um eixo de ponte rolante danificado, devido a um dano anterior no mancal de rolamento instalado naquela posição.

Figura 5.1.8
– Eixo de bomba de engrenagens mostrando desgaste acentuado na região dos mancais. Esse tipo de ocorrência costuma ser consequência de falha dos mancais. A lubrificação de um mancal é normalmente feita com óleo mineral ISO VG 32 (32 cSt @ 40 °C) no caso de máquinas de alta rotação e com óleos de maior viscosidade nos demais casos.

Revestimentos utilizados para aumentar a resistência ao desgaste ou para reparar regiões danificadas podem ser feitos por eletrodeposição (cromagem, o mais comum) ou por aspersão térmica. Eletrodeposição pode causar fragilização por hidrogênio, devendo a peça ter um tratamento térmico adequado para eliminar o hidrogênio após a aplicação do revestimento.

Um exemplo clássico de falhas de eixo por desgaste é o caso de bombas verticais em que os mancais são lubrificados pelo fluido bombeado. Nesse tipo de equipamento a lubricidade do fluido é, às vezes, baixa e os danos ao eixo são comuns. O desgaste de eixos ocorre também como consequência da falha de um outro componente, como mancais ou selos.

5.1.4 Distorção de Eixos

Mesmo pequenas deformações em peças de máquinas podem torná-las imprestáveis. Deformações de eixos, se não forem consequência de erros grosseiros de projeto, são causadas principalmente por sobrecargas acidentais. Soluções simples incluem aumentar a seção transversal ou utilizar materiais mais resistentes.

Exemplos clássicos de situações em que há empeno de eixos de equipamentos rotativos são:

a) Ventiladores de tiragem induzida de fornos costumam operar em alta temperatura. É possível a ocorrência de empenos se a rotação for interrompida antes do resfriamento do conjunto;
b) Bombas verticais com eixos longos sofrem de empenos de eixos com alguma frequência em função de sua esbeltez.

5.2 – Mancais de Deslizamento

Mancais de deslizamento são utilizados para proporcionar suporte a eixos rotativos. Além de suportar uma certa carga, esses mancais são projetados para influenciar o comportamento dinâmico da máquina, devendo apresentar uma rigidez e amortecimento definidos. Embora existam diversos tipos de mancal de deslizamento, os princípios básicos de funcionamento são os mesmos.

A vida de projeto para um mancal de deslizamento é indefinida. O modo de falha esperado é desgaste devido ao ligeiro roçamento que ocorre devido às condições inadequadas de lubrificação existentes em partidas e paradas da máquina. Os mancais de uma máquina que opera continuamente têm um potencial para apresentarem vida infinita, já que não há contato metal-metal.

O comportamento dinâmico (amortecimento e rigidez) desses mancais depende do seu formato (cilíndrico, elíptico, *tilting pad*), da folga entre o mancal e o eixo, da velocidade do eixo, da viscosidade do óleo e da carga aplicada. Mudança em qualquer desses parâmetros modifica seu comportamento e pode levar a desgaste excessivo ou vibração. Isso significa que, no caso de máquinas de alta rotação (rotação de trabalho maior que a primeira rotação crítica), qualquer modificação dos mancais deva ser precedida de uma análise rotodinâmica do equipamento.

As condições ótimas de funcionamento existem quando um filme de óleo consegue separar totalmente as superfícies, evitando contato metálico. As condições mais indesejáveis são: cargas elevadas, velocidades baixas, temperatura elevada (que resulta em redução da viscosidade ou deterioração do óleo), vazão insuficiente de óleo ou presença de contaminantes. Essas condições são as que colaboram para reduzir a espessura do filme de óleo, podendo levar à sua ruptura e à destruição do mancal.

5.2.1 – Funcionamento de um Mancal de Deslizamento

Os mancais de deslizamento podem operar basicamente em três regimes: filme espesso, filme fino ou lubrificação limítrofe. O mecanismo de funcionamento dos mancais de deslizamento foi descoberto por Bechamp Tower, por volta de 1880, durante uma pesquisa destinada a aumentar a vida útil dos mancais de vagões ferroviários. Nesse trabalho, Tower fez medições da pressão do filme de óleo em diversos pontos ao redor da superfície do mancal, utilizando furos na carcaça do mancal. A integração do produto da pressão pela área resultou em uma força resistente bastante próxima da carga externa aplicada durante a experiência. Aproximadamente na mesma época, Osborne Reynolds derivou, a partir da Equação de Navier-Stokes, a sua famosa equação que descreve o comportamento do filme de óleo de um mancal em operação.

Algumas características de cada regime de operação:

a) Filme espesso – Só existe contato entre as superfícies na partida e parada, a espessura típica do filme é de 0,0025 a 0,025 mm, o coeficiente de atrito será entre 0,005 e 0,01, não há desgaste em operação normal (somente em partida e parada). É a situação típica de um mancal em alta velocidade e suportando baixa carga, situação típica de mancais de máquinas industriais. Nessa situação, o coeficiente de atrito será função do atrito viscoso, que aumenta com a velocidade;

b) Filme fino – O contato entre as superfícies é intermitente, dependendo da rugosidade superficial; a espessura do filme estará entre 0,001 a 0,0025 mm, o coeficiente de atrito será de 0,005 a 0,05, o desgaste será moderado e as temperaturas de operação serão elevadas;

c) Lubrificação limítrofe – Existe contato contínuo entre as superfícies, o que resulta em filme de óleo de espessura desprezível e coeficiente de atrito entre 0,05 a 0,15. O desgaste será apreciável. Mancais operando com esse regime estão sujeitos a cargas elevadas e baixas velocidades. A geração de calor será elevada.

O funcionamento dos mancais de deslizamento é comumente representado pela relação entre S (Número de Sommerfeld) e m (coeficiente de atrito). O número de Sommerfeld é tipicamente definido como:

$$S = \frac{v \cdot \omega}{W} \cdot \left(\frac{R}{c}\right)^2$$

Sendo:

n = viscosidade do lubrificante
w = velocidade de rotação do eixo
W = carga externa atuando no eixo
R = raio do eixo
c = folga entre o mancal e o eixo

Essa expressão simplificada pode ser usada para comparar mancais de mesmo tipo, uma vez que não inclui referência às demais características do mancal, ou para estudar o funcionamento de um mancal em condições diferentes de operação. Se aplicada a um mancal específico, a expressão pode ser simplificada para:

$$S = \frac{v \cdot RPM}{P}$$

Sendo:
P = W/área projetada do mancal

A relação entre m e S é ilustrada na Figura 5.2.1. Valores baixos de S resultam em atrito seco (região indicada como "A" na figura). Um aumento de S causa uma redução correspondente do coeficiente de atrito quando acontece a formação de um filme espesso de lubrificante (C). A região B representa a condição em que existe filme de óleo em conjunto com contato sólido. Note que o coeficiente de atrito aumenta na região "C" com o aumento da rotação do eixo, devido ao aumento do arraste viscoso do óleo.

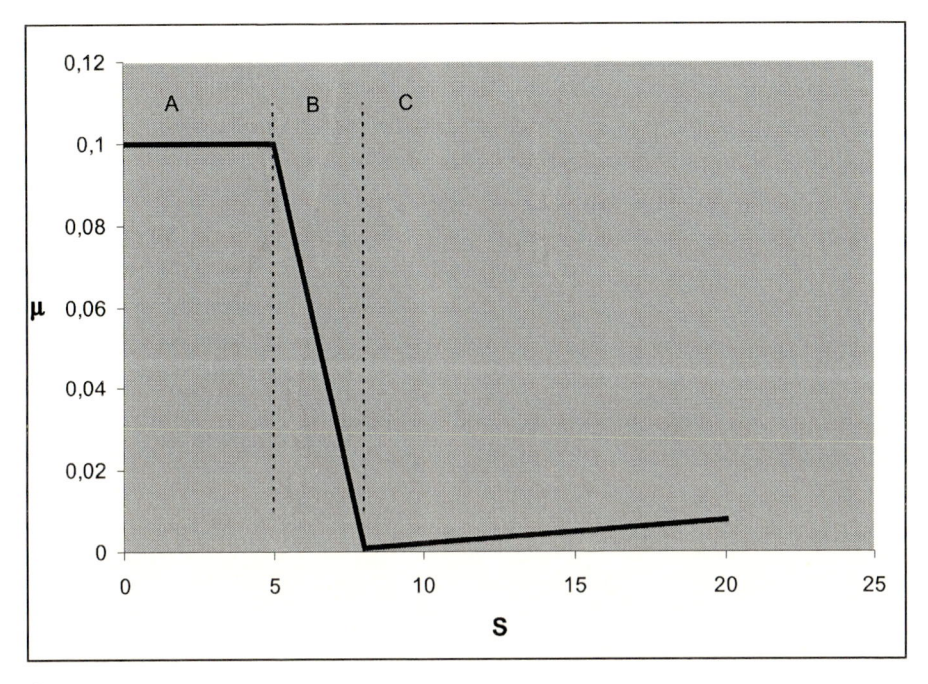

Figura 5.2.1
– Ilustração da variação do coeficiente de atrito (m) em função da variação do número de Sommerfeld (S).

O funcionamento do mancal de deslizamento a partir do estado de repouso até atingir a rotação de trabalho é o seguinte, ilustrado na Figura 5.2.2:

Quando eixo está parado, ele repousa sobre o mancal, havendo contato metálico. No início do movimento rotativo, o atrito metálico será elevado e o eixo rolará sobre a superfície do mancal, tentando se deslocar no sentido da rotação;

A rotação do eixo força o óleo a se mover para a região de contato devido ao atrito viscoso. A cunha formada entre o eixo e o mancal causa um "esmagamento" do filme de óleo, o que gera a sustentação hidrodinâmica.

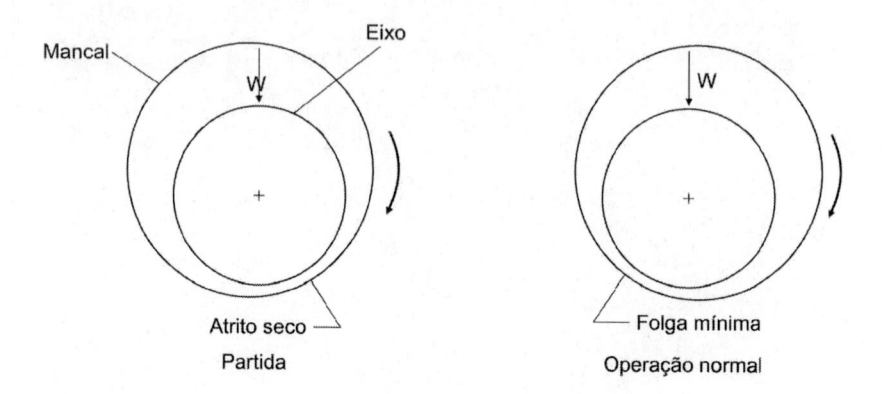

Figura 5.2.2
– Ilustração da partida e do funcionamento normal de um mancal de deslizamento.

Os mancais de deslizamento podem ser classificados em hidrodinâmicos, nos quais o mecanismo de formação do filme de óleo depende exclusivamente da rotação do eixo, ou hidrostáticos, em que a formação do filme de óleo depende da alta pressão de injeção. A Figura 5.2.3 ilustra a distribuição de pressões de óleo em um mancal hidrodinâmico.

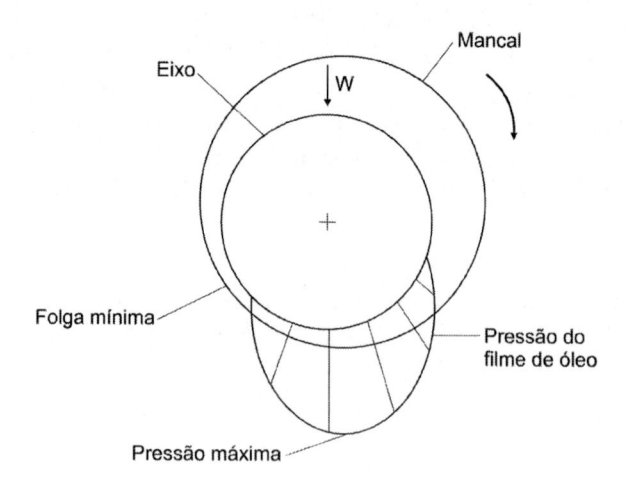

Figura 5.2.3
– Ilustração esquemática de um mancal de deslizamento, mostrando a nomenclatura e distribuição de pressões do filme de óleo.

Nos mancais hidrodinâmicos, o filme de óleo é formado pelo arraste viscoso promovido pela rotação do eixo, que força o óleo a se deslocar da região de baixa pressão no topo do mancal para baixo do eixo, criando uma sustentação hidrodinâmica. O óleo é normalmente injetado em baixa pressão (em torno de 1 kgf/cm^2) na parte superior do mancal. A pressão média do filme de óleo, com base na área projetada do mancal, pode ser de 15 a 20 kgf/cm^2.

Embora o mecanismo de formação do filme de óleo seja o mesmo nos vários tipos de mancais, as diferentes distribuições de pressão resultantes dos diferentes formatos existentes levam a comportamentos dinâmicos bastante diferentes.

O tipo mais comum de mancal é o cilíndrico (ou bucha), usualmente bipartido axialmente e dispondo de canais para injeção de óleo na parte superior. O óleo pode ser introduzido sob pressão ou com anéis pescadores. Esse é o tipo mais simples e mais barato de mancal, sendo utilizado principalmente em máquinas de baixa rotação (que operam abaixo da primeira rotação crítica).

Quando um eixo rotativo instalado em um mancal cilíndrico é submetido a uma carga externa, ele assumirá uma posição ligeiramente deslocada da linha de centro do mancal, mesmo que a carga externa passe pela linha de centro. Isso significa que existem forças, geradas pelo filme de óleo, que atuam em uma direção perpendicular à da carga externa. Esse fenômeno é conhecido como acoplamento cruzado.

Embora o acoplamento cruzado ocorra em todos os mancais cilíndricos, seu efeito passa a ser deletério somente quando a resultante das forças atuando sobre o eixo se torna tangente ao eixo e na mesma direção do movimento oscilatório normal da vibração do eixo. Isso gera uma vibração autoexcitada, tornando o eixo instável. A frequência de vibração usualmente é um pouco menor que a metade da rotação do eixo.

A probabilidade de ocorrência dessa instabilidade aumenta com a rotação do eixo e com a diminuição da carga no mancal. Alguns tipos de mancais foram idealizados para evitar a instabilidade utilizando um artifício para aumentar a carga no eixo, com a criação de filmes de óleo em direções opostas ao filme de óleo encontrado em um mancal cilíndrico. É o caso dos mancais conhecidos como *offset half*, *lemon*, *pressure dam* e dos mancais com lobos fixos. O formato desses mancais faz com que eles sejam mais estáveis que os cilíndricos.

5.2.2 – Construção dos Mancais de Deslizamento

Os mancais de máquinas de alta rotação são normalmente construídos com paredes espessas, ou seja, uma estrutura com espessura de cerca de 10% do diâmetro, o que confere suporte para o metal patente. Essa estrutura de suporte é comumente construída de aço, ferro fundido ou bronze. Compressores alternativos e motores de combustão interna usam principalmente mancais de parede fina, em que a espessura é da ordem de 1/30 do diâmetro. A sua capacidade de carga costuma ser maior, em virtude da menor espessura do revestimento de metal patente. O custo dos mancais de parede fina costuma ser menor que os de parede grossa, por serem fabricados em série.

Os materiais utilizados nos mancais devem ter as seguintes características:

a) Grande resistência à compressão, para resistir às cargas radiais aplicadas;
b) Grande resistência à fadiga;
c) Compatibilidade com o material do eixo para minimizar arranhões e travamentos no caso de contato entre as peças;
d) Capacidade de embutir corpos estranhos para evitar arranhar o eixo;
e) Conformabilidade para admitir desalinhamento ou deflexões do eixo;
f) Alta resistência à corrosão para resistir ao ataque químico pelo óleo;
g) Alta condutividade térmica para facilitar a remoção do calor gerado em operação;
h) Coeficiente de dilatação térmica compatível com o material do assento e do eixo;
i) Alta resistência ao desgaste, especialmente em condições de lubrificação limítrofe.

Além disso, esses materiais devem ser baratos, facilmente encontrados no mercado e de usinagem fácil.

Não existe um material que atenda a todos esses requisitos, sendo que alguns deles são contraditórios. Os materiais mais utilizados são ligas de estanho, chumbo ou cobre, normalmente consistindo de uma fina camada depositada sobre uma base de aço.

5.2.3 – Requisitos de Projeto

As normas de projeto mais comumente utilizadas para equipamentos de indústria de petróleo e química contém requisitos específicos para a aplicação dos mancais.

Por exemplo, a API 610 requer que mancais hidrodinâmicos sejam utilizados para bombas centrífugas quando:

a) Densidade energética (potência x rpm) maior que 4×10^6 kW/min;
b) Rpm x Dm (diâmetro médio, $(D+d)/2$) maior que 500.000 para rolamentos lubrificados a óleo e maior que 350.000 para rolamentos lubrificados a graxa;
c) Velocidade maior que o limite indicado pelo fabricante do rolamento;
d) Vida estimada do rolamento menor que o especificado na norma (usualmente 25.000 para o conjunto de mancais em condição normal de operação);
e) Temperatura do anel externo do rolamento maior que 93C em qualquer situação ou temperatura do óleo maior que 70C para sistemas pressurizados ou 82C para banho de óleo. Além disso, o aumento de temperatura do óleo não pode ser maior que 28C para sistemas pressurizados ou 40C para banho de óleo;

Por outro lado, a API 617, API 617, API 612 requerem que compressores centrífugos, caixas de engrenagens e turbinas de uso especial sejam sempre equipados com mancais hidrodinâmicos.

5.2.4 – Análise de Falhas de Mancais de Deslizamento

Além dos dados listados no Capítulo 2, as informações listadas abaixo devem ser obtidas:

a) Velocidade e carga de trabalho;
b) Temperatura de operação (do óleo e do metal);
c) Histórico de falhas semelhantes de vibração, operação e manutenção;
d) Alinhamento dos eixos e mancais;
e) Características e condições do lubrificante, principalmente cor, impurezas e viscosidade;

f) Fontes potenciais de detritos e partículas;
g) Verificação sobre a possibilidade de existência de peças magnetizadas.

No caso de falhas repetidas de um mancal pode ser esclarecedor verificar se o seu projeto está adequado ao serviço. Os principais itens a verificar são:

a) Folga entre eixo e mancal;
b) Excentricidade e espessura do filme de óleo em operação normal;
c) Elevação de temperatura do óleo.

Esses itens podem ser facilmente calculados com o auxílio de gráficos de projeto, existentes em qualquer manual de projeto de máquinas, aplicáveis a diversos formatos de mancais existentes. Programas de computador estão disponíveis para essa mesma análise. Tem especial importância no caso de máquinas de grande porte e alta rotação uma avaliação do efeito dos mancais no comportamento rotodinâmico da máquina.

Uma parte importante da análise de falhas de um mancal de deslizamento é a inspeção do mancal que falhou. Para isso, o mancal deve ser totalmente desmontado e examinado antes de ser limpo, para que evidências importantes não sejam perdidas.

As peças com movimento relativo, como anéis de equalização e apoios de sapatas, devem ter marcas leves e uniformes. Uma marca profunda indica sobrecarga ou algum outro problema. Atenção especial deve ser dada a colares de escora, cuja falta de perpendicularidade vai causar um movimento oscilatório do mecanismo de equalização e rápido desgaste.

A superfície do mancal deve ser examinada atentando-se para a direção de rotação do eixo. Uma superfície normal vai apresentar um acabamento liso e uniforme, algumas regiões podem parecer brilhosas ou enevoadas, o que não indica um problema, se a superfície for regular e não houver trincas.

5.2.5 – Falhas por fadiga

O mecanismo de falha por fadiga no metal patente de mancais hidrodinâmicos é idêntico ao descrito no Capítulo 4. As trincas de fadiga em si pode ser iniciadas em concentrações de tensões causadas por uma partícula embutida no metal patente, por tensões causadas pelo desalinhamento do mancal em relação ao eixo, temperatura muito alta, etc .

A trinca de fadiga pode ser intergranular, aparentando abrir na direção de rotação. Pedaços do metal patente podem ser arrastados na direção da rotação.

Muitas vezes a trinca de fadiga tem início na interface entre o metal patente e a base de aço. A enorme diferença de módulo de elasticidade e resistência mecânica entre os dois materiais forma o que se chama de um entalhe metalúrgico. Esse entalhe metalúrgico propicia um concentrador de tensões que facilita o início da trinca. O mancal aparenta ter descascado, soltando-se o metal patente a partir da interface com a base de aço. A Figura 5.2.4 mostra a superfície de um mancal descascado devido à fadiga superficial.

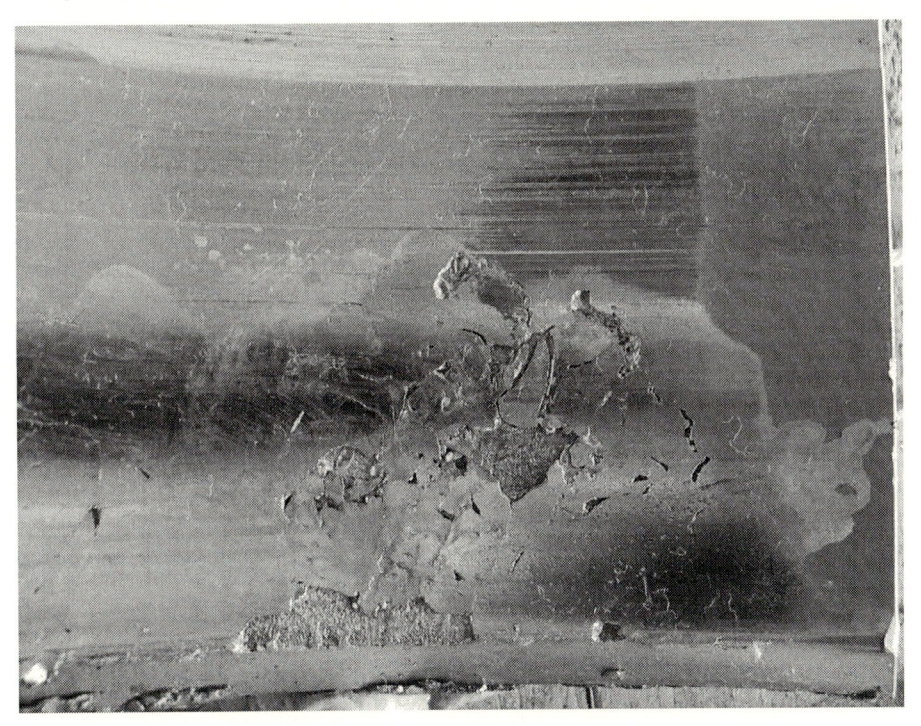

Figura 5.2.4
– Superfície de mancal que falhou por fadiga do metal patente.

5.2.6 – Desgaste do Metal Patente

O desgaste do metal patente acontece normalmente só em partidas e paradas, continuando posteriormente em uma taxa bastante reduzida.

Normalmente o mancal será desgastado por partículas sólidas pequenas demais para serem filtradas, no entanto a sua vida útil ainda será suficientemente longa para a maioria das aplicações.

Todos os mecanismos de desgaste estudados no Capítulo 4 podem ser observados em um mancal. A abrasão é causada por partículas sólidas grandes demais para se embutirem no metal patente, partículas essas oriundas de corrosão ou contaminações externas. Outra fonte de abrasão severa é uma superfície irregular do eixo ou do colar de escora.

Indicativos de desgaste normal são: o polimento da superfície e a existência de diminutos arranhões causados por pequenas partículas. Desgaste pode causar um aumento da folga suficiente para prejudicar o funcionamento do mancal, devido às vibrações do eixo. Arranhões podem interferir com a formação do filme de óleo, já que sulcos circunferenciais facilitam o escoamento do óleo para fora da região de alta pressão, tornando o filme de óleo mais fino. A Figura 5.2.5 mostra um mancal com desgaste moderado.

Mancais que sofreram arranhões diminutos podem ser retificados e reutilizados, se a folga for aceitável. O mesmo pode ser feito no caso de um ligeiro roçamento. No caso de máquinas críticas, pode ser mais seguro instalar peças novas. A Figura 5.2.6 mostra um mancal significativamente arranhado.

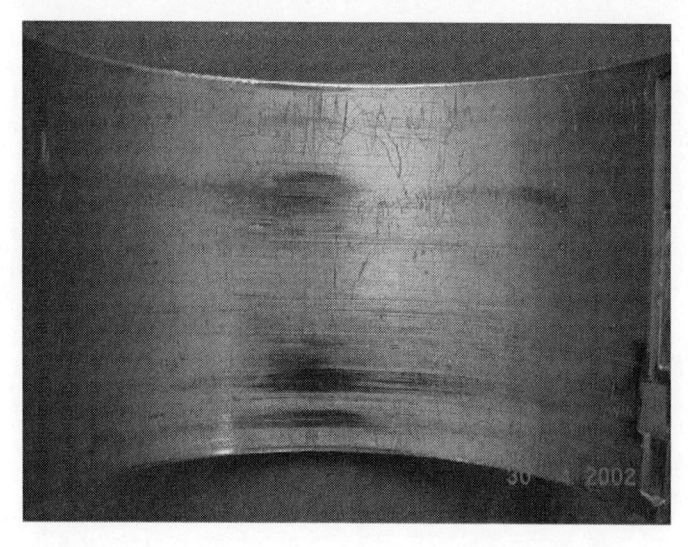

Figura 5.2.5
– Mancal de turbina a vapor de alta rotação mostrando um ligeiro polimento e diminutos arranhões. Esse é um exemplo de mancal que teve um comportamento adequado e vida longa. Notar que as marcas de trabalho são uniformes (não há sinais de desalinhamento) e não há sinais de danos.

Figura 5.2.6
– Mancal radial de um compressor alternativo arranhado pela entrada de partículas no óleo. A superfície escurecida indica corrosão causada por água.

O *fretting* da região posterior do mancal, em que é feito o assentamento na caixa de mancais pode também ocorrer no caso de montagem com folga excessiva. Essa ocorrência dificilmente trará danos significativos ao mancal, mas pode aumentar a vibração da máquina devido ao aumento da folga entre o mancal e o seu alojamento.

5.2.7 – Corrosão

Normalmente causada pela contaminação com água ou pela formação de compostos ácidos da decomposição do óleo. Contaminação com água pode causar um depósito enegrecido de óxido de estanho na superfície do mancal.

A corrosão pode ser distinguida da fadiga do metal patente observando-se o ponto de início da falha. A falha por fadiga tem início na interface entre metal patente e a base de aço. A corrosão começa na superfície. A diferenciação entre corrosão e fadiga pode ser feita facilmente por meio de um exame microscópico da superfície. A Figura 5.2.7 mostra um mancal com corrosão severa, causada pela acidez do óleo deteriorado.

A presença de água pode causar a oxidação do estanho existente no metal patente. Esse óxido de estanho forma um filme escuro na superfície do mancal, filme que é bastante duro e que limita a capacidade do mancal de embutir partículas estranhas. Uma vez formada essa camada não vai se dissolver, devendo ser removida por meios mecânicos.

Figura 5.2.7
– Corrosão do metal patente por óleo degradado. (Bloch, Heinz P.; Geitner, Fred K. :*Machinery Failure Analysis and Troubleshooting*, Gulf Publishing Co., 1985)

5.2.8 – Efeito das Partículas Estranhas no Mancal

A causa mais comum de danos nos mancais é a presença de partículas sólidas abrasivas. Essas podem ser fragmentos de aço, areia, respingos de solda ou outros tipos de resíduo, cujo acesso ao sistema de óleo pode ser através de respiros, desgaste de outras partes da máquina, corrosão etc. Sistemas de óleo de máquinas críticas devem ter salvaguardas contra possíveis contaminações, como filtros, construção em materiais inoxidáveis etc. O tamanho das partículas vai determinar o tipo de dano:

a) Partículas muito menores que a folga do mancal vão desgastá-lo por abrasão, podendo danificar também o eixo;
b) Partículas grandes demais para ficarem embutidas no metal patente provocam arranhões do mancal e do eixo. A Figura 5.2.8 mostra um exemplo de eixo riscado por partículas duras;

Figura 5.2.8
– Eixo de turbina a vapor riscado por partículas duras.

c) Partículas que ficam embutidas no metal patente normalmente não arranham o eixo, mas podem gerar um ponto com alta carga e temperatura, que pode dar origem a uma falha por fadiga. É possível que a partícula seja removida após a ruptura da superfície do mancal, não sendo possível identificar a real causa do dano.

Este mecanismo é ilustrado na Figura 5.2.9.

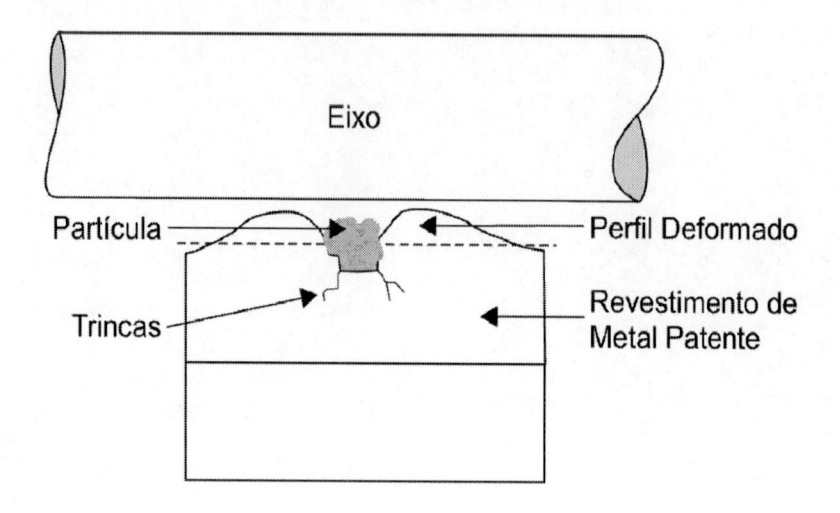

Figura 5.2.9
– Ilustração do deslocamento de material causado pelo embutimento de partícula dura e das trincas de fadiga geradas pela sobrecarga local resultante.

5.2.9 – Efeito do Lubrificante na Falha do Mancal

Uma boa lubrificação pode diminuir os efeitos de outras condições inadequadas, como desalinhamento, acabamento superficial ruim, presença de certa quantidade de sujeira. No entanto, nem os melhores óleos podem fazer um mancal funcionar adequadamente se a vazão for insuficiente.

O projeto e a posição dos canais de circulação de óleo são críticos. Esses canais não devem ter cantos vivos, que propiciam acúmulo de sujidades e agem como raspadores de óleo, e não devem estar na região de alta pressão, para não reduzir a capacidade de carga do mancal. Alguns mancais podem ter canais de circulação de óleo na parte inferior, sendo essas passagens voltadas ao controle do comportamento dinâmico do mancal. A interrupção do filme de óleo reduz a probabilidade de instabilidades. Este tipo de mancal não deve ser confundido com um mancal hidrostático, já que nos mancais hidrostáticos a pressão de injeção do óleo é bem superior.

Algumas razões para uma lubrificação inadequada são: partida a seco (sem uso de bomba de pré-lubrificação), folga insuficiente, vazão baixa de óleo, defeitos na bomba de óleo ou na válvula de alívio, contaminação do óleo com sólidos, água ou outros hidrocarbonetos, óleo deteriorado, sobreaquecimento.

5.2.10 – Efeito da Temperatura do Metal

O sobreaquecimento de um mancal de deslizamento vai se manifestar de diversas maneiras, tais como descoloração do metal patente, trincas, deformação ou, em casos extremos, derretimento do metal patente. Aditivos podem aderir à superfície do mancal, criando manchas. A Figura 5.2.10 mostra um mancal com manchas devido à deposição de aditivos do óleo. As figuras 5.2.11 e 5.2.12 mostram mancais que sofreram derretimento do metal patente devido ao sobreaquecimento. Fadiga térmica pode gerar trincas, como mostrado na Figura 5.2.13.

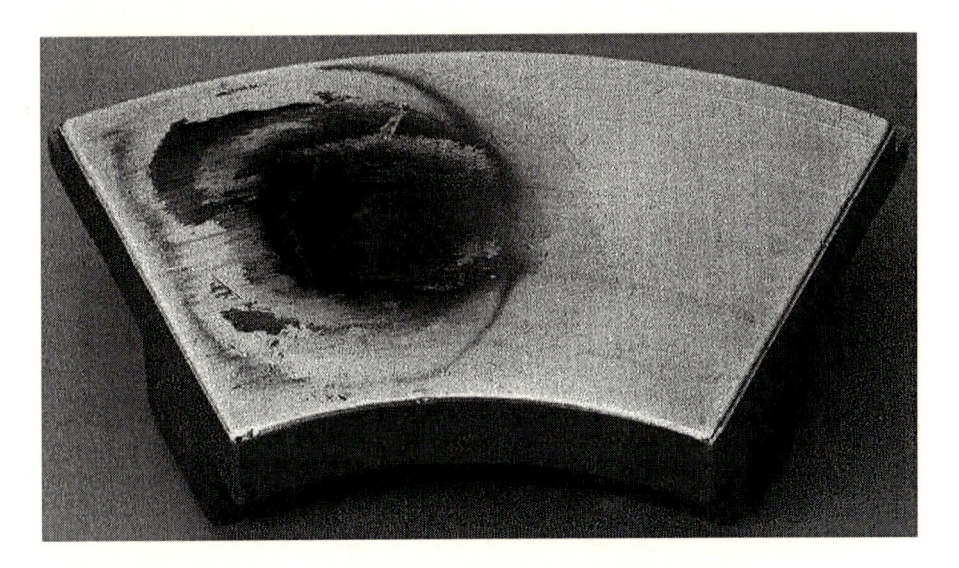

Figura 5.2.10
– Sapata de mancal de escora com sinais de deposição de aditivos do óleo na região de alta temperatura (Kingsbury: *A General Guide to the Principles, Operation and Troubleshooting of Hydrodynamic Bearings*, publicação HB, 1977)

Figura 5.2.11
– Mancal radial de redutor de alta rotação sujeito a sobreaquecimento devido à deficiência de lubrificação.

Figura 5.2.12
– Sapata de mancal de escora com sinais de sobreaquecimento causado pela deficiência de circulação de lubrificante.

Figura 5.2.13
– Mancal com marcas de fadiga térmica.

Um mancal que opera em alta temperatura terá vida reduzida, já que a resistência mecânica do metal patente fica menor. Casos extremos podem resultar em fusão de partes do metal. A temperatura máxima de operação depende do tipo de metal patente, sendo, em geral, ao redor de 100 ºC – 110 ºC. Fatores que podem causar aumento de temperatura de um mancal são:

a) Falhas na lubrificação, conforme listado no item anterior;
b) Carga ou velocidade elevada;
c) Roçamentos, tanto por causa de vibração quanto por rugosidade elevada ou ainda por desalinhamento;
d) Obstrução do fluxo de ar ao redor da caixa do mancal, no caso de mancais resfriados a ar;

5.2.11 – Efeito de Sobrecargas

Sobrecargas podem se originar de erros de projeto, desalinhamentos de mancais e caixas, eixos empenados etc. Seu efeito no mancal é o de causar falhas por fadiga ou roçamentos severos. A sobrecarga do mancal pode também levar a um aquecimento excessivo, que ocorre devido à operação com filme de óleo muito fino. A aparência de um mancal danificado por esse motivo será similar aos demais casos mostrados nessa parte.

5.2.12 – Efeito de uma Montagem Inadequada

Montagens inadequadas e ajustes incorretos de mancais são originados por aperto excessivo ou insuficiente, deslocamentos das caixas, desalinhamento de entradas de óleo, flexão de eixos. Esses problemas causam folga dos mancais, desalinhamento entre mancais e eixos, vibração, contato insuficiente entre o mancal e seu assentamento. A Figura 5.2.14 mostra um mancal de uma caixa de engrenagens com sinais claros de danos por fadiga causados pelo desalinhamento do mancal em relação ao eixo. Note que houve sobrecarga localizada em um dos lados do mancal.

Uma montagem errada em geral pode ser reconhecida pelo padrão irregular do desgaste do mancal, sendo possível observar marcas de trabalho em uma área reduzida da superfície do mancal. Considera-se que os mancais estão alinhados com o eixo quando um teste com azul da Prússia indicar mais de 70% de área de contato. As consequências de uma montagem inadequada são usualmente fadiga devido ao aquecimento localizado e do aumento da pressão de contato, uma vez que a mesma carga vai ficar distribuída em uma área menor. Travamento e *fretting*, embora menos comuns, podem ser observados eventualmente. A Figura 5.2.15 mostra um anel espaçador de um mancal de escora com sinais de *fretting* causado por uma montagem do colar de escora com erro de perpendicularidade em relação ao eixo muito acentuado e por problemas de projeto da região de assentemanento.

Figura 5.2.14
– Desgaste irregular devido ao desalinhamento.

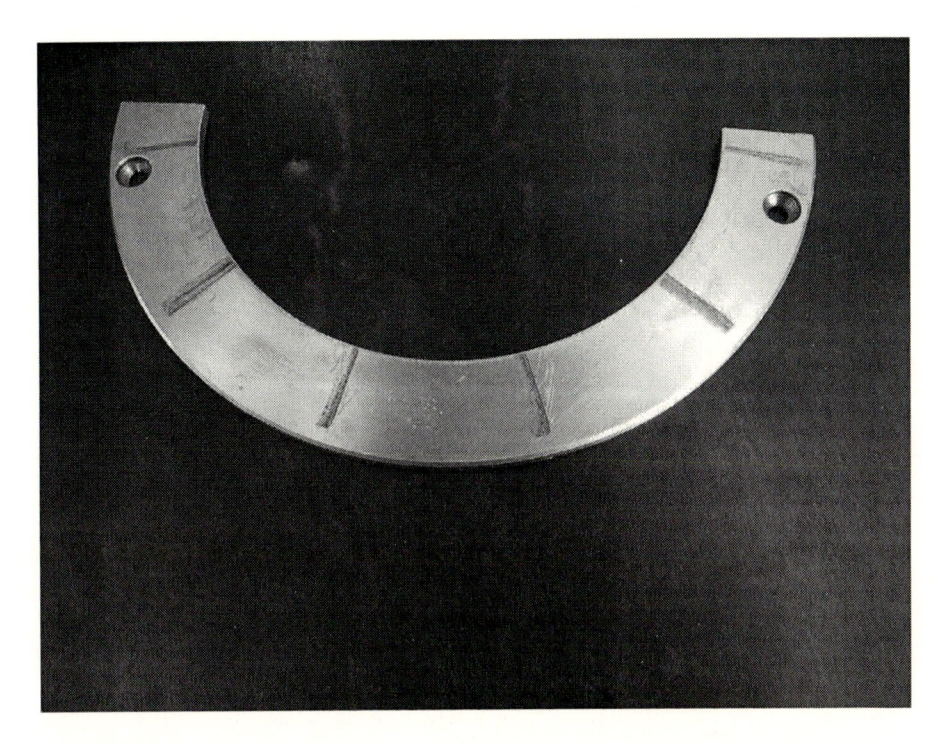

Figura 5.2.15
– Anel espaçador de um mancal de escora com sinais de *fretting* causado por uma combinação de fatores.

5.2.13 – Descargas Elétricas

Danos por descargas elétricas em mancais de deslizamento podem ocorrer pelos mecanismos já estudados no Capítulo 4. A Figura 5.2.16 mostra uma situação peculiar. Nessa foto é possível observar uma região do mancal com a aparência característica do dano por descarga elétrica e outra onde já houve remoção parcial do metal patente. O dano por descarga elétrica causa uma deterioração da superfície do mancal, que pode não mais ser capaz de sustentar adequadamente o filme de óleo. Desse modo, acontece a remoção do metal patente e, por conseguinte, das marcas das descargas elétricas, o que pode levar a uma conclusão errônea sobre a origem do dano.

Figura 5.2.16
– Sapata de mancal de escora mostrando a consequência final do dano por descarga elétrica.

5.2.14 – Falhas de Fabricação

Assim como no caso de outros componentes de máquina, é possível a ocorrência de falhas de mancais de deslizamento devido a problemas de fabricação. No entanto, essa ocorrência é rara, se os mancais foram adquiridos do fabricante da máquina ou de fabricantes de mancais conceituados. Além dos casos óbvios de erros dimensionais ou de forma e falhas do acabamento superficial, os principais problemas observados são:

Falta de aderência – Ocorrência que consiste na falta de uma perfeita aderência entre o revestimento de metal patente e a base de aço, como mostrado na Figura 5.2.17 e na Figura 5.2.19. Uma boa maneira de evitar a utilização de mancais com problemas de aderência é especificar inspeção com ultrassom da interface entre o revestimento e a base. Essa inspeção, no entanto, não é muito simples, já que a grande diferença de propriedades mecânicas entre os dois materiais resulta em um expressivo eco do ultrassom, mesmo quando a aderência é boa. Na prática, a inspeção é feita comparando-se o mancal novo com um padrão, no qual o revestimento apresente, sabidamente, boa aderência;

Empolamentos e porosidades são resultados da evolução de gases durante a fundição do metal patente. Sua prevenção requer rigoroso controle de qualidade do material durante essa fase do processo. Um exemplo é mostrado na Figura 5.2.18;

Figura 5.2.17
– Detalhe de um mancal com falta de aderência entre o metal patente e a base de aço.

Figura 5.2.18
– Empolamento na superfície de uma mancal.

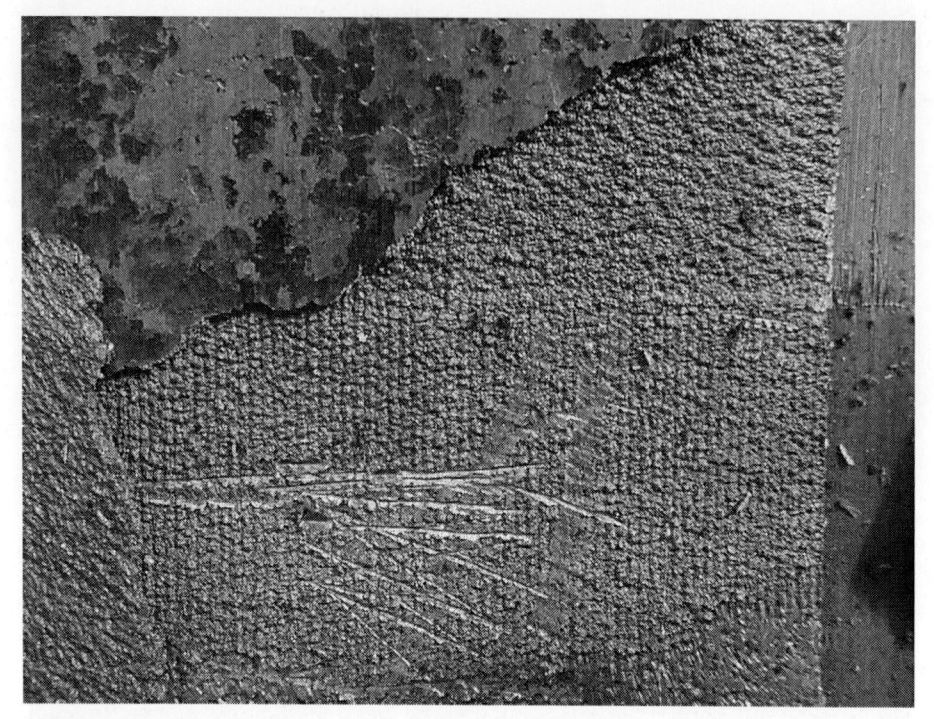

Figura 5.2.19
– Descolamento da camada superficial de metal patente. Notar aplicação em duas camadas, procedimento errôneo aplicado durante a recuperação de um mancal usado.

5.3 – Mancais de Rolamento

A função dos mancais de rolamento é proporcionar suporte a eixos rotativos. Ao contrário dos mancais de deslizamento, somente em raras ocasiões eles são utilizados para influenciar o comportamento rotodinâmico da máquina, em virtude de ser o amortecimento praticamente igual a zero, e a rigidez virtualmente infinita quando comparada a dos mancais de deslizamento.

Novamente, ao contrário dos mancais de deslizamento, os mancais de rolamentos são, normalmente, dimensionados para uma vida finita. Essa vida é calculada levando em consideração três fatores:

a) O mancal será lubrificado por um óleo de qualidade adequada sem contaminantes e na quantidade necessária;
b) A montagem será feita de forma adequada, sem danos, distorções ou desalinhamentos;

c) As dimensões das partes relacionadas com o mancal estão corretas, dentro de estreitas tolerâncias;
d) Não há defeito nos mancais.

Mesmo quando todos os fatores acima estão atendidos, o mancal pode ainda falhar por fadiga superficial do material das pistas, o que caracteriza o fim da sua vida útil. Para analisar falhas, é necessário distinguir entre os danos causados pela fadiga no final da vida útil do rolamento e outros danos prematuros, causados por alguma condição imprópria, sendo a vida útil projetada do rolamento e a vida realmente obtida dados muito importantes para a análise. Uma análise de falha de rolamento pode ser facilitada pela verificação do cálculo da vida útil nas condições reais de operação.

Antes de analisar falhas de rolamentos, é instrutivo estudar como os rolamentos funcionam, principalmente qual o papel da lubrificação na redução do desgaste e aumento da vida dos rolamentos.

5.3.1 – Lubrificação dos Rolamentos

O lubrificante trabalha separando as superfícies metálicas ou dificultando as microadesões geradas pelo contato das microrrugosidades. A situação mais vantajosa ocorre quando existe uma real separação entre as superfícies das pistas por um filme de óleo. Esse filme é formado pelo efeito da cunha formada entre as superfícies das partes do rolamento dotadas de movimento relativo. Essa cunha, combinada com a velocidade das peças, vai propiciar uma lubrificação hidrodinâmica. A Figura 5.3.1 ilustra o mecanismo de formação do filme de óleo em mancais de rolamento.

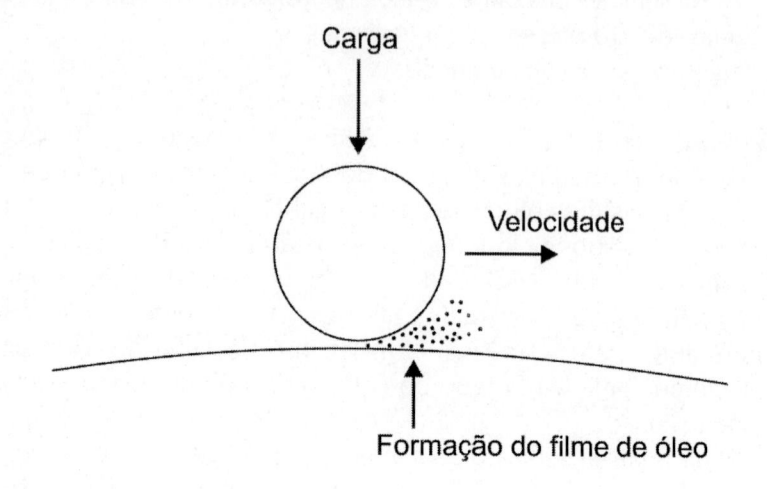

```
        Carga
          │
          ▼
         ○ ──→ Velocidade
        
    Formação do filme de óleo
```

Figura 5.3.1
– Ilustração da formação do filme de óleo em um rolamento. A espessura do filme é da ordem da rugosidade superficial da pista, tornando qualquer corpo estranho uma potencial fonte de danos.

As condições para formação do filme de óleo são, qualitativamente, similares às dos mancais de deslizamento, ou seja, o filme será mais espesso com maior viscosidade e velocidade e com menor carga. A viscosidade mínima do lubrificante é selecionada em função, tamanho e velocidade do rolamento e da viscosidade do óleo. Essa viscosidade mínima visa obter um filme de óleo com espessura relativa maior que 1, o que significa que a sua espessura é maior que a altura das microrrugosidades das pistas e não há contato sólido entre as superfícies das pistas. A Figura 5.3.2 mostra a viscosidade mínima para cada tamanho e velocidade de operação dos rolamentos.

ANÁLISE DE FALHAS DE MÁQUINAS 157

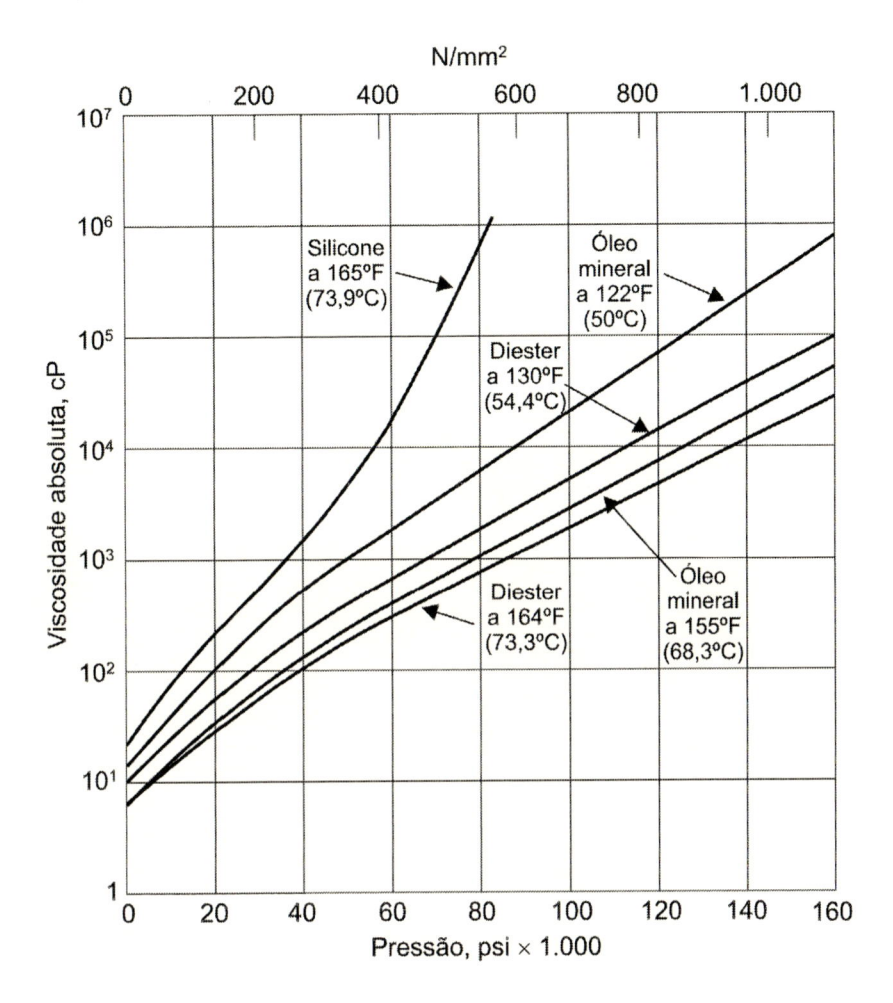

Figura 5.3.2
– Viscosidade mínima recomendada para o lubrificante (SKF: *Catalogo General* 4000SP, 1981).

A espessura relativa do filme de óleo é calculada para um tipo específico de rolamento sob um certo carregamento com suprimento abundante de óleo, o que nem sempre ocorre em uma aplicação real. A vida do rolamento é maior para maiores espessuras relativas devido à redução do contato metal-metal e a consequente melhoria da distribuição de tensões superficiais. Esse aumento da vida do rolamento é ilustrado na relação entre a_{23} (fator multiplicador da vida calculada) e a relação entre viscosidade real do óleo nas condições de funcionamento e viscosidade mínima requerida, mostrada na Figura 5.3.3.

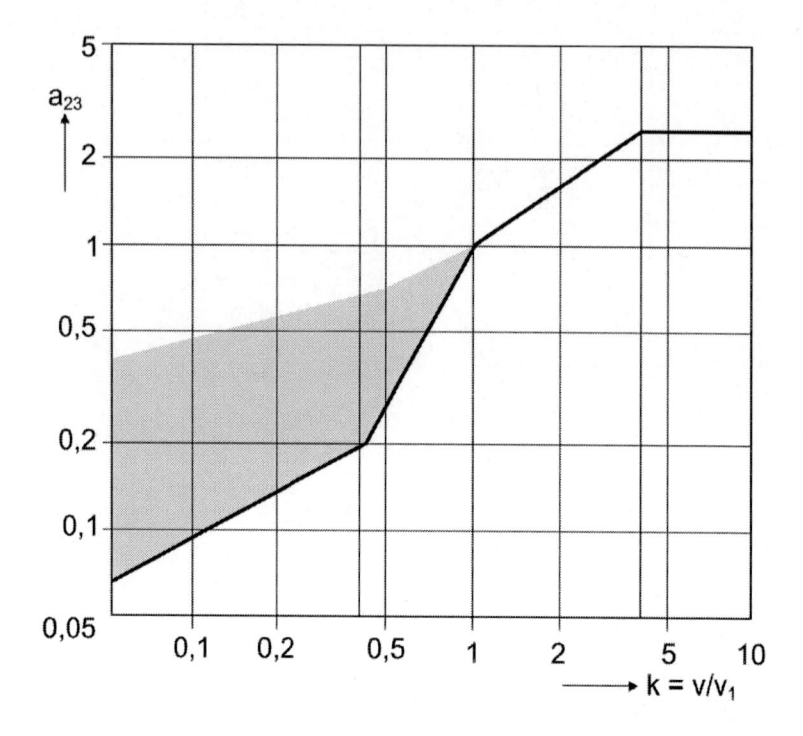

Figura 5.3.3
– Ilustração da influência da viscosidade do óleo (aqui mostrada como a relação entre a viscosidade nas condições de operação e a viscosidade mínima) na vida do rolamento (SKF: *Catalogo General* 4000SP, 1981) (fig. 5.36, pág. 112 da 1ª ed.

Embora seja qualitativamente semelhante ao dos mancais de deslizamento, o mecanismo de formação do filme de óleo em mancais de rolamento só pode ser descrito matematicamente se considerarmos uma interessante propriedade dos óleos lubrificantes e as condições existentes entre o elemento rodante e a pista do rolamento. A pressão de contato entre os elementos girantes e as pistas é extremamente elevada, da ordem de 10.000 kgf/cm2. O óleo adquire, nessas condições, uma viscosidade até 10.000 vezes maior que na pressão normal. A Figura 5.3.4 mostra o aumento de viscosidade de alguns tipos de óleo com a pressão.

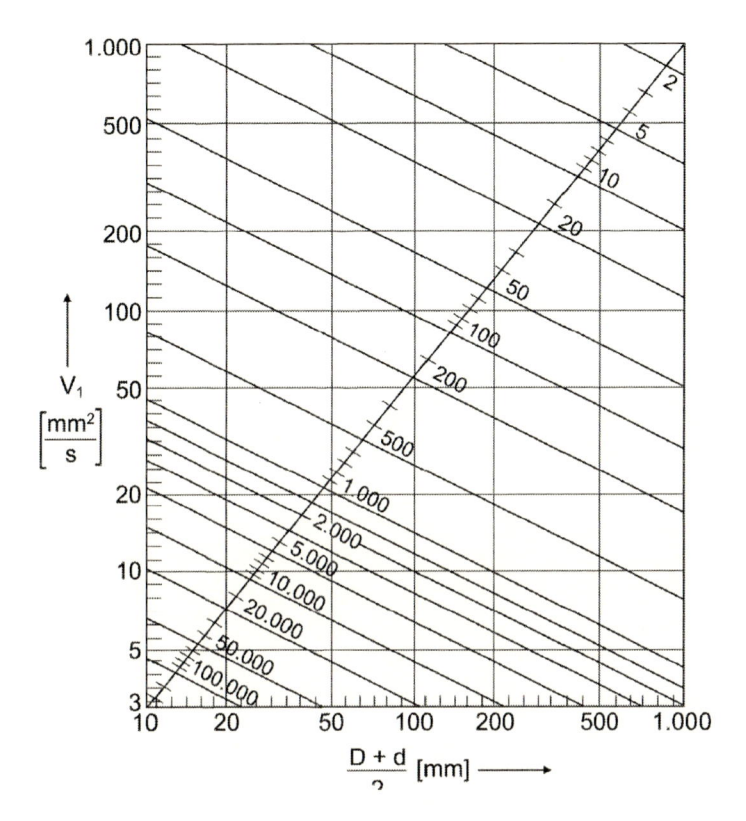

Figura 5.3.4
– Aumento de viscosidade de alguns tipos de óleo em função do aumento de pressão (Harris, Tedric A.: *Rolling Bearing Analysis*, John Wiley & Sons, Nova York, 1984).

Esse aumento de viscosidade se dá pelo mesmo mecanismo do aumento de viscosidade com redução de temperatura, ou seja, as moléculas ficam mais próximas e tem maior dificuldade de deslizar umas sobre as outras. Esse mesmo aumento de viscosidade permite ao óleo se manter na região de contato sem ser expulso, e formar um filme de óleo com capacidade de carga suficiente para evitar contato metálico sob certas condições.

O mecanismo de formação do filme de óleo é extremamente dependente dessa propriedade dos lubrificantes. A água não exibe esse aumento de viscosidade com o aumento da pressão. Por essa razão, mesmo pequenas quantidades de água perturbam o filme de óleo o suficiente para permitir que uma lubrificação por filme espesso passe a ser uma lubrificação limítrofe, com apreciável contato metal-metal.

Como a espessura do filme de óleo é muito pequena, sujidades de qualquer tipo vão ser extremamente danosas ao rolamento. Elas se constituem em pontos de concentração de tensões, que vão facilitar a falha por fadiga. A extrema sensibilidade do rolamento à sujeira e umidade torna imperativo a perfeita limpeza das partes e vedação da caixa de mancais.

Essa vedação pode ser feita com selos mecânicos especialmente desenvolvidos, disponíveis no mercado. Labirintos devem ser evitados se não proporcionarem vedação hermética, evitando a entrada de umidade do ar. Retentores vão ter, inevitavelmente, uma vida útil menor que a do equipamento como um todo. No caso da construção de uma nova instalação é interessante avaliar a viabilidade econômica da instalação de um sistema de lubrificação por névoa de óleo, sistema que fornece continuamente óleo limpo e seco aos rolamentos. Como no caso de qualquer outra decisão de engenharia, esse tipo de sistema só deve ser instalado quando for possível demonstrar que ele se justifica economicamente.

A vibração do equipamento também interfere no filme de óleo e pode ocasionar contato metálico em um rolamento que de outro modo trabalharia com uma separação completa das superfícies devido à oscilação da carga atuante no mancal.

A quantidade de lubrificante a ser utilizada é um item crítico para o bom funcionamento dos rolamentos. Muito óleo ou graxa pode elevar a temperatura devido ao acréscimo de turbulência. Pouco óleo ou graxa acelera o desgaste devido à impossibilidade de formação de um filme adequado. Uma verificação cuidadosa do nível de óleo e da quantidade de graxa deve ser feita periodicamente, seguindo os princípios abaixo:

a) No caso de lubrificação por banho, o nível de óleo deve ficar na metade da esfera (ou rolo) inferior do rolamento;
b) Com lubrificação por anel pescador é necessário que a parte inferior do anel fique submersa alguns milímetros;

Normalmente os rolamentos são lubrificados com graxa de sabão metálico (à base de lítio) com grau de penetração 2 (correspondente à Lubrax GMA-2 Industrial) ou com óleo ISO VG 68 (correspondente ao Lubrax TR-68), que atendem à grande maioria dos serviços existentes em equipamentos de indústria de processo.

Em alguns casos especiais pode ser interessante verificar se a viscosidade do óleo na temperatura de operação atende às necessidades do rolamento, o que pode ser feito por meio das figuras abaixo. O tipo e viscosidade dos óleos e graxas utilizados deve ser padronizado sempre que possível, tomando-se o cuidado de verificar se as características do óleo atendem ao serviço específico e se a temperatura de operação não vai ficar acima do limite de 80 °C – 85 °C.

A viscosidade recomendada para o óleo que lubrifica certo rolamento em um certo serviço pode ser encontrada nos diagramas dos catálogos dos fabricantes. A viscosidade mínima mostrada corresponde àquela em que a espessura do filme de óleo é igual à rugosidade superficial, já sendo evitado o contato metal-metal. A utilização de óleo com viscosidade maior que a mínima aumenta a vida estimada do rolamento e vice-versa. O fator a ser aplicado à vida calculada em função da relação entre a viscosidade real e a mínima também pode ser encontrado nos catálogos dos fabricantes.

5.3.2 – Vida Estimada do Rolamento

A vida estimada de um rolamento é designada como L_{10}, ou seja, é o tempo em que 10% de um certo grupo de rolamentos falhará. A vida L_{10} do rolamento é cerca de 4 a 5 vezes menor que a vida média (L_{50}) do mesmo grupo de rolamentos. A Tabela 5.3.1 mostra alguns exemplos de vida L_{10} especificada para alguns tipos de máquinas e a correspondente estimativa para a via L_{50}.

Tabela 5.3.1 – Vida especificada para os rolamentos de alguns tipos de máquinas

Tipo de máquina	L_{10} (horas)	L_{50} (horas)	L_{50} (anos)
Bomba centrífuga API 610	25.000	125.000	15
Bomba centrífuga ANSI B73	18.000	90.000	11
Turbina a vapor API 611	50.000	250.000	30

Note que raramente um conjunto de máquinas de uma planta atinge a vida média indicada acima, devido à dificuldade de atendimento de todos os fatores indicados no início do capítulo.

Deve-se notar que algumas normas, como por exemplo a API 610 11ª Ed., especificam a vida para o conjunto dos rolamentos, ou seja, não basta que cada rolamento atinja L_{10} de 25.000 h, essa vida deve ser atingida pelo sistema como um todo. A vida do sistema deve ser calculada por fórmula indicada na norma, a saber:

$$L_{10,sistema} = \left[\frac{1}{L_{10,A}} + \frac{1}{L_{10,B}} + \dots + \frac{1}{L_{10,N}} \right]^{-2/3}$$

Em que:

$L_{10,sistema}$ = vida de projeto do sistema
$L_{10,A}$ = vida de projeto do rolamento A
$L_{10,N}$ = vida de projeto do rolamento N
N = número de rolamentos

O modo de falha de um rolamento que atingiu o final da sua vida calculada será fadiga superficial. No entanto, a dispersão da vida do rolamento é bastante grande, o que nos leva a considerar que, mesmo ultrapassando a vida calculada L_{10}, uma falha de rolamento que não aconteça por fadiga superficial deve ser tratada como anormal.

Essa vida útil é reduzida em 8 a 10 vezes se dobrarmos a carga no rolamento. Essa mesma vida útil é reduzida à metade se tivermos 100 ppm de água no óleo. Para avaliar o que isso significa, a água começa a ficar visível a partir de 300 ppm – 400 ppm. Mesmo pequenas quantidades de partículas duras podem reduzir a vida do rolamento em até 20 vezes.

A vida de um rolamento foi estudada por Lundberg e Palmgren, na década de 1940, sendo descrita pela fórmula abaixo.

$$h \frac{1}{S} = \frac{N^e \cdot V \cdot \tau^c}{z^h}$$

Em que:
S = probabilidade de sobrevivência de um rolamento depois de um número N de revoluções;
t = tensão atuante no material,
V = volume de material tensionado
Z = profundidade onde a tensão age
E, c, h = coeficientes empíricos

Essa fórmula admite que o mecanismo de falha será fadiga superficial e que a probabilidade de falha segue uma distribuição de Weibull. Existem variações dessa fórmula, levando em consideração fatores como lubrificação, carregamentos e propriedades de materiais diferentes das consideradas no estudo original. Em termos práticos, o cálculo da vida estimada do rolamento costuma ser feito utilizando-se a equação abaixo:

$$L_{10} = a \times (C/P)^p$$

Em que:

L_{10} = número de rotações que será ultrapassado por 90% dos rolamentos, milhões de rotações
a = fator de ajuste da vida em função das condições de lubrificação, carregamento etc;
C = capacidade de carga dinâmica do rolamento; (N)
P = carga equivalente (N)
p = expoente da fórmula de vida, 3 para rolamentos de esfera e 10/3 para rolamentos de rolos

A vida calculada pela fórmula acima será dada em milhões de revoluções, devendo ser transformada em tempo de operação considerando-se a rotação do equipamento.

A carga equivalente deve ser calculada a partir das cargas radiais e axiais atuantes no rolamento. Essas cargas são combinadas de acordo com as fórmulas específicas para cada tipo de rolamento obtidas nos catálogos.

A capacidade de carga dinâmica é obtida Tabelada pelos fabricantes para todos os tipos e tamanhos de rolamentos, correspondendo à carga que causará falha do rolamento depois de um milhão de revoluções. É necessário verificar também a resistência à carga estática do rolamento, comparando a carga estática atuante com a sua capacidade estática. A carga estática admissível corresponde a uma carga que causa uma deformação plástica na pista ou nos elementos rodantes do rolamento aproximadamente igual a 0,0001 do diâmetro do elemento rodante. O valor admissível para carga estática de cada rolamento também é encontrado nos catálogos dos fabricantes.

5.3.3 – Marcas de Trabalho nas Pistas dos Rolamentos

Antes de analisar rolamentos danificados é interessante observar como trabalha um rolamento em bom estado. As marcas de trabalho são modificações que ocorrem na superfície do rolamento em função de um ligeiro desgaste ocasionado pelo contato dos elementos rodantes. Essas marcas não comprometem a vida útil do rolamento e indicam como o rolamento estava se comportando.

Se considerarmos que a rigidez é infinita, podemos dizer que a região de contato será um ponto no caso dos rolamentos de esfera e uma linha no caso dos roletes. A tensão de contato entre as peças causa deformações elásticas tanto nas pistas quanto nos elementos girantes. São essas as deformações que tornam o contato dos elementos girantes com as pistas dos rolamentos uma pequena região circular ou uma faixa reta, dependendo do tipo de rolamento.

Essa região de contato será distribuída pelas superfícies de acordo com a maneira como o rolamento trabalhou. As Figuras 5.3.5, 5.3.6 e 5.3.7 mostram as marcas de trabalho normais nos rolamentos

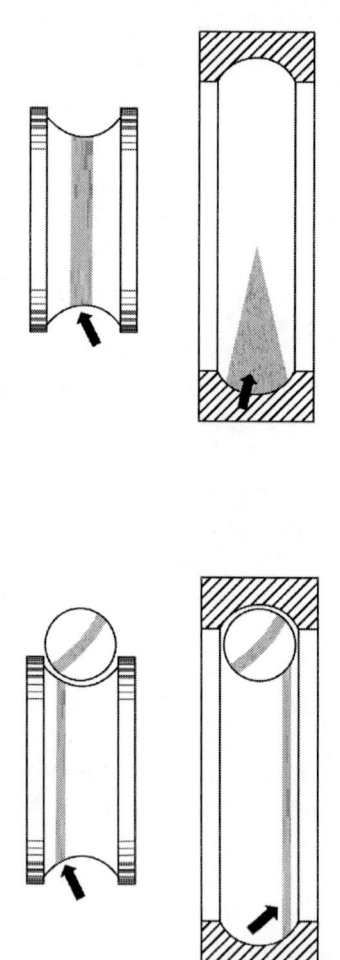

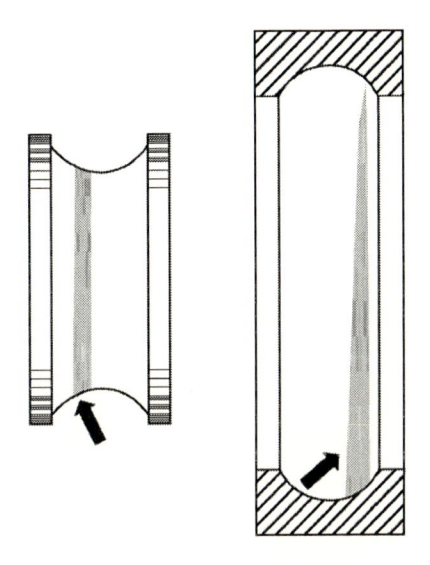

5.3.4 – Análise de Falhas de Rolamentos

Como no caso de qualquer investigação, a análise de uma falha de rolamento começa pela obtenção de informações relativas ao problema. Em geral, procura-se obter os seguintes dados:

h) Velocidade e carga de trabalho;
i) Temperatura de operação (do óleo e do metal);
j) Histórico de falhas semelhantes;
k) Alinhamento dos eixos e mancais;
l) Características e condições do lubrificante, principalmente cor, impurezas e viscosidade;
m) Fontes potenciais de detritos e partículas.

Além disso, deve ser feita uma cuidadosa inspeção do rolamento danificado, começando pela observação das marcas de trabalho. Marcas anormais indicam deficiências específicas. O fim da vida útil do rolamento é caracterizado pela ocorrência de fadiga superficial, cujo mecanismo foi descrito no Capítulo 4.

A progressão da falha clássica dos mancais de rolamento, por fadiga superficial, é ilustrada pelas figuras 5.3.8, 5.3.9 e 5.3.10, embora o início real da fadiga possa ser invisível, por começar abaixo da superfície. Uma análise da vibração do equipamento pode detectar, nos estágios iniciais da falha, as suas frequências naturais. Isso parece estar ligado ao impacto dos elementos rodantes com os pequenos defeitos nas pistas. Uma progressão da falha pode resultar na detecção das frequências características de falhas de rolamentos. No caso da continuação do processo até o estágio final da falha, a condição do rolamento será anunciada por considerável ruído e vibração em frequências aleatórias. O tempo que transcorre entre o início da falha e a destruição do rolamento varia em função de carga e velocidade, não sendo, normalmente, um evento catastrófico que vai danificar a máquina em questão de horas.

Um recurso bastante utilizado para prolongar a vida do rolamento após o início da falha é a introdução de bissulfeto de molibdênio no óleo. Acredita-se que o produto se deposita nas bordas interiores da falha na pista e permita uma passagem mais suave dos elementos rodantes, com um impacto menor.

Figura 5.3.8
– Pista interna de rolamento mostrando o início do afloramento da trinca de fadiga superficial. O rolamento começa a emitir sinais de vibração na sua frequência natural (SKF: *Bearing Failure Analysis and Their Causes*, 310M-5000-2-77).

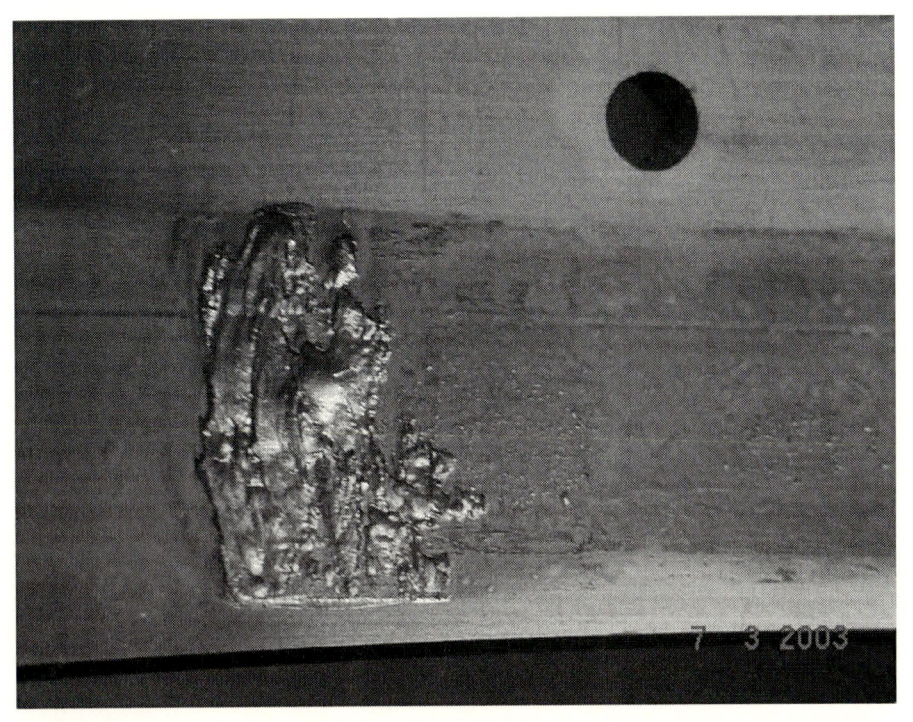

Figura 5.3.9
– Descascamento causado pela fadiga superficial.

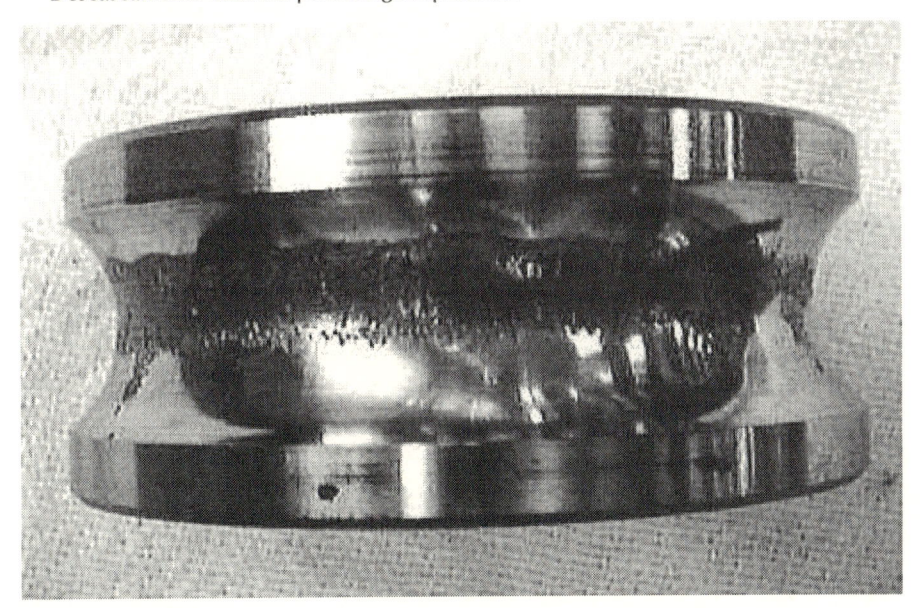

Figura 5.3.10 –
Pista interna de rolamento mostrando dano acentuado devido à fadiga superficial.

5.3.5 – Tipos de Falhas

A maior parte das falhas de rolamentos não está relacionada com o fim da sua vida útil e pode ser atribuída às seguintes causas:

a) Assentamentos defeituosos no eixo ou na caixa ou desalinhamento;
b) Procedimento de montagem incorreto;
c) Ajustes incorretos no eixo ou na caixa;
d) Lubrificação inadequada;
e) Selagem ineficaz
f) Vibração quando o mancal não está rodando;
g) Passagem de corrente elétrica por meio do rolamento.
h) Deficiências de projeto e de fabricação

Esses mecanismos de falhas serão discutidos em mais detalhes nos itens que seguem.

5.3.5.1 – Assentamentos Defeituosos no Eixo ou na Caixa;

O suporte da pista do rolamento deve ser uniforme, de modo a manter a sua forma original. Embora construídos de material de alta dureza, as pistas dos rolamentos são bastante flexíveis, uma vez que são delgadas. Um assentamento irregular de um rolamento pode causar distorções nas pistas, resultando em distribuição desigual das cargas internas ou até na geração de cargas internas adicionais às resultantes das cargas internas.

A Figura 5.3.11 ilustra uma situação comum, sendo visto um rolamento que trabalhou em uma caixa de mancal ovalada. Essa situação pode ser causada por deformação da caixa, desgaste da superfície que divide a caixa (permitindo aperto excessivo) ou por uma usinagem incorreta na fabricação.

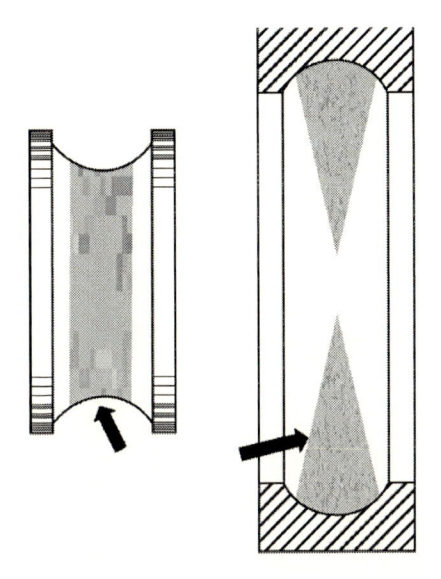

Figura 5.3.11 -
Marcas de trabalho de um rolamento que foi montado em uma caixa ovalada. Notar o alargamento da marca em lados opostos da pista externa, indicando a deformação (SKF: *Bearing Failure Analysis and Their Causes*, 310M-5000-2-77).

    O ajuste de montagem de um rolamento deve ser feito de forma adequada ao serviço. Os ajustes adequados são publicados pelos fabricantes, sendo que os equipamentos de processo comuns usualmente utilizam rolamentos montados com folga na pista externa e uma leve interferência na pista interna. Uma interferência exagerada na pista interna do rolamento faz com que a pista interna se expanda e a elimine a folga interna do rolamento, o que causa um esforço interno adicional à carga suportada. Essa carga adicional reduz consideravelmente a vida do rolamento e provoca marcas de trabalho características, conforme mostrado esquematicamente na Figura 5.3.12.

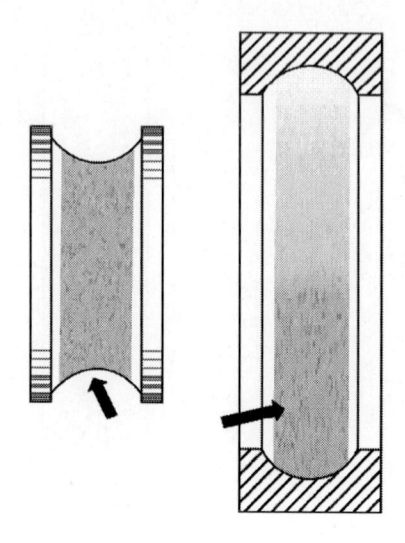

Figura 5.3.12
– Marcas de trabalho de um rolamento que suportava carga radial e foi montado em um eixo com dimensão maior que a máxima permissível. Notar existência de marcas em toda a volta com alargamento na direção da carga suportada (SKF: *Bearing Failure Analysis and Their Causes*, 310M-5000-2-77).

A exatidão do diâmetro das regiões de assentamento é tão importante quanto a exatidão das partes cilíndricas. Um eixo cônico vai resultar em distribuição irregular das cargas entre as pistas e os elementos girantes, sendo também causa de redução da vida dos rolamentos. Uma montagem desse tipo pode ocorrer com rolamentos montados com buchas cônicas se o ângulo da bucha for diferente do ângulo da pista interna do rolamento, por exemplo. A Figura 5.3.13 mostra um exemplo de problema desse tipo.

Figura 5.3.13
– Rolamento autocompensador de rolos com montagem por bucha cônica mostrando dano em uma das pistas em função de irregularidade na montagem.

Além dos casos citados acima, um assentamento defeituoso pode também ocorrer se houver a interposição de corpos estranhos entre o rolamento e o eixo ou caixa, por causar a deformação das pistas e redução da área que suporta os elementos girantes. Um exemplo é mostrado na Figura 5.3.14, na qual se pode ver o resultado da montagem de um rolamento com um pequeno fragmento metálico entre a pista externa e a caixa. Note que não é necessário que o corpo estranho seja metálico, um fragmento do tecido utilizado para limpar a caixa de mancais pode ser suficiente para deformar as pistas do rolamento e reduzir significativamente a sua vida.

Figura 5.3.14
– Dano por fadiga causado por corpo estranho no assentamento, visto no lado direito da foto (SKF: *Bearing Failure Analysis and Their Causes*, 310M-5000-2-77)

5.3.5.2 – Desalinhamento

Desalinhamentos são causas frequentes de falhas de rolamentos. Rolamentos ficam desalinhados quando as caixas não têm a mesma linha de centro ou quando uma ou ambas as pistas não estão perfeitamente perpendiculares ao eixo. Um eixo empenado também pode obrigar os rolamentos nele instalados a trabalhar fora da posição ideal. As marcas de trabalho que são observadas em rolamentos desalinhados são características. A Figura 5.3.15 ilustra alguns modos possíveis de montar rolamentos desalinhados. As Figuras 5.3.16 e 5.3.17 ilustram as marcas de trabalho observadas em rolamentos que trabalham desalinhados. A Figura 5.3.18 mostra um rolamento danificado devido ao desalinhamento.

ANÁLISE DE FALHAS DE MÁQUINAS 173

Excentricidade

Perpendicularidade

Eixo empenado

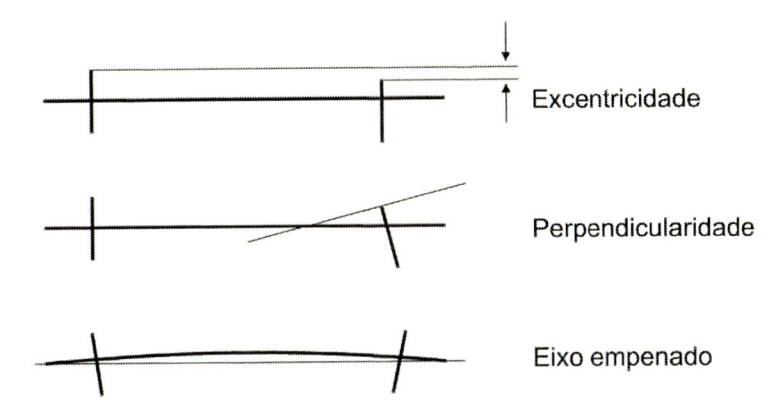

Figura 5.3.15
— Ilustração de tipos de desalinhamentos que afetam os rolamentos.

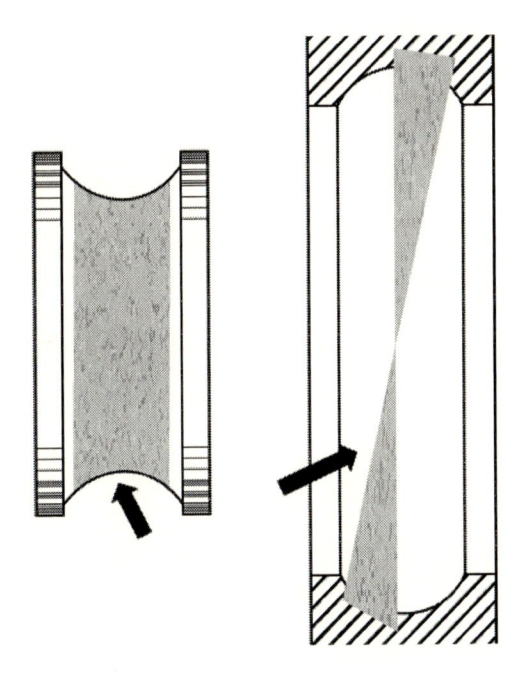

Figura 5.3.16
- Marcas produzidas quando a pista externa está desalinhada em relação ao eixo. (SKF: *Bearing Failure Analysis and Their Causes*, 310M-5000-2-77).

Figura 5.3.17
– Marcas produzidas quando a pista interna está desalinhada em relação à caixa (SKF: *Bearing Failure Analysis and Their Causes*, 310M-5000-2-77).

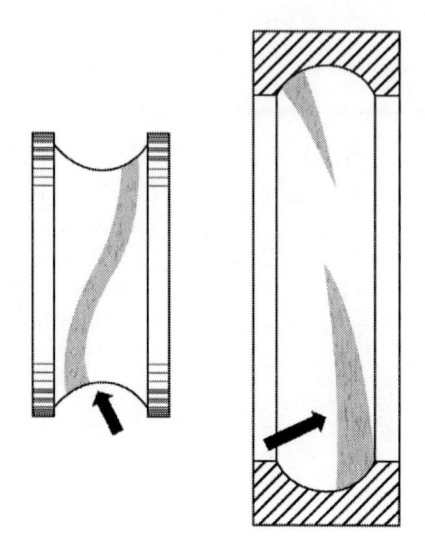

Figura 5.3.18
– Rolamento de rolos com dano avançado devido ao desalinhamento.

A tolerância ao desalinhamento é de até 10 minutos para alguns tipos de rolamentos rígidos de esferas ou de três minutos para rolamentos de rolos. Rolamentos de contato angular montados desalinhados vão sofrer um aumento na pré-carga. Rolamentos de duas carreiras de esferas têm uma tolerância ao desalinhamento de menos que dois minutos.

Rolamentos de rolos cilíndricos são especialmente sensíveis a desalinhamentos, porque o rolo não pode rolar lateralmente para absorver os desalinhamentos. A Tabela 5.3.2 resume os limites de tolerância de desalinhamento para alguns tipos de rolamentos.

Tabela 5.3.2 – limites de tolerância ao desalinhamento de alguns tipos de rolamentos

Uma carreira de esferas	2 – 10'
Duas carreiras de esferas	< 2'
Contato angular (par)	~ 0
Rolos	3 – 4'

5.3.5.3 – Procedimento de montagem incorreto

Os principais fatores que constituem uma montagem incorreta de um rolamento são a presença de sujeira e a montagem sem uso de ferramentas adequadas, com uso de impactos ou força excessiva. Partículas estranhas podem ser prensadas entre os elementos rodantes e a pista e causar indentações, que vão ser locais de início de trincas por fadiga. Como foi dito anteriormente, mesmo pequenas quantidades de partículas duras podem reduzir a vida do rolamento em até 20 vezes (ver o item sobre selagem das caixas de mancais).

Montar um rolamento com batidas ou com força excessiva pode marcar as pistas do rolamento e criar ponto de início de falha. Nesse caso é usual observarmos marcas na pista com espaçamento igual ao dos elementos rodantes. A Figura 5.3.19 mostra um rolamento montado com força excessiva aplicada por esferas. Um detalhe ampliado é mostrado na Figura 5.3.20.

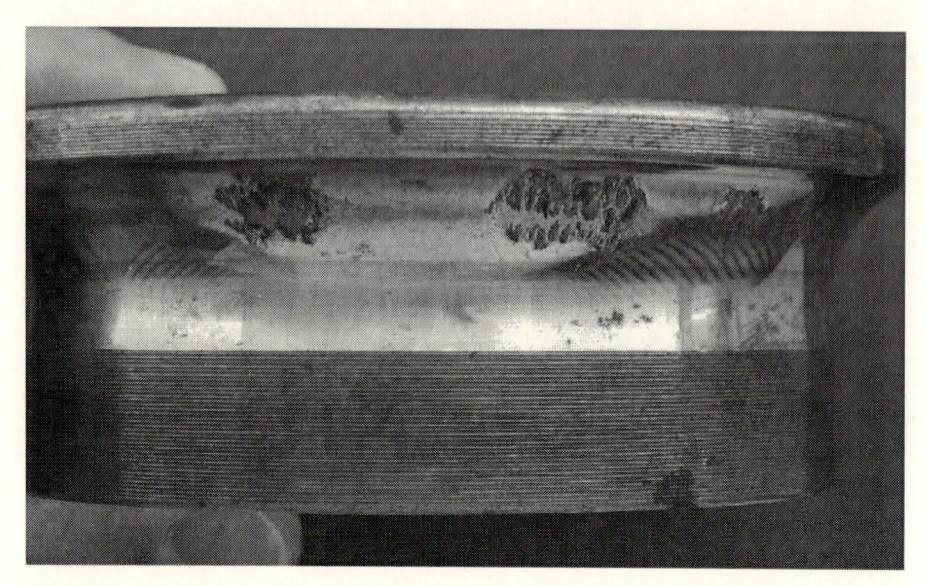

Figura 5.3.19
– Rolamento de contato angular mostrando as marcas causadas por uma montagem inadequada. O excesso de força empregado causou o amassamento das pistas, com subsequente dano em operação.

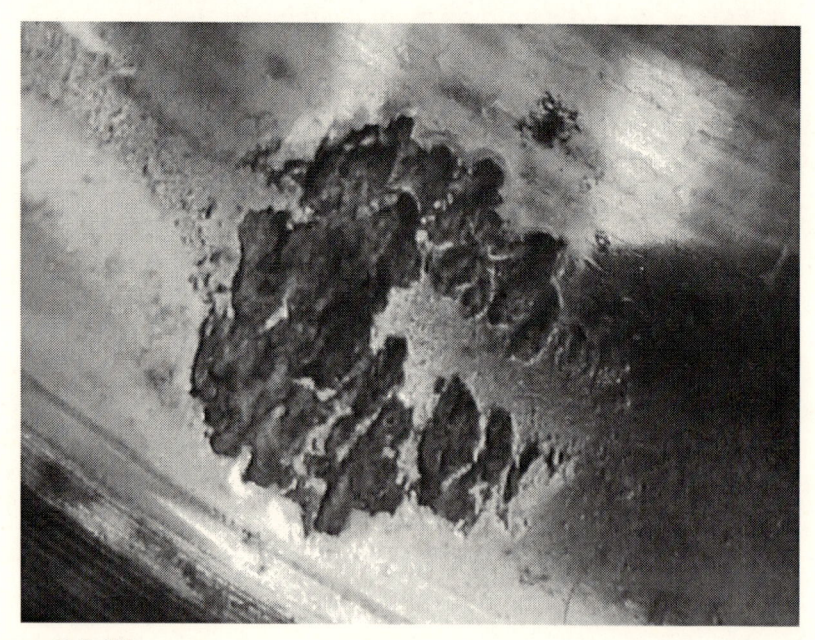

Figura 5.3.20
– Ampliação da região danificada do rolamento mostrado na Figura 5.3.19, sendo claramente visível o descascamento superficial.

Rolamentos projetados para se moverem para absorver dilatações térmicas do eixo podem ser sobrecarregados caso não tenham essa liberdade. As folgas internas são pequenas o suficiente para tornar mesmo um pequeno aumento de temperatura intolerável.

O modo como o equipamento é manuseado pode resultar em danos aos rolamentos. Existem muitos modos de danificar um rolamento com um manuseio inadequado. A Figura 5.3.21 mostra um exemplo deste tipo de situação. Os rolamentos são sobrecarregados ao se içar o equipamento pelo eixo.

Figura 5.3.21
– Bomba centrífuga sendo içada pelo eixo, situação que configura manuseio inadequado de um equipamento, o que causa danos aos rolamentos devido à sobrecarga.

A Figura 5.3.22 mostra outro exemplo de rolamento danificado devido a uma montagem incorreta. Nesse caso, um ajuste inadequado da posição relativa dos rolamentos fez com que o rolamento radial suportasse a carga axial que deveria ter sido suportada pelo rolamento de contato angular.

Figura 5.3.22
– Rolamentos de um ventilador montados de forma incorreta. O rolamento de duas carreiras de esferas (à esquerda) trabalhou como mancal de escora, obrigando o outro rolamento a suportar esforço axial no sentido inverso ao permitido.

5.3.5.4 – Ajustes incorretos no eixo ou na caixa

A pista do rolamento que gira em relação à carga deve ter uma montagem com interferência. A outra deve ter folga. No caso mais comum, em que o anel interno gira em relação à carga, esse deve ser montado com interferência no eixo e o anel externo com folga. Outro modo de resolver o problema é travar a pista com uma porca. De modo geral, quanto maior a carga externa aplicada sobre o rolamento maior deve ser a interferência utilizada na montagem. Rolamentos sujeitos a vibrações também requerem maiores interferências.

Alguns problemas podem ser causados por um ajuste incorreto. Um rolamento que deveria ser montado com interferência no eixo pode ser montado com folga e isso pode ser causa de rotação do anel interno no eixo. Os danos podem variar de um polimento até arranhamento da superfície interna da pista. Muitas vezes o sobreaquecimento resultante desse escorregamento é suficiente para danificar o rolamento ou para provocar a soldagem do rolamento no eixo em que ele está montado. A Figura 5.3.23 mostra um exemplo de rolamento no qual a pista interna girou sobre o eixo. É possível observar o dano causado e o resultado da soldagem do rolamento no eixo.

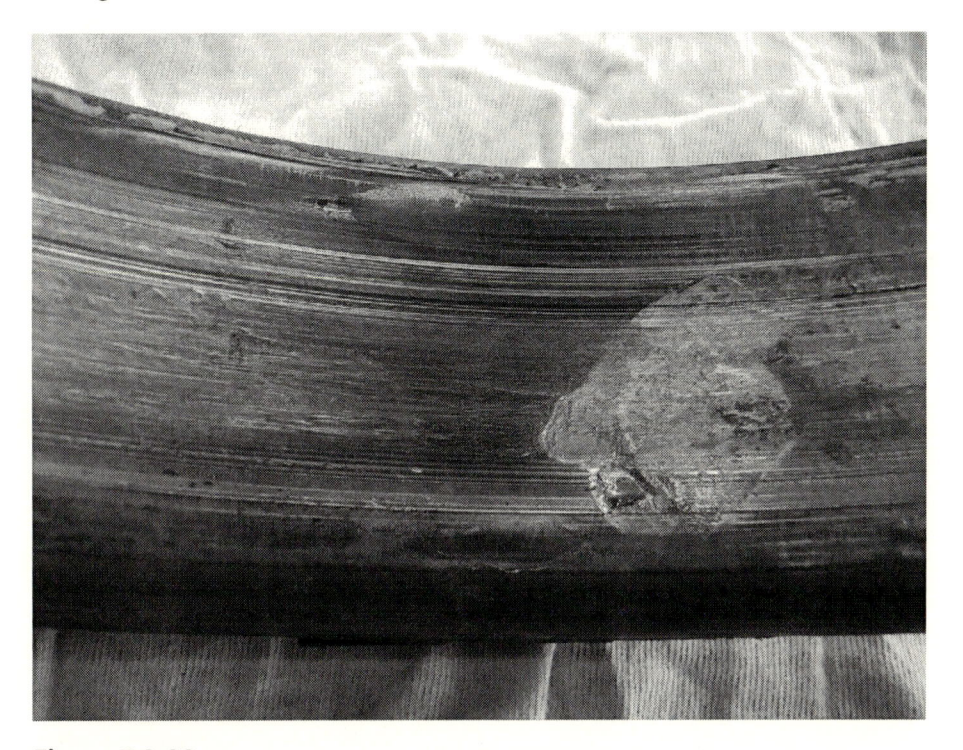

Figura 5.3.23
– Pista interna de um rolamento que rodou sobre o eixo. O aquecimento resultante causou soldagem do rolamento no eixo.

Um ajuste muito apertado na caixa ou no eixo causa sobrecarga do rolamento. Um ajuste muito frouxo pode ocasionar *fretting* no lado externo das pistas. Esse *fretting* pode causar trincas por fadiga nas pistas do rolamento, embora isso seja mais provável na pista interna. Fretting na pista externa em geral vai somente aumentar a folga, podendo resultar em aumento da vibração da máquina. Um rolamento com marcas de *fretting* na pista externa é mostrado na Figura 5.3.24.

Figura 5.3.43
– *Fretting* da pista externa de um rolamento causado por folga na caixa. A folga encontrada foi de 0,08 mm, deveria ser entre 0 e 0,05 mm.

5.3.5.5 – Lubrificação inadequada

Existem várias superfícies em atrito em um rolamento: esferas contra as pistas, gaiola contra esferas, face de roletes contra os flanges etc. As funções do lubrificante são: prover um filme de óleo entre as superfícies em atrito para reduzir ou eliminar o contato metal-metal; remover o calor gerado pela rotação; remover resíduos porventura existentes no interior do rolamento e ajudar a impedir a entrada de sujeira.

O termo falha de lubrificação é frequentemente empregado para dizer que não havia óleo ou graxa no rolamento. Normalmente é simples reconhecer em um rolamento os sinais de uma lubrificação deficiente, embora nem sempre seja óbvia a razão pela qual isso aconteceu. Descobrir porque a lubrificação não era adequada é o mais importante, por permitir ações subsequentes para evitar falhas similares.

As características mais importantes para a lubrificação são a viscosidade e a quantidade. Pouco óleo pode levar a desgaste do rolamento, muito óleo pode levar a sobreaquecimento.

Ao ser submetido a condições de lubrificação deficiente, o rolamento começa a sofrer danos paulatinos. O primeiro sinal observável nas pistas do rolametno é um aumento ligeiro da rugosidade da superfície. Pequenas trincas podem se desenvolver mais tarde, seguidas de descascamento da superfície. A Figura 5.3.25 – mostra a progressão do dano devido à lubrificação inadequada. Um sinal claro de deficiência de lubrificação é desgaste da gaiola do rolamento, que às vezes é observado antes mesmo das pistas sofrerem danos. A Figura 5.3.26 mostra um exemplo de gaiola metálica com desgaste.

Figura 5.3.25
– Estágios progressivos do dano causado por lubrificação inadequada (SKF: *Bearing Failure Analysis and Their Causes*, 310M-5000-2-77).

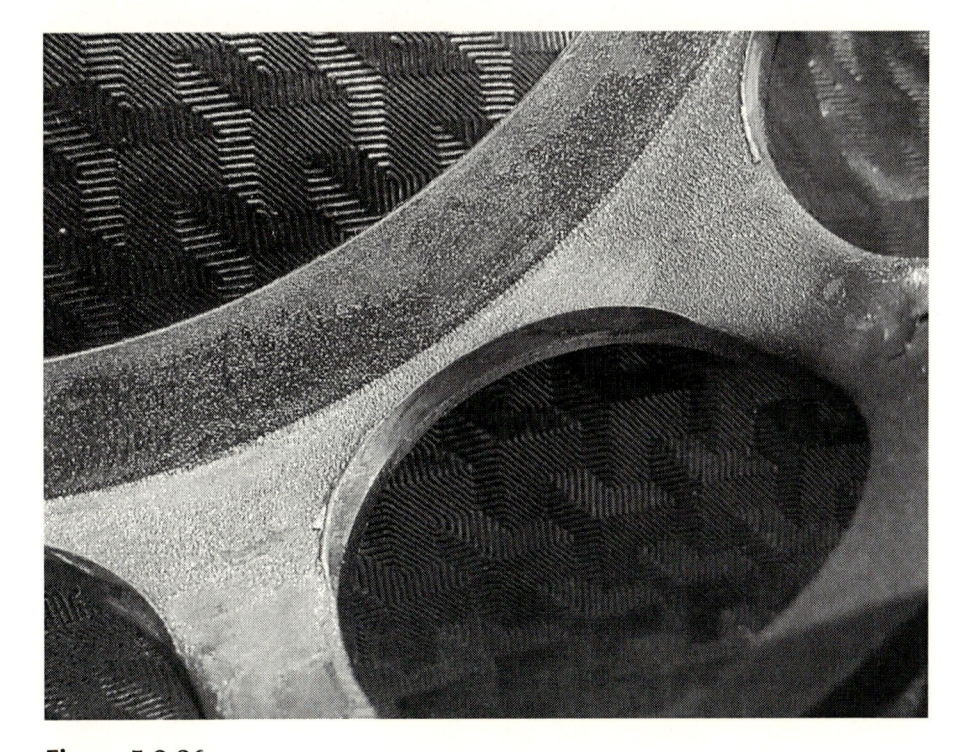

Figura 5.3.26
– Gaiola de um rolamento de rolos com desgaste acentuado devido a uma deficiência de lubrificação.

Outras vezes essa lubrificação deficiente pode se manifestar na forma de um polimento da superfície, que é causado pelo aumento do contato metal – metal. Esse contato causa um desgaste dos pontos altos das duas superfícies. O polimento resultante desse desgaste pode ser visto na Figura 5.3.27, em que são mostrados roletes de um rolamento que trabalhou com deficiência de lubrificação. A superfície sofreu uma ligeira mudança de coloração, consequência da elevação de temperatura que muitas vezes acomete rolamentos insuficientemente lubrificados.

Figura 5.3.27
– Polimento de roletes causado por lubrificação inadequada.

Se a remoção de calor for insuficiente pode haver sobreaquecimento, que pode causar amolecimento do metal, oxidação acelerada do óleo e danificação de gaiolas de poliamida.

Um rolamento sobreaquecido vai apresentar descoloração da superfície metálica. Se o sobreaquecimento for severo, a superfície pode ficar colorida pela película de óxido que será formada. Um ligeiro sobreaquecimento causa deterioração prematura do óleo e pode causar deposição de alguns dos aditivos presentes no lubrificante, dando aos componentes do rolamento a coloração característica. Um rolamento com sinais de deposição de polímeros oriundos do lubrificante devido ao sobreaquecimento pode ser visto na Figura 5.3.28.

Figura 5.3.28
– Pista de rolamento mostrando escurecimento devido à deposição de aditivos do óleo, o que acontece em virtude da exposição do conjunto a altas temperaturas.

Uma estimativa grosseira da temperatura que o metal atingiu pode ser obtida observando-se a cor da superfície, conforme indicado na tabela abaixo. Notar que a tabela se refere a aquecimento de peças de aço ao ar. Se houver óleo lubrificante em contato com as peças elas sofrerão deposição dos aditivos do óleo em temperaturas mais baixas.

Temperatura, °C	cor
220-230	amarelo pálido
230-240	amarelo
240-250	amarelo escuro
250-260	amarelo amarronzado
260-270	marrom
270-280	púrpura
280-290	púrpura escuro
290-300	azul escuro
330	azul claro

As Figuras 5.3.29 e 5.3.30 mostram um caso de uma falha grave de lubrificação em uma bomba centrífuga, tendo ocorrido travamento do eixo. A Figura 5.3.29 mostra o estado do rolamento de escora, podendo ser observado que a gaiola de bronze foi totalmente destruída. A superfície das esferas está bastante descolorida, o que indica que a temperatura atingida foi elevada. A causa do problema pode ser observada na Figura 5.3.30, em que pode ser visto que a junta da tampa da caixa de mancais foi montada invertida, obstruindo os canais de circulação de óleo. Um projeto de junta que admitisse montagem em qualquer posição teria evitado a falha.

Figura 5.3.29
– Rolamento de escora de uma bomba centrífuga que sofreu falha devido à falta de lubrificação.

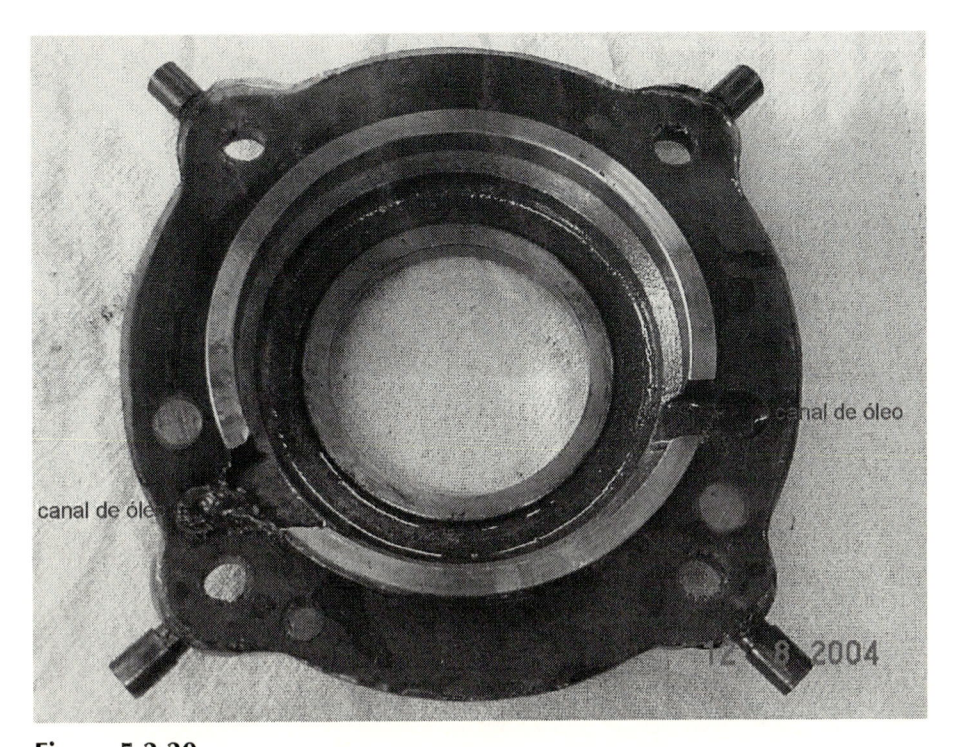

Figura 5.3.30
– Junta da tampa da caixa de mancais da bomba mencionada na Figura 5.3.28. Notar que os canais de circulação de óleo ficaram obstruídos devido à montagem invertida da junta.

A mistura de lubrificantes incompatíveis deve ser sempre evitada, pois pode resultar em problemas de lubrificação. A Figura 5.3.31 mostra um rolamento de um motor elétrico, em que foi aplicada, por engano, graxa especial para alta temperatura. A mistura das graxas resultou na sua deterioração, com a formação de um depósito duro, que causou o travamento do eixo.

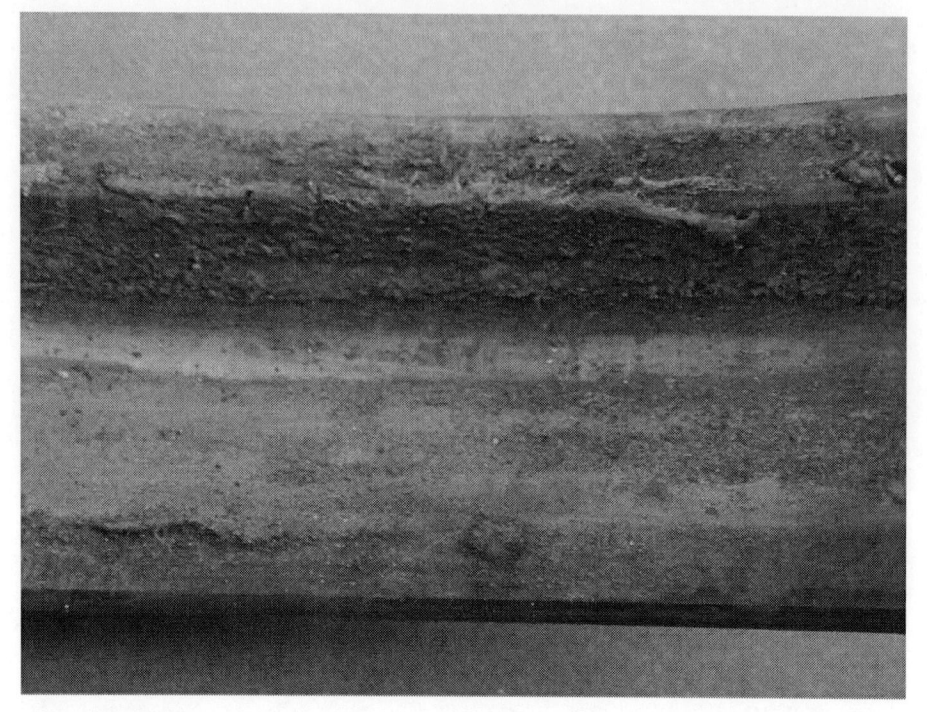

Figura 5.3.31
– Pista externa de um rolamento de um motor elétrico com resíduos da mistura de duas graxas incompatíveis.

5.3.5.6 – Selagem ineficaz

Embora a entrada de partículas estranhas seja possível durante a montagem dos rolamentos, a fonte mais direta e contínua de contaminantes é uma selagem inadequada da caixa de mancais.

O filme de óleo que se forma entre os elementos rodantes e as pistas é extremamente fino. Mesmo minúsculas partículas podem quebrar esse filme e causar uma intensa concentração da carga suportada, levando à indentação das superfícies. Essa indentação vai originar um ponto de concentração de tensões, que por sua vez vai propiciar o início de uma falha por fadiga.

As indentações causadas por diferentes tipos de partículas apresentam aspecto diferente. A Figura 5.3.32 mostra a aparência característica das marcas causadas por partículas duras, como, por exemplo, areia. Pode ser observado que a região danificada se estende na direção do movimento do elemento rodante, como se esse fosse arremessado para cima ao bater na partícula.

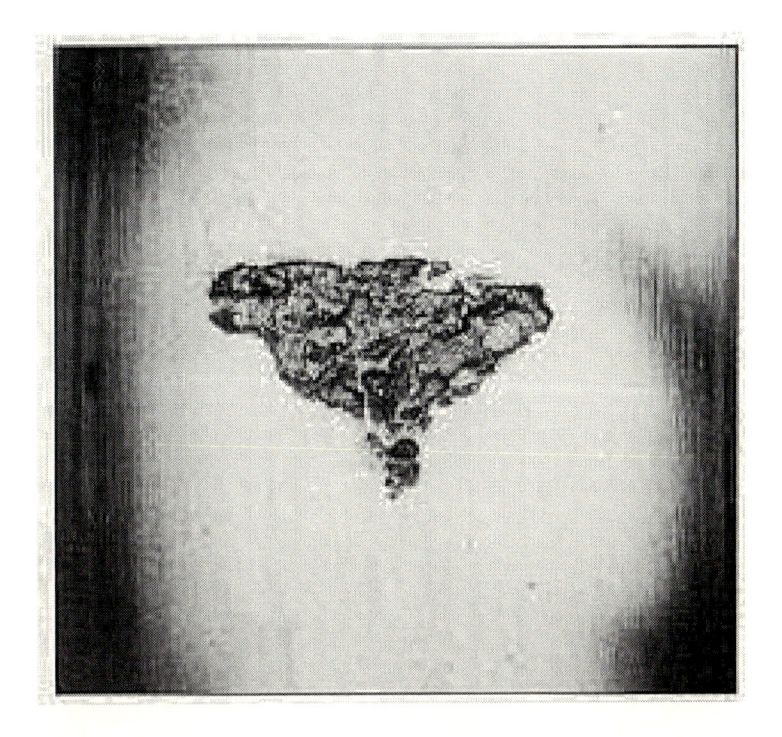

Figura 5.3.32
– Descascamento originado de falha por fadiga causada pela concentração de tensões gerada por uma partícula dura. (FAG: *Mounting and Dismounting of Rolling Bearings*, pub. 80-100/2EA)

Na Figura 5.3.33 mostra-se um rolamento onde havia contaminação do óleo por partículas macias, como, por exemplo, fragmentos de tecido. O dano causado por esse tipo de partícula não será tão severo, sendo possível observar que as marcas são arredondadas.

Figura 5.3.33
– Marcas na pista de um rolamento causadas pela introdução de partículas macias (FAG: *Mounting and Dismounting of Rolling Bearings*, pub. 80-100/2EA)

Essas fotos foram obtidas em testes de laboratório, mas representam a aparência esperada dos rolamentos para cada tipo de contaminação.

A Figura 5.3.34 mostra a aparência de uma pista de rolamento em que foram introduzidas partículas de aço temperado no óleo. Pode ser visto que as partículas foram laminadas na superfície. Essas partículas se desprenderam de um outro rolamento existente na mesma caixa de mancais, o qual foi o causador da falha do equipamento.

Figura 5.3.34
– Marcas na pista de um rolamento causadas pela introdução de partículas de aço temperado, como no caso da ocorrência de descascamento da pista

A Figura 5.3.35 mostra um rolamento radial de uma bomba centrífuga com o resultado da contaminação do óleo com um catalisador à base de alumina, de granulometria muito fina. O desgaste foi bastante uniforme e, apesar de se bastante pronunciado, o funcionamento do equipamento continuava suave.

Figura 5.3.35
– Abrasão severa devido à contaminação do óleo com particulado fino de dureza elevada.

Uma vedação ineficaz pode permitir a entrada de água na caixa de mancais, o que vai resultar em oxidação dos rolamentos. A Figura 5.3.36 mostra um rolamento de alta rotação de uma caixa de engrenagens com sinais de oxidação. Essa oxidação foi causada pela entrada de umidade do ar na caixa de engrenagens.

Figura 5.3.36
– Corrosão na pista interna devido à água. Essa água adentrou a caixa de mancais em virtude de uma vedação inadequada, que é o erro de projeto encontrado com maior frequência em máquinas rotativas de processo.

5.3.5.7 – Vibração quando o eixo não está rodando

Rolamentos sujeitos à vibração enquanto o eixo não está girando podem ser acometidos de um problema chamado brinelamento falso. A evidência pode ser a existência de depressões altamente polidas ou com resíduo de óxido marrom avermelhado ou preto. A distância entre as marcas é igual à distância entre os elementos girantes. O processo de desgaste é *fretting*.

O dano pode acontecer mesmo com pequenas cargas aplicadas ao rolamento, embora aumente com o aumento da carga. O melhor meio de evitar o problema é diminuir a vibração dos equipamentos enquanto fora de operação. Girar com frequência os eixos de máquinas paradas pode ser um paliativo, se não for possível eliminar a vibração. A lubrificação não resolve o problema, por não ser capaz de evitar o *fretting*.

É necessário distinguir entre brinelamento falso e verdadeiro. O brinelamento verdadeiro consiste na deformação da pista por sobrecarga. Um exame das depressões vai indicar a diferença, sendo usualmente visível o desgaste superficial no caso do brinelamento falso.

A Figura 5.3.37 mostra a pista interna de um rolamento de uma bomba centrífuga danificado devido ao *fretting*. Deve ser notado que a aparência do dano é similar à do dano por brinelamento, pois a operação do equipamento aumentou o dano iniciado pelo *fretting*. O histórico do equipamento permitiu determinar qual o real mecanismo de falha.

Figura 5.3.37
– Descascamento da pista interna de rolamento sujeito a brinelamento falso. Notar semelhança com falha causada por uso de força excessiva na montagem.

As Figuras 5.3.38 e 5.3.39 mostram o resultado de testes de laboratório, quando os rolamentos foram submetidos a condições propicias para o aparecimento do dano superficial por *fretting* e por sobrecarga localizada. Deve ser notado que os rolamentos não trabalharam após o dano inicial, de modo a ser possível examinar a diferença entre os dois mecanismos.

Na Figura 5.3.38 pode ser notado que o atrito causou a remoção superficial de material. Na Figura 5.3.39 pode ser visto que a sobrecarga causou somente deformação plástica, não removendo material.

Figura 5.3.38
– Brinelamento falso em pista de rolamento. Notar remoção das marcas da retífica da pista, indicando remoção de material (FAG: *Mounting and Dismounting of Rolling Bearings*, pub. 80-100/2EA)

Figura 5.3.39
– Brinelamento verdadeiro. Notar que as marcas da retífica da pista não foram removidas (FAG: *Mounting and Dismounting of Rolling Bearings*, pub. 80-100/2EA)

A vida útil de um rolamento pode ser reduzida com o aumento do nível de vibração do equipamento ao operar. Estima-se que a vida do rolamento pode ser reduzida à aproximadamente a metade se o nível de vibração for multiplicado por dois. Sobrecargas localizadas nas pistas são causadas pelo movimento do eixo gerado pela vibração. A Figura 5.3.40 mostra um exemplo de rolamento danificado pelo alto nível de vibração com o equipamento em operação.

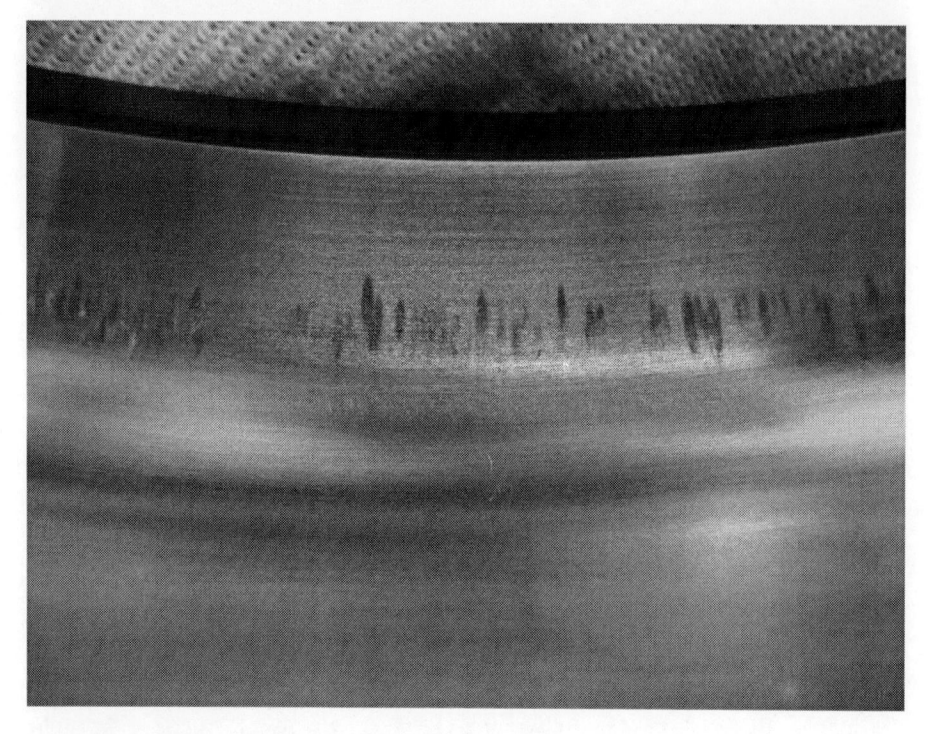

Figura 5.3.40
– Rolamento mostrando danos causados pela vibração excessiva.

5.3.5.8 – Passagem de corrente elétrica por meio do rolamento.

Esse fenômeno foi discutido no capítulo anterior, as mesmas considerações são válidas para mancais de rolamento. A Figura 5.3.41 mostra um exemplo de rolete danificado por descargas elétricas.

Figura 5.3.41
– Dano causado pela passagem de corrente elétrica (FAG: *Mounting and Dismounting of Rolling Bearings* , pub. 80-100/2EA)

5.3.5.9 – Deficiências de projeto e fabricação

Mesmo não sendo comum encontrarmos erros de projeto relacionados aos rolamentos de uma máquina ou defeitos de fabricação dos rolamentos, essa possibilidade não pode ser ignorada.

Alguns exemplos de falhas de projeto da instalação de rolamentos:

a) Subdimensionamento ocorre quando as cargas atuantes sobre o rolamento na condição normal de funcionamento da máquina resultam em uma vida estimada menor que o desejado. Essa situação pode ocorrer quando ocorre um erro na definição das cargas solicitantes, como no caso de motores de bombas verticais sem mancal axial, cujo esforço axial é suportado pelo mancal de escora do motor. Outro exemplo é o caso de um redutor de ventilador de torre de resfriamento em que o empuxo axial do ventilador é suportado pelo mancal de escora do eixo de saída do redutor. Um erro na determinação do empuxo axial do ventilador vai resultar em sobrecarga nesse rolamento;

b) Superdimensionamento do rolamento pode resultar em danos prematuros, se a carga externa não for capaz de manter um contato entre elementos rodantes e pistas que impeçam o escorregamento. Uma carga mínima deve ser aplicada ao rolamento. A Figura 5.3.42 ilustra um exemplo de dano causado por carga insuficiente, sendo possível observar as marcas do escorregamento das esferas sobre a pista externa;

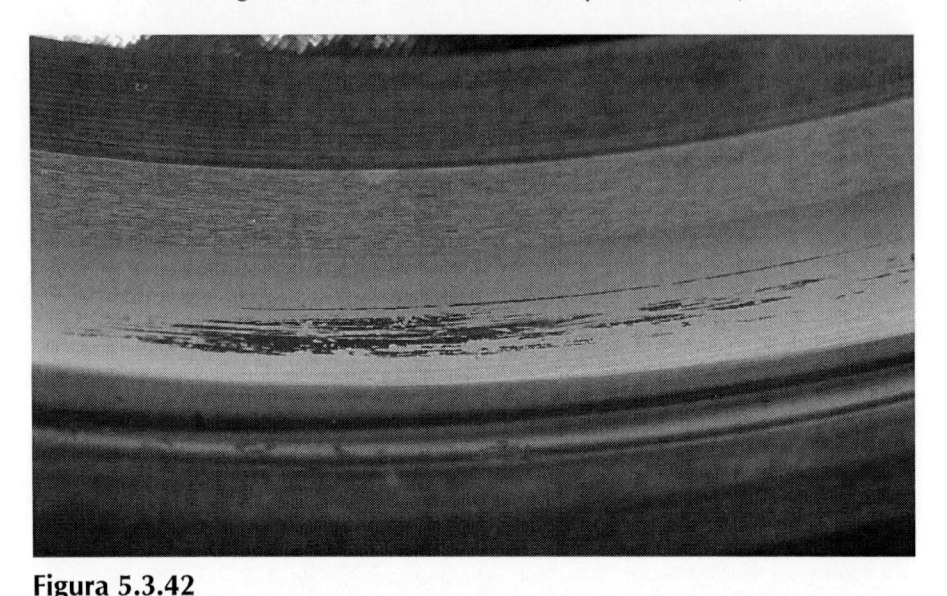

Figura 5.3.42
– Pista externa de um rolamento mostrando danos causados pelo escorregamento das esferas.

c) Arranjo inadequado dos rolamentos pode resultar, por exemplo, na transmissão de esforços oriundos de dilatações térmicas para os rolamentos. Isso pode ocorrer, por exemplo, com ventiladores de tiragem induzida, que trabalham em alta temperatura. Se ambos os rolamentos forem travados axialmente o esforço resultante da dilatação térmica do eixo será por eles suportado. A Figura 5.3.43 mostra um outro exemplo, em que os rolamentos das venezianas de controle de vazão de gás por um duto de forno ficaram sujeitos às cargas oriundas da dilatação térmica das venezianas;

Figura 5.3.43
– Rolamentos de venezianas de abafador de forno danificados pela dilatação térmica das venezianas, que gerou uma sobrecarga nos rolamentos em função da impossibilidade de deslocamento axial.

d) Um rolamento de tipo inadequado pode ser instalado na máquina. Não é incomum encontrarmos rolamentos de duas carreiras de esferas em que seria mais adequado termos dois rolamentos de contato angular. Também é possível encontrarmos rolamentos rígidos em que seria necessário um autocompensador. Gaiolas de poliamida em serviços pesados constituem outro exemplo de falha da seleção do tipo de rolamento. A Figura 5.3.44 mostra um rolamento de uma redutora com a gaiola de poliamida danificada;

Figura 5.3.44
– Rolamento com gaiola de poliamida danificada. Este tipo de construção deve ser evitado em máquinas de serviço pesado.

e) Uma vedação inadequada da caixa de mancais é problema mais comum, conforme já apontado anteriormente. Normalmente é um problema que reduz enormemente a vida do rolamento, sendo, no entanto, de fácil correção.

Os defeitos de fabricação em rolamentos são ainda menos ufrequentes. Em muitos casos, a causa básica de uma falha de rolamento é atribuída a um problema de fabricação simplesmente porque o analista não encontrou uma explicação melhor. Esse erro deve ser evitado utilizando-se um método adequado de análise de falhas.

A possibilidade de uma falha de fabricação deve ser sempre confirmada por alguma evidência, não se deve chegar a essa conclusão por falta de evidências de outros problemas. Alguns exemplos:

Pistas ovaladas podem ser encontradas em rolamentos novos. A constatação do problema pode ser feita com uma medição cuidadosa;

Falhas de material podem ser evidenciadas com uma análise metalúrgica. A Figura 5.3.45 mostra um problema incomum de fabricação do rolamento, provavelmente causado pela utilização da ponta do tarugo para forjamento da esfera. A extremidade dos lingotes é uma região que costuma concentrar carepas e escórias na sua região central, devido às características da solidificação. Ao ser forjado para confecção das barras, essas carepas podem não ser removidas e o resultado final será uma barra com inclusões no seu interior. Com as esferas e roletes são fabricados a partir das barras, essas inclusões podem resultar nos vazios observados.

Figura 5.3.45
– Esfera oca, um exemplo incomum de falha de fabricação

5.4 – Selos Mecânicos

Os selos mecânicos são os componentes que visam impedir o vazamento descontrolado do fluido de trabalho de uma máquina rotativa pela região de entrada do eixo na carcaça. A existência de fluidos tóxicos e inflamáveis em muitas indústrias leva à necessidade de termos uma vedação de alta confiabilidade nessas máquinas. A Figura 5.4.1 mostra um exemplo de consequência de falha de selo mecânico de uma bomba centrífuga de processo. Note que o produto que vazou, um hidrocarboneto bombeado em alta temperatura, poderia ter causado um incêndio de grandes proporções.

Figura 5.4.1
– Exemplo de consequência do vazamento de um selo mecânico.

Vazamentos por selos de compressores podem ter consequências ainda mais graves do que no caso das bombas, uma vez que gases tóxicos ou inflamáveis podem inundar o ambiente onde o equipamento está instalado.

Falhas de selos mecânicos representam uma significativa parcela do número total de falhas de máquinas na indústria de processo, o que torna as análises das suas falhas extremamente importantes. Dependendo da situação da planta, a quantidade de falhas de selos mecânicos pode variar de cerca de 20% até mais de 60% do total de falhas de máquinas.

Conforme a conceituação anterior, a falha de uma componente á caracterizada pela condição em que ele não mais é capaz de executar a sua função com segurança. Isso significa que um selo falha quando o vazamento existente á maior do que o admissível. Mais considerações a respeito do vazamento admissível podem ser encontradas mais adiante, no item 5.4.2.

Esse capítulo contém uma discussão sobre análise de falhas dos tipos de selos mais comumente encontrados na indústria de processo. Serão apresentados separadamente os selos de bombas centrífugas e de compressores centrífugos.

No caso de bombas centrífugas, a discussão vai ser focada em selos construídos conforme a ISO 21049 (API 682), basicamente constituídos de:

a) Selo balanceado multimolas ou de fole metálico, tipo cartucho;
b) Faces de carvão contra carbeto de tungstênio ou de silício;
c) Vedações secundárias com anéis O de Viton ou Kalrez.

A discussão sobre selos de compressores centrífugos, item 5.4.14, será focada nos tipos mais comuns, ou seja, selos mecânicos a óleo, selos de anéis flutuantes e selos secos lubrificados por gás, conforme descrito na ISO 10439 (API 617).

5.4.1 – Funcionamento do Selo Mecânico

A análise do mecanismo de funcionamento dos selos mecânicos deve levar em consideração o projeto da face. Faces planas terão comportamento diferente das faces que utilizam artifícios para aumentar a sustentação hidrodinâmica (ou aerodinâmica, no caso dos selos a gás).

Durante o seu funcionamento, um selo de face plana nos mostra uma complexa interação entre o atrito sólido das faces e as forças hidrodinâmicas geradas pelo filme fluido. O movimento relativo das faces gera movimento do fluido que está entre as faces, de modo que a interação do fluido localizado entre as faces com eventuais irregularidades da superfície gera um aumento localizado da pressão hidrodinâmica proporcionada pelo filme fluido. Assim como em qualquer problema de lubrificação, quanto maior a relação entre a espessura do filme fluido e a rugosidade da superfície, menor será o atrito e o desgaste dessas superfícies (mais detalhes no Capítulo 4.3 – Desgaste). A Figura 5.4.2 mostra esquematicamente a interação entre fluido e rugosidade da superfície. O princípio de funcionamento dos selos mecânicos faz com que sempre haja algum vazamento do produto selado. Em condições normais, esse vazamento será invisível a olho nu.

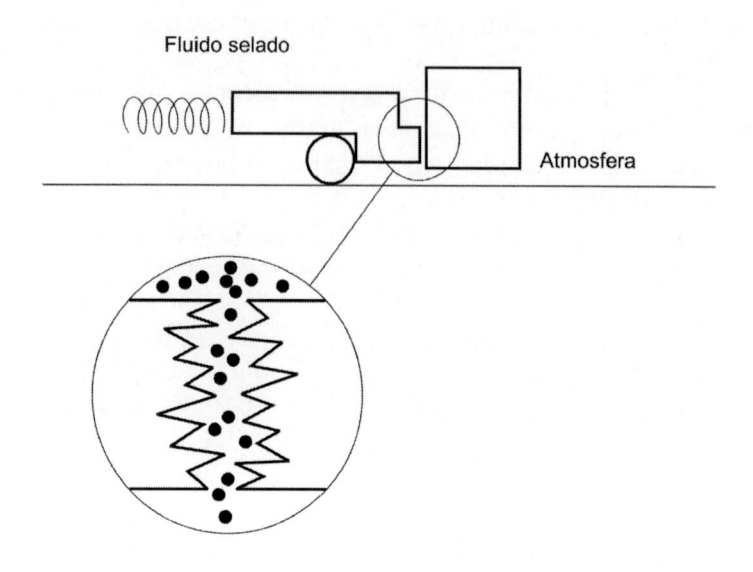

Figura 5.4.2
– Ilustração do funcionamento de um selo mecânico.

Água fria e querosene são exemplos de fluidos que costumam oferecer boa lubricidade aos selos mecânicos, ao contrário de propano, água acima de 80 °C e gases ou vapores, que costumam ser considerados fluidos de baixa lubricidade. Essa baixa lubricidade resulta em maior desgaste de certo tipo de selo, em comparação com os exemplos anteriores, e é o motivo pelo qual os projetistas introduziram características que aumentam a lubrificação das faces.

Esses dispositivos para melhoria das condições de lubrificação consistem, basicamente, em controle do formato da face de modo a facilitar a formação de uma cunha de lubrificante, gerando o correspondente efeito hidrodinâmico ou aerodinâmico. As Figuras 4.5.3 e 4.5.4 mostram dois exemplos de faces de selos com formato projetado para aumentar a espessura do filme fluido com efeitos dinâmicos. Esse tipo de recurso é utilizado em alguns poucos casos de selos projetados para líquidos e na esmagadora maioria dos selos projetados para gases e vapores.

Figura 5.4.3
– Sede de selo mecânico mostrando sulcos helicoidais, destinados a melhorar a lubrificação das faces.

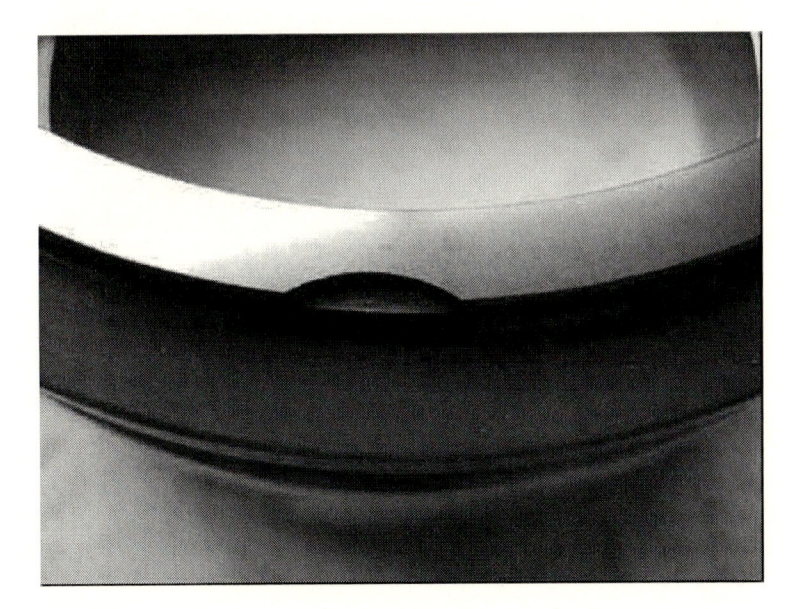

Figura 5.4.4
– Sede de selo mecânico mostrando rasgo projetado para melhorar a lubrificação das faces.

O mecanismo de formação do filme fluido entre as faces do selo é similar ao de um mancal axial, com as seguintes diferenças principais:

a) A carga axial é, em geral, pequena;
b) O fluido lubrificante nem sempre é o mais adequado, ou seja, é comum encontrarmos fluidos com viscosidade muito baixa, com contaminantes, corrosivos, etc;
c) A temperatura do fluido selado pode ser elevada;
d) Nem sempre o filme de líquido é espesso o suficiente para separar as faces totalmente, havendo contato sólido. A separação das faces depende da lubricidade do fluido, rotação, pressão, formato das faces etc.
e) Nem sempre existe um filme de líquido em toda a extensão das faces do selo. Em algumas aplicações, como selagem de bombas de GLP ou água quente, pode haver vaporização do produto entre as faces e o selo trabalha com filme fluido em parte das faces somente. Selos a gás representam outro caso em que não há líquido entre as faces do selo.

As Figuras 5.4.5 e 5.4.6 mostram ampliações de faces de carvão lapidado antes e depois da sua utilização. Pode ser notado que os pontos altos da superfície foram desgastados, o que indica que não houve separação completa durante a operação. O regime de lubrificação foi misto ou limítrofe, condição comumente encontrada em selos mecânicos que trabalham com líquidos.

ANÁLISE DE FALHAS DE MÁQUINAS 205

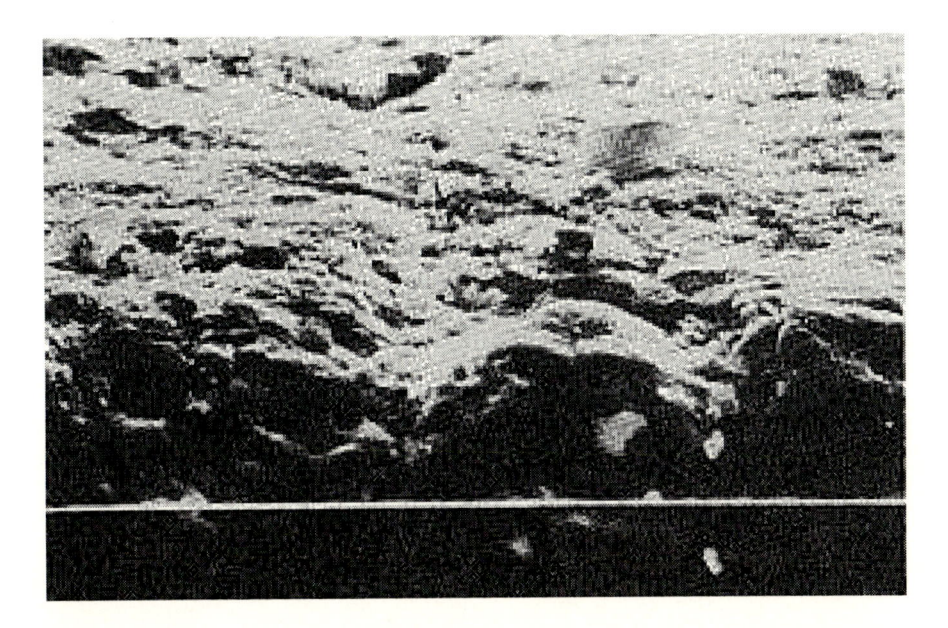

Figura 5.4.5
– Micro fotografia de uma face de carvão lapidado sem uso. Podem ser observados os pontos altos e baixos da superfície (Lebeck, Alan: *Principles and Design of Mechanical Face Seals*, John Wiley & Sons, Nova York, 1991).

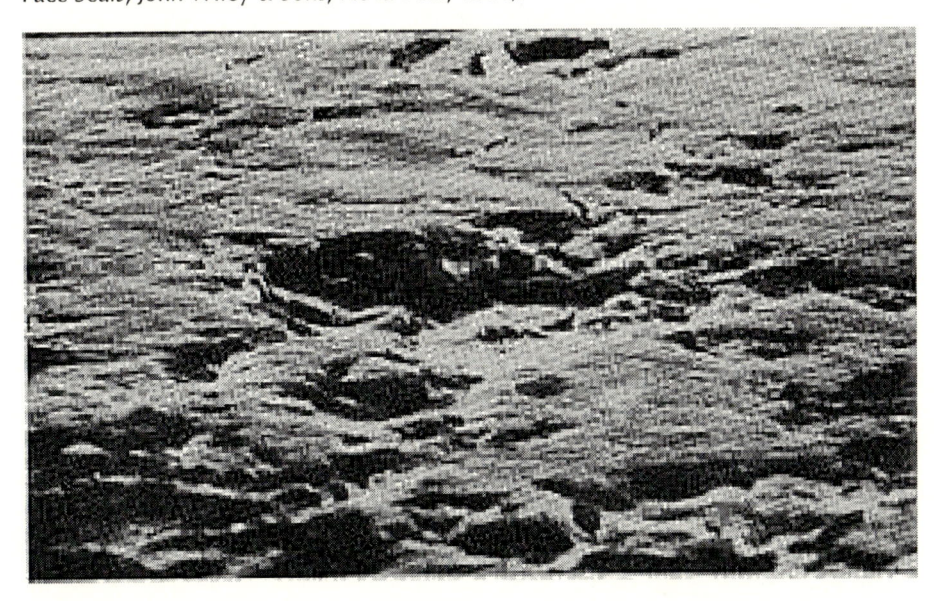

Figura 5.4.6
– Microfotografia de uma sede de carvão após utilização. Notar o desgaste dos pontos altos (Lebeck, Alan: *Principles and Design of Mechanical Face Seals*, John Wiley & Sons, Nova York, 1991).

5.4.2 – Vazamento Através dos Selos Mecânicos

Uma série de fatores influencia o vazamento através dos selos mecânicos. Em termos físicos, o vazamento pode ser calculado por meio da aplicação da Equação de Navier-Stokes à geometria do selo, o que foi feito por Osborne Reynolds. A equação resultante descreve o vazamento através do selo como uma função de diversas variáveis. Uma análise detalhada está além do escopo deste texto, somente algumas informações genéricas serão apresentadas abaixo.

O primeiro ponto a considerar é que o vazamento admissível através de um selo pode ser limitado pela legislação local, por requisitos de processo, requisitos de limpeza e segurança da área ou pelo sistema de suporte do selo. Desse modo, as informações indicadas abaixo não devem ser consideradas como regras a respeito do vazamento admissível por selos mecânicos de nenhum tipo.

Em termos práticos, a grande maioria dos selos encontrados na indústria de processo se enquadra nas condições abaixo:

- Selos de bombas centrífugas trabalhando com líquido entre as faces;
- Velocidade do eixo abaixo de 3.600 rpm;
- Pressão do fluido selado menor que 22 kgf/cm^2 M;
- Temperatura do fluido selado entre -40°C e 200-250°C;
- Diâmetro do eixo menor que 100 mm.

Selos trabalhando nessas condições normalmente apresentam vazamento invisível a olho nu. Se medição for possível, o vazamento provavelmente será de umas poucas gotas por hora. A API 682 requer um vazamento menor que 5,6 g/h nos testes de qualificação (item 10.3.1.4.1).

É possível encontrar, com certa frequência, serviços nos quais há mudança de fase do produto que vaza através das faces. Nesses casos, o vazamento é normalmente medido em termos de concentração do produto volátil na atmosfera próximo à região do selo. A API 682 requer uma concentração menor que 1000 PPM nos testes de qualificação.

O pequeno vazamento normalmente observado em selos de bombas é resultado direto da minúscula distância que separa as faces, tipicamente da ordem de menos que 1 mm.

Selos a gás de compressores trabalham com uma distância entre as faces de 3mm – 5mm, o que leva a um vazamento da ordem de um Nm^3/h por selo. Note que a grande variedade de condições de operação pode resultar em grandes variações desse vazamento.

A monitoração do vazamento através dos selos depende grandemente das consequências desse vazamento, variando de uma medição periódica com um balde em bombas de água de resfriamento até a instalação de instrumentação sofisticada provida de alarmes e desarmes, para o caso de fluidos tóxicos ou inflamáveis.

Deve-se interpretar com cuidado a medição do vazamento através de um selo mecânico. Selos de bombas costumam ter vazamento bastante elevado durante a primeira partida ou durante transientes. Nesses casos, é recomendável monitorar o vazamento até que ele se estabilize, avaliando a situação posteriormente, desde que o vazamento não seja maior que 10 vezes o vazamento normal e não haja risco de acidentes.

5.4.3 – Projeto Mecânico de Selos para Bombas

Embora uma análise completa dos diversos tipos de projeto de selos esteja além do escopo desse trabalho, a avaliação de partes do projeto de um selo mecânico pode ser feita de maneira simplificada, discutindo brevemente as vantagens e desvantagens de alguns detalhes de projeto. Uma breve discussão do projeto de selos de compressores pode ser encontrada mais adiante, no item 5.4.14.

O advento da norma API 682 (ISO 21049:2004), atualmente na terceira edição, levou a uma grande padronização dos selos mecânicos e sistemas de selagem utilizados na indústria de petróleo e petroquímica. Uma discussão detalhada da norma está além do escopo deste texto, somente um resumo será apresentado a seguir.

5.4.3.1 – Principais requisitos da API 682 (ISO 21049:2004)

É objetivo da norma, conforme explicitado na sua declaração de escopo, prover recomendações sobre sistemas de selagem para bombas centrífugas e rotativas utilizadas na indústria do petróleo, gás natural e química. Os requisitos resultam em sistemas de selagem adequados para serviços com fluidos perigosos, tóxicos ou inflamáveis, para os quais se requer uma alta confiabilidade.

A norma recomenda soluções já testadas em campo para os problemas de selagem mais comuns nas indústrias listadas, em nenhum momento pretende tratar de todos os serviços de selagem existentes ou de todas as opções disponíveis para os serviços considerados.

O conceito de "categoria de selo" serve para distinguir selos projetados para serviços com requisitos diferentes. A Tabela 5.4.1 (Anexo A da

ISO 21049, API 682) resume os principais limites de operação para cada categoria de selo.

Tabela 5.4.1 – Limites operacionais para cada categoria de selo mecânico, de acordo com a ISO 21049 (API 682)

CONDIÇÕES DE OPERAÇÃO	CATEGORIA 1	CATEGORIA 2	CATEGORIA 3
Faixa de temperatura	-40 a 260 °C	-40 a 400 °C	-40 a 400 °C
Faixa de pressão	22 Bar Abs	42 Bar Abs	42 Bar Abs

Os requisitos de projeto, testes e documentação são mais severos para cada categoria superior. Selos de Categoria 1 se destinam principalmente a bombas ASEM B73. A maioria dos selos encontrados na indústria de petróleo e petroquímica é de categoria 2.

O conceito de "tipo de selo" serve para definir o projeto básico do selo e os materiais empregados. Um selo tipo "A" terá molas múltiplas em um elemento flexível rotativo, faces de carbeto de silício contra carvão, molas de Hastelloy C-276, componentes metálicos de inox 316, anéis O em fluorelastômero. A Figura 5.4.7 mostra um selo Tipo A.

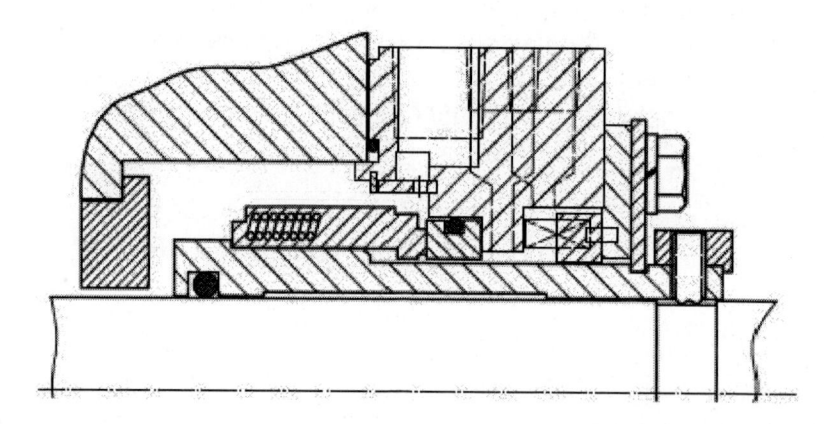

Figura 5.4.7
– Selo tipo A, arranjo 1 (API, Std 682 (ISO 21049), *Shaft Sealing Systems for Centrifugal and Rotary Pumps*, Washington, 2004)

Um selo tipo "B" terá um fole metálico de C-276 com elemento flexível rotativo, faces de carvão contra carbeto de silício, anéis O de fluorelastômero e partes metálicas em inox 316. A Figura 5.4.8 mostra um selo tipo "B".

Figura 5.4.8
– Selo tipo B, arranjo 1 (API, Std 682 (ISO 21049), *Shaft Sealing Systems for Centrifugal and Rotary Pumps*, Washington, 2004)

Um selo tipo "C" terá um fole metálico de Inconel 718, elemento rotativo estacionário, faces de carvão contra carbeto de silício, vedações secundárias de grafite e partes metálicas em inox 316. A Figura 5.4.9 mostra um selo tipo "C".

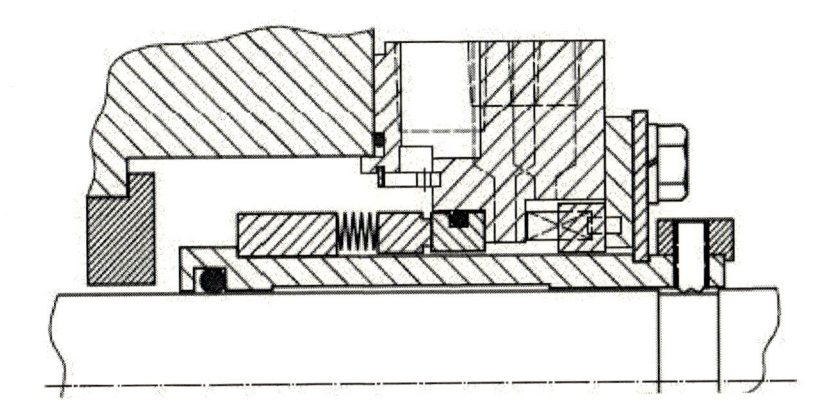

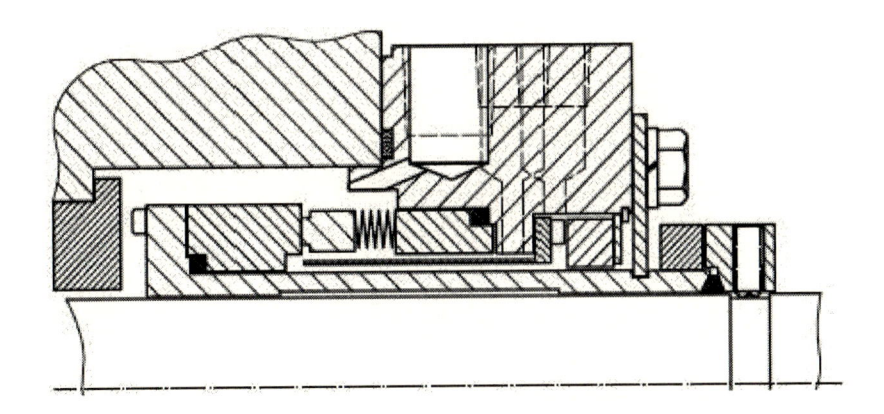

Figura 5.4.9
– Selo tipo C, arranjo 1 (API, Std 682 (ISO 21049), *Shaft Sealing Systems for Centrifugal and Rotary Pumps*, Washington, 2004)

O arranjo do selo define o número de selos no cartucho e a pressão na cavidade entre os selos. A configuração define o modo básico de funcionamento do selo. Desse modo, temos:

Arranjos de selos:
Arranjo 1 – um selo por cartucho
Arranjo 2 – dois selos por cartucho com pressão intermediária menor que a do fluido selado
Arranjo 3 – dois selos por cartucho com pressão intermediária maior que a do fluido selado (fornecido por algum sistema de suporte, a ser discutido adiante).

Configuração de selos para arranjos 2 e 3:
FB – *face to back*, ambos os elementos rotativos orientados na mesma direção
BB – *back to back*, ambos os elementos rotativos posicionados entre as sedes fixas
FF – *face to face*, ambas as sedes fixas montadas entre os elementos flexíveis

Com relação ao modo de funcionamento:
CW – *contact wet,,* selo molhado de contato. Embora possa ser discutido quanto contato há entre as faces do selo, a situação mais comum é aquela na qual há líquido entre as faces e as faces são planas, sem nenhum artifício para aumentar a sustentação hidro ou aerodinâmica;
NC – *non-contacting*, selos projetados para funcionar sem contato entre as faces, possuem artifícios para aumento da sustentação hidro ou aerodinâmica;
CS – *containment seal*, selos projetados para contenção de vazamento no caso de falha do selo principal.
Alguns exemplos:
1CW-FL – se refere a um selo de arranjo 1 (um selo por cartucho, no qual este selo é de contato molhado (CW) e com uma bucha flutuante para limitar vazamentos em caso de acidentes (FL);
3CW-FB – selo de arranjo 3 (dois selos por cartucho, com fluido de barreira em pressão maior que o fluido selado), com arranjo *face to back*, ou seja, ambos os elementos rotativos orientados no mesmo sentido.

Existem diversos requisitos de projeto, embora a norma não trate do projeto mecânico das partes. Requisitos como tensões admissíveis, tolerâncias etc., são remetidos às normas usuais. Uma discussão de todos os requisitos da norma está além do escopo deste texto, alguns itens principais serão discutidos a seguir.

5.4.3.2 – Sede flexível rotativa *versus* sede flexível estacionária

A API 682 especifica que a sede flexível deve ser rotativa até o limite de 23 m/s. Acima desse limite, uma sede flexível estacionária é requerida. A sede flexível rotativa tem que se ajustar a eventuais irregularidades a cada volta do eixo. Com o aumento da velocidade, as forças envolvidas nesse ajuste crescem, aumentando a força requerida para manter o selo fechado, resultando em um possível prejuízo ao funcionamento do selo. Selos estacionários podem ser vantajosos no caso de diâmetros acima de 115 mm, eventuais distorções da carcaça da bomba devido ao aquecimento ou esforços de tubulações e a perpendicularidade da caixa de selagem.

Vantagens da sede flexível rotativa – Os elementos flexíveis podem ser menos susceptíveis a incrustações devido ao efeito da força centrífuga, que colabora para expulsar eventuais detritos que se alojem no selo. Além disso, a montagem normalmente é mais simples e barata;

Vantagem da sede flexível estacionária – É mais fácil manter a sede rígida centrada e alanceada, o que pode ser importante para aplicações e alta rotação. Aplicações de alta rotação são aquelas acima de 3.600 rpm.

5.4.3.3 – Pressurização interna *versus* pressurização externa

A maioria dos selos utilizados na indústria de processo são pressurizados externamente.

Vantagens da pressurização externa – O aquecimento das sedes causa uma deformação que tende a abrir os selos no diâmetro externo. A pressurização externa permite um aumento do resfriamento das faces se isso ocorrer, tornando esse tipo de construção autocompensadora. O oposto ocorre com pressurização interna. Além disso, os materiais utilizados nas faces são normalmente frágeis e possuem resistência à compressão maior do que à tração. A pressurização interna gera tensões de tração nas sedes.

Vantagens da pressurização interna – Elementos com grande diâmetro e pequena seção transversal podem sofrer instabilidade elástica (flambagem) no caso da pressurização externa. Esse tipo de problema não ocorre nos selos normalmente utilizados na indústria de processo.

5.4.3.4 – Largura da face mais dura *versus* largura da outra face

A maior parte dos selos utiliza uma maior largura para a face mais dura. Normalmente o desgaste da face mais mole é maior. Caso tenhamos uma maior largura dessa face (mais mole) esse desgaste vai dar origem a um sulco no qual a face mais dura ficará encaixada. Mudanças na posição radial das faces vão originar vazamentos consideráveis. A situação oposta tende a ser mais vantajosa, pois se a face mais dura for mais larga, o pequeno sulco causado pelo desgaste não formará um degrau de dimensões grandes o suficiente para ocasionar um grande vazamento. A Figura 5.4.10 ilustra a questão.

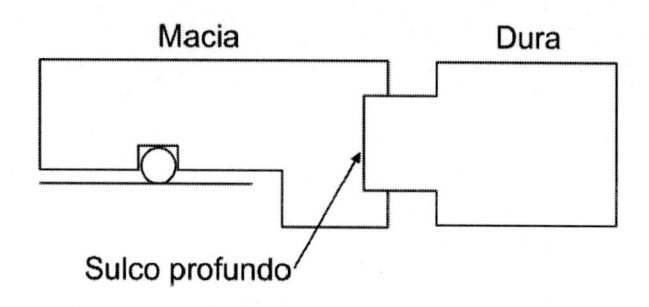

Macia   Dura

Sulco profundo
a) Face macia mais larga

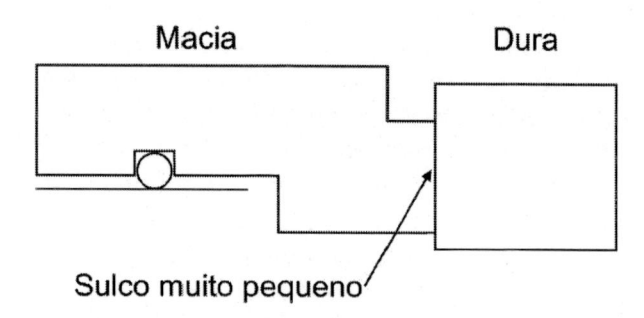

Macia   Dura

Sulco muito pequeno
b) Face macia mais estreita

Figura 5.4.10
– Ilustração do efeito de uma maior largura da face mais macia. Notar a formação de um canal na face mais macia.

5.4.3.5 – Definição da largura da interface na sede rotativa ou na sede fixa

A Figura 5.4.11 ilustra o problema. No caso da definição da largura da interface na sede fixa, como mostrado em a), o grau de balanceamento será afetado se houver alguma variação na posição radial das faces e vai variar ao redor da circunferência dos selos. A mudança do grau de balanceamento do selo vai afetar as condições de lubrificação das faces, mudando a taxa de desgaste e a geração de calor.

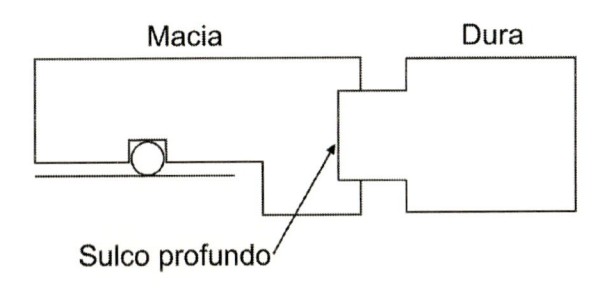

a) Face macia mais larga

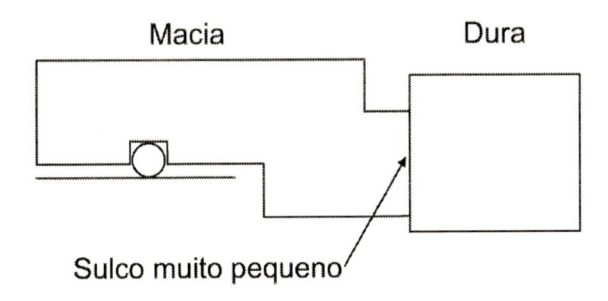

b) Face macia mais estreita

Figura 5.4.11
– Mudança do grau de balanceamento do selo no caso de definição da interface na sede fixa.

5.4.3.6 – Efeito da posição da vedação secundária dinâmica

Se o anel O da vedação secundária dinâmica estiver posicionado na luva ao invés de na sede rotativa, o momento fletor causado pela pressão que atua na sede vai variar em função da sua posição axial. Desse modo, a deflexão causada pela pressão pode variar, afetando as condições de lubrificação das faces. Esse fator pode ser importante em selos de alta pressão. A maioria dos selos mecânicos comerciais utiliza anéis O fixados na sede, não na luva.

5.4.3.7 – Projeto das vedações secundárias

Vantagens dos anéis O em relação aos foles metálicos:

a) Facilmente disponíveis em qualquer tamanho;
b) Preço reduzido;
c) Proporciona amortecimento torcional;
d) Permite grande movimento axial;
e) Suporta maiores pressões.

Desvantagens:
a) Não suporta alta temperatura;
b) Existe atrito entre o anel e a luva, o que pode dificultar a acomodação da sede aos deslocamentos axiais;
c) Dificuldade de movimentação axial devido a inchamento ou incrustação;
d) Elastômeros envelhecem devido a uma série de motivos;
e) Podem causar *fretting* na luva ou eixo;
f) Alto amortecimento e rigidez axial.

Tradicionalmente, o selo de fole metálico tem sido utilizado em aplicações de alta temperatura. A introdução de materiais especiais, como Kalrez e outros, tem estendido consideravelmente a faixa de temperaturas em que é possível aplicar vedações secundárias com anéis O. A API 682 especifica que os canais dos anéis O devem ser dimensionados para anéis de perfluorelastômero, mesmo que outros tipos de material sejam usados, devido ao maior coeficiente de dilatação do perfluorelastômero em relação aos demais. A Figura 5.4.12 mostra o diâmetro interno de um selo mecânico de molas múltiplas com um anel O. A Figura 5.4.13 mostra um selo de fole metálico.

Figura 5.4.12
– Diâmetro interno de selo multimolas com vedação secundária feita por anel O.

Figura 5.4.11
– Selo de fole metálico para alta temperatura, com vedações secundárias de grafite. As linguetas são dispositivos provisórios que visam proteger os anéis de grafite durante transporte e estocagem e facilitar o controle do aperto durante instalação.

5.4.3.8 – Molas múltiplas versus mola simples

Vantagens da mola simples – Custo baixo e projeto simples, montagem mais simples, com menor quantidade de peças e menor probabilidade de erro de montagem. É menos afetada por corrosão, uma vez que o diâmetro do fio é maior.

Vantagens das molas múltiplas – Distribuição da carga mais uniforme, utiliza molas padronizadas. É a construção mais utilizada na indústria de processo.

5.4.3.9 – Molas em contato com fluido selado versus molas protegidas

Vantagens do selo com as molas protegidas – Menor probabilidade de travamento das molas devido à sujeira, principalmente no caso de fluidos contendo sólidos em suspensão ou incrustantes.

A posição do anel O deve ser tal que o movimento causado pelo desgaste das faces leve o anel para uma região da luva que não teve contato com o fluido selado, para evitar problemas com possíveis incrustações. A Figura 5.4.12 ilustra um tipo específico de selo com molas protegidas do contato com o fluido selado.

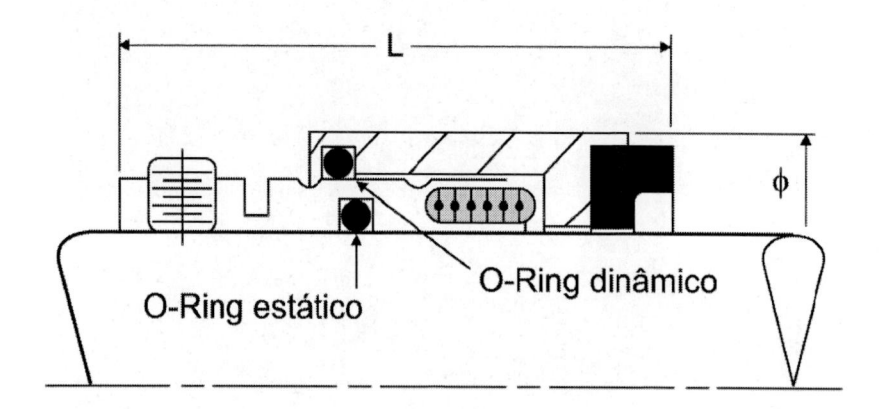

Figura 5.4.12
– Ilustração de um projeto de selo com molas protegidas do contato com o fluido selado.

5.4.3.10 – Mecanismos de transmissão de torque

A Figura 5.4.13 mostra os mecanismos mais comuns. A vantagem do entalhe arredondado é o baixo custo de fabricação. Suas principais desvantagens são a criação de uma força com componente radial que pode distorcer a sede e pode forçar a transmissão de torque através do anel O se as folgas forem grandes.

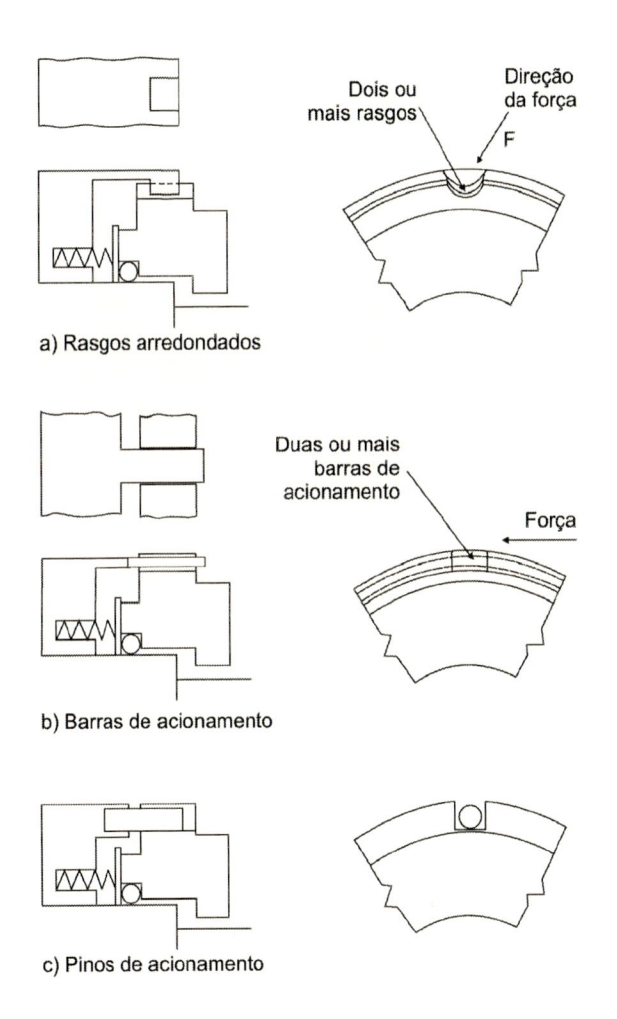

a) Rasgos arredondados

b) Barras de acionamento

c) Pinos de acionamento

Figura 5.4.13
– Ilustração de alguns mecanismos de transmissão de torque. (Lebeck, Alan: *Principles and Design of Mechanical face Seals*, John Wiley & Sons, Nova York, 1991

Barras achatadas podem ser utilizadas, tendo como principal vantagem a eliminação da componente radial. As principais desvantagens são a maior dificuldade de fabricação e a possibilidade de forçarem a transmissão de torque pelo anel O se as folgas não estiverem adequadas.

Pinos redondos têm como vantagem o baixo custo e a possibilidade da eliminação da componente radial. Pode também forçar a transmissão do torque pelo anel O no caso de folgas incorretas.

5.4.3.11 – Materiais para selos mecânicos

Uma grande variedade de materiais pode ser utilizada nas diversas partes de selos mecânicos para vários serviços. Este item contém uma breve discussão dos materiais mais utilizados nas partes mais importantes dos selos mecânicos de bombas de processo.

Os principais elementos dos selos mecânicos são as sedes primárias. A API 682 (ISO 21049) especifica os materiais das sedes da seguinte forma:

Todos os selos (exceto quando especificado em contrário) devem ter uma das sedes construídas em grafite, com tratamento para redução de atrito e desgaste e resistência química e porosidade consistentes com o serviço.

O grafite utilizado em selos mecânicos é uma mistura de carbono amorfo com grafite, sendo que a composição influencia as propriedades físicas da peça acabada. Essas peças são fabricadas começando com a mistura de diversos tipos de carvão amorfo (coque, carvão vegetal etc.) com um ligante carbonáceo (piche ou outra resina). Outros aditivos podem ser adicionados, dependendo das propriedades desejadas. Esse material é então prensado e aquecido em uma atmosfera inerte, de modo que o ligante se transforma parcialmente em carbono e evapora parcialmente. Isso deixa a peça porosa e macia, o que gera a necessidade de impregnar a peça com um impregnante líquido, o que é feito após evacuação das porosidades, feita em uma câmara de vácuo. Os impregnantes mais comuns são resinas termofixas e antimônio.

Os carvões impregnados com resina são os mais utilizados na indústria de processo, sendo capazes de operar em grande variedade de condições, cobrindo desde bases fortes até ácidos fortes. Características tais como atrito e módulo de elasticidade dentro da faixa necessária para projeto dos selos são facilmente obtidas. Carvões impregnados com antimônio são utilizados quando se deseja uma maior resistência mecânica e ao empolamento (*blistering*), a custa de uma menor resistência à corrosão (devido ao metal) e um maior custo. Tipos especiais de carvão foram desenvolvidos para trabalhar a seco, sendo, em geral, mais macios. Esses carvões costumam apresentar maior teor de grafite, em comparação com os tipos mais comuns.

O material padrão para a outra sede primária de selos de categoria 2 ou 3 é o carbeto de silício ligado por reação química (*reaction bonded*), o padrão para selos de categoria 1 é o carbeto de silício autossinterizado (*self sintered*).

Carbeto de silício é um material com características que favorecem a operação do selo: Muito estável química e termicamente, alta dureza e resistência ao desgaste, alto módulo de elasticidade e baixo coeficiente de atrito. O método tradicional de fabricação consiste em prensar partículas de SiC em uma forma adequada junto com um agente aglomerante e expor esse material à alta temperatura em atmosfera inerte, exposto a silício derretido. A reação do carbono com o silício em presença do silício derretido cria a adesão entre as partículas. Atualmente tem sido bastante utilizado o SiC autossinterizado, que consiste na exposição das partículas prensadas a temperaturas altas o suficiente para causar uma reação direta entre as partículas. A porosidade é extremamente baixa e inexistência do aglomerante faz com que a resistência à corrosão seja soberba.

As partes metálicas, com exceção de molas e foles, são normalmente construídas em aço inoxidável tipo AISI 316 ou equivalente. Molas são normalmente construídas em materiais ainda mais nobres, tais como Alloy C-276 (principalmente quando o selo utiliza múltiplas molas). Foles para selos tipo B são normalmente construídos com a mesma liga, selos tipo C utilizam foles de Alloy 718.

As vedações secundárias são construídas principalmente de elastômeros. Embora haja enorme variedade de elastômeros no mercado, alguns poucos tipos acabaram se tornando o padrão da indústria. De acordo com a API 682, vedações secundárias devem ser em FKM (fluorcarbono) até o seu limite de temperatura e compatibilidade química, utilizando-se FFKM (perfluorcarbono) em que o anterior não for adequado. Outros materiais, tais como anéis revestidos de TFE (tetraflouretileno) ou de TFE sólido, borracha nitrílica (NBR), borracha nitrílica hidrogenada (HNBR), etileno propileno/dieno (EPR/EPDM) podem também ser utilizados se houver experiência positiva com o serviço em questão e se a diferença de preço for interessante. Vedações secundárias de grafite são utilizadas para temperaturas acima do limite dos elastômeros.

Sendo temperatura a principal limitação no uso dos elastômeros, listamos abaixo o limite de temperatura recomendado pela API 682 para diversos tipos de elastômero:

FKM em serviço com hidrocarboneto: de -7 a 175 °C;
FKM em serviço com água: de -7 a 120 °C;
FFKM: de -7 a 290 °C;
NBR: de -40 a 120 °C;
Grafite: de -240 a 480 °C.

Tendo em vista que existem diversos tipos de cada um dos materiais listados, os respectivos fabricantes devem ser consultados quanto a uma aplicação específica.

Os elastômeros mais utilizados em selos mecânicos de indústria de petróleo e petroquímica são o FKM e o FFKM.

FKM (fluorelastômero) foi o primeiro elastômero comercial de alta performance, fornecido originalmente com a marca comercial "Viton". Por muitas décadas foi o elastômero com maior temperatura limite de trabalho e mais ampla faixa de compatibilidade química, sendo até hoje o elastômero "padrão" para muitos seguimentos da indústria. Fluorcarbonos são copolímeros de vinilideno e hexafluorpropileno, sendo altamente fluorados. A ligação entre o flúor e o carbono é bastante tenaz, o que resulta nas interessantes propriedades desses elastômeros. Note que as propriedades mudam bastante com o processo de fabricação. Esse elastômero costuma não ser utilizado somente para cetonas, aminas, éter de baixo peso molecular e água quente (ou vapor).

FFKM (perfluorelastômero) representam o que existe de melhor em termos de resistência química e a altas temperaturas. Sua resistência química tem sido comparada à do PTFE (também conhecido como *Teflon*), mas esses materiais não podem ser considerados exatamente iguais. Perfluorcarbonos são terpolímeros de monômeros fluorados saturados. Isso resulta em uma estrutura com teor de compostos fluorados ainda maior que a do FKM, com ainda maior resistência química. Assim como no caso do FKM, existem diversos compostos comerciais, o que pode influenciar a seleção para certa aplicação. Levando-se em conta que o FFKM normalmente é utilizado para fluidos perigosos (seja pela alta corrosividade ou pela alta temperatura), as consequências de uma falha podem ser ainda mais danosas, reforçando a necessidade de uma seleção criteriosa do composto para certo serviço. O FFKM apresenta expansão térmica bastante maior que o FKM, o que resulta na necessidade de alojamentos corretamente dimensionados (não costuma ser uma boa idéia simplesmente substituir um anel O de FKM por um de FFKM, pois os alojamentos requeridos pelo FFKM são maiores).

5.4.3.12 – Padronização de selos

Um dos fatores que colabora para aumento de confiabilidade e redução de custos de manutenção é a padronização de componentes. Os ganhos da padronização são óbvios: Menor número de componentes em estoque, maior familiaridade dos mecânicos com o componente padronizado, menores prazos para aquisição etc.

A padronização de selos mecânicos costuma trazer enormes ganhos em termos de confiabilidade principalmente para plantas antigas, que costumam ter duas características indesejáveis:

a) O projeto dos selos costuma ser ultrapassado, sendo comum encontrar características indesejáveis, tais como sedes de Ni--Resist cunhas para vedação secundária, selos não cartucho etc.
b) A variedade de tipos de selos é muito grande;

Um bom sistema de padronização deve considerar os seguintes elementos:

a) O projeto do selo padrão deve atender ao que há de mais adequado à maior parte dos serviços da planta. Então, um selo padronizado utilizará sedes balanceadas de carvão contra carbeto de silício, molas de Hastelloy protegidas do contato com o fluido selado, montagem tipo cartucho, anéis O de Viton, partes metálicas de aço inox 316 etc.
b) A norma API 682 contém requisitos específicos relacionados a padronização de selos para bombas de processo, incluindo os itens indicados acima.

5.4.4 – Projeto Hidrodinâmico e Térmico do Selo

O mecanismo de funcionamento de um selo mecânico faz com que exista contato entre as superfícies sólidas, apesar da sustentação hidrodinâmica.

A geração de calor que ocorre entre as faces do selo quando em funcionamento normal aumenta a temperatura do fluido que está em contato com o selo. Esse aumento de temperatura pode ocasionar vaporização do produto selado, especialmente no caso de hidrocarbonetos leves ou água de alimentação de caldeiras. Além disso, esse aumento de temperatura causa dilatação térmica dos componentes, o que interfere no contato entre as faces. Outro fator que influi na temperatura das faces é a transmissão de calor oriunda de fluidos bombeados em alta temperatura. Uma avaliação completa do projeto de um selo mecânico está além do escopo deste livro. A Figura 5.4.14 mostra um exemplo do resultado obtido na análise de um selo mecânico, feita com auxílio de programas de computador especializados. Os fabricantes devem ser consultados a respeito de aplicações específicas.

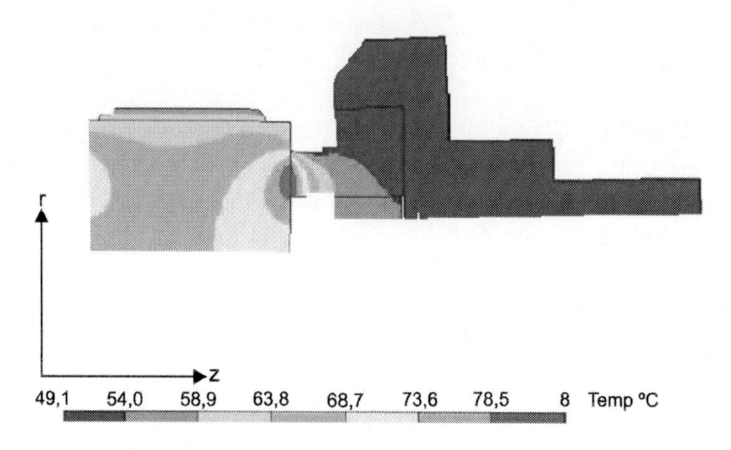

Figura 5.4.14
– Exemplo de análise completa de um selo mecânico, em que são considerados os efeitos da pressão e do calor gerado pelo atrito das faces. As linhas indicam as diferentes temperaturas em cada posição.

5.4.5 – P versus V

Calcular o produto P x V (pressão de contato *versus* velocidade periférica) de um selo é uma maneira simples e prática, apesar de um pouco imprecisa, de avaliar a severidade do serviço de um selo mecânico. Os catálogos de selos mecânicos normalmente consideram PV_t, ou seja, a pressão da caixa de selagem multiplicada pela velocidade linear. Pode também ser útil utilizar PV_n, a multiplicação da pressão de contato entre as faces pela velocidade. O primeiro parâmetro é útil para indicar a severidade de um serviço de selagem, sendo independente do projeto do selo. O segundo indica a severidade da operação do selo para os materiais das faces, dependendo das condições do serviço e do projeto do selo.

$$PV_t = P \times V$$
$$PV_n = [P \times (B-K) + P\text{ molas}] \times V$$

Em que:

P = pressão na caixa de selagem (kgf/cm2)
V = velocidade da linha de centro da face rotativa (m/s)
B = grau de balanceamento
K = fator de distribuição de pressão (normalmente igual a 0,5 para líquidos)
P molas = pressão de contato entre as faces causada pela ação das molas (kgf/cm2)

$$B = \frac{\text{Pressão na Face}}{\text{Pressão do Fluido}}$$

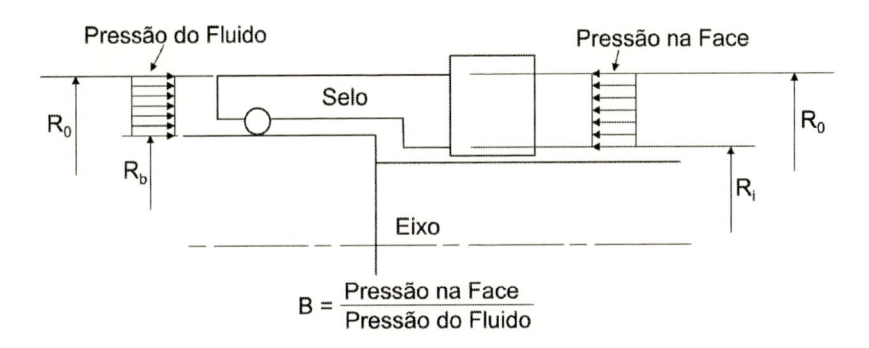

Figura 5.4.15
– Grau de balanceamento de um selo mecânico.

O cálculo da pressão de contato entre as faces é somente uma aproximação. Os limites de PV_t podem ser encontrados nos catálogos de selos fornecidos pelos fabricantes. Os limites de PV_n são encontrados na literatura.

Selos comerciais com faces de carvão contra carbeto de tungstênio ou silício utilizam PV_t até cerca de 1.000 kgf/cm2 x m/s e PV_n até cerca de 300 kgf/cm2 x m/s. No caso de faces de carvão contra cerâmica esses limites são de cerca de 650 e 200 kgf/cm2 x m/s, respectivamente.

O parâmetro K, fator de distribuição de pressão, representa a relação entre a pressão média do fluido entre as faces e a pressão do fluido selado.

5.4.6 – Sistema de Selagem

Um selo mecânico vai oferecer seu melhor desempenho se estiver trabalhando em um ambiente adequado, o que significa que a temperatura, viscosidade e pureza do fluido selado devem atender a certos requisitos. Nem sempre o produto bombeado pode ser qualificado de limpo e frio e com viscosidade adequada, o que cria a necessidade de incluir sistemas de suporte para o selo. Deste modo, o controle do ambiente onde o selo trabalha, via seleção de um plano de selagem adequado, é um fator de extrema importância para a longevidade do componente.

A seleção do plano de selagem pode ser feita com o auxílio das indicações da literatura especializada e dos fabricantes de selos. Importantes informações podem ser obtidas na referência 7.13. Atenção especial deve ser dedicada à selagem de bombas que trabalham com fluidos perigosos, tóxicos e inflamáveis.

No caso de ser utilizado fluido de selagem diferente do fluido bombeado, as seguintes características devem ser buscadas:

a) Compatibilidade com o fluido bombeado, não causando reações indesejáveis, como formação de borra, vaporização etc.
b) Compatibilidade com os materiais do selo, evitando corrosão das partes metálicas e degradação dos elastômeros. Essa compatibilidade deve ser verificada na temperatura de operação;
c) Caso a pressão seja acima de 10 kgf/cm^2 e seja usado um gás para pressurização, a solubilidade do gás deve ser verificada, para evitar risco de formação de espuma quando da despressurização do fluido;
d) A volatilidade e toxicidade devem ser tais que vazamentos para a atmosfera não representem riscos;
e) Para serviços acima de 10°C, hidrocarbonetos com viscosidade abaixo de 100 cSt @ 38°C e entre 1 e 10 cSt @ 100°C foram utilizados com sucesso. Para temperaturas abaxi de 10°C a viscosidade @ 38°C deve ser entre 5 e 40 cSt;
f) Água é um excelente fluido de barreira, quando compatível com o processo. Se houver necessidade de operação em temperaturas abaixo de 0°C, etileno ou propileno glicol devem ser utilizados como anticongelante, notando-se que esses aditivos podem ser considerados fluidos perigosos em alguns lugares;
g) O ponto inicial de ebulição deve ser pelo menos 28°C acima da temperatura máxima de utilização;
h) Ponto de fulgor deve ser mais alto que a temperatura de trabalho

Não existe um critério normativo para o teor de sólidos que caracteriza um produto "sujo". Também não existe informação objetiva sobre o quanto podemos admitir de cristalização ou polimerização do produto selado. Um critério razoável é considerar "sujo" os fluidos que tenham mais de 100 ppm de sólidos, embora nem sempre seja possível obter fluidos com essa pureza na indústria e exista uma enorme quantidade de selos operando satisfatoriamente com produtos mais sujos.

A importância da correta escolha do sistema de selagem pode ser entendida com o seguinte exemplo: uma bomba de alimentação de caldeira, auto selada e operando com água acima de 80°C, apresentava vazamentos constante. A lubricidade desse fluido é muito ruim, o que leva a um desgaste rápido das faces de vedação. Além disso, como a água tem contato com o selo em temperatura próxima da de ebulição na pressão atmosférica, não é incomum a ocorrência de vaporização do líquido entre as faces, o que colabora para reduzir ainda mais a vida do selo.

A modificação do plano de selagem para API 23, em que existe uma circulação do fluido que está em contato com o selo por meio de um resfriador, permite uma operação muito melhor do selo, já que a água fica em temperatura próxima da ambiente. As Figuras 5.4.16 e 5.4.17 mostram a bomba referida, antes e depois da modificação citada. Deve ser observado que o plano API 23 permite utilizar um trocador de calor e uma vazão de água muito menor que no plano 21, onde a água é recirculada da descarga para a câmara de selagem, por meio de um resfriador. Isso se deve à menor vazão de água necessária no plano 23.

Figura 5.4.16
– Bomba de alimentação de caldeira, mostrando vazamento devido à utilização do plano de selagem inadequado.

5.4.7 – Analisando Falhas de Selos Mecânicos

Um selo mecânico em operação normal vai apresentar um pequeno e normalmente imperceptível vazamento. Uma falha de selo mecânico acontece quando esse vazamento normal (que só pode ser detectado com auxílio de instrumentos) atinge níveis intoleráveis.

O quanto o vazamento tem que crescer antes de ser considerado intolerável é uma questão que tem diversas respostas, dependendo do tipo de fluido (toxicidade e flamabilidade), do tipo de instalação, das normas ambientais vigentes no local, dos operadores de um turno específico, da nossa necessidade de manter a bomba em operação. Essa questão não será tratada aqui.

O modo de falha que controla a vida útil de um selo mecânico é o desgaste da extremidade da sede mais macia. Essa extremidade pode admitir um desgaste de alguns milímetros, se esse for uniforme o suficiente para não causar vazamentos. O desgaste é causado pelo contato sólido inevitável na maior parte dos selos. Falhas por desgaste são controladas por mecanismos complexos, o que torna uma previsão da durabilidade do selo bastante difícil.

Figura 5.4.17
– Bomba operando com plano API 23.

Considera-se que uma falha de um selo mecânico foi uma ocorrência anormal, isso é, ocorreu antes do fim da sua vida útil, toda vez que o mecanismo de falha for diferente do citado acima.

Além dos dados listados no Capítulo 2, os seguintes dados devem ser obtidos para uma análise adequada da falha:

a) Projeto do selo, com desenho e materiais;
b) Rotação e diâmetro do eixo e do selo;
c) Pressão e temperatura reinantes na caixa de selagem;
d) Fluxograma do sistema no qual a bomba está instalada, incluindo sistemas de injeção para o selo;
e) Características do fluido bombeado e do fluido de selagem, como viscosidade na temperatura de operação, teor e tipo de sólidos, pressão de vapor na temperatura de operação.

5.4.8 – Marcas de Trabalho nas Faces

Assim com no caso dos rolamentos, é interessante conhecer as marcas de trabalho produzidas nas faces do selo em situação normal. As marcas de trabalho em um selo que operou em condições adequadas são uniformes em toda a volta. Pouco ou nenhum sinal de desgaste pode ser observado nas duas faces, que normalmente ficarão mais polidas do que quando novas. A Figura 5.4.18 mostra uma sede de carbeto de silício com marcas de trabalho uniformes e suaves.

Figura 5.4.18
– Sede de carbeto de silício com marcas de trabalho normais. Notar que o desgaste foi suficiente para polir a face somente.

Selos que apresentam as marcas de trabalho como as mostradas acima terão, muito provavelmente, vida bastante longa, uma vez que essa aparência indica condições de lubrificação e de interação mecânica adequada dos componentes.

5.4.9 – Mecanismos e Causas de Falhas de Selos

As causas mais comuns são:

a) Manuseio inadequado das peças do selo – As faces de vedação são peças de precisão, muitas vezes fabricadas com materiais frágeis. Arranhões e lascamento devem ser evitados. Limpeza também é muito importante;
b) Montagem incorreta, tanto na posição das peças quanto na pré--carga do selo;
c) Projeto inadequado pode propiciar desgaste por trabalhar com PV (pressão x velocidade periférica) muito alto, corrosão etc.

d) Operação inadequada da bomba, como desregulagem da pressão da injeção, procedimento de partida incorreto etc.;
e) Contaminações do fluido selado podem erodir ou travar um selo;
f) Más condições do equipamento em que o selo está instalado podem causar falhas, devido à vibração elevada, *run-out* axial ou radial elevado etc.

Os modos de falha de selos mecânicos podem ser englobados em três categorias:

a) Ataque químico, como corrosão das partes metálicas, inchamento dos elastômeros;
b) Dano mecânico, como desgaste das faces, cortes nos anéis O, fraturas das faces etc.;
c) Dano térmico, como *heat-checking* da face, choque térmico, fragilização dos anéis O.

5.4.10 – Corrosão dos Componentes do Selo

Os componentes metálicos estão sujeitos a mecanismos de corrosão bem conhecidos, devendo ser analisados de acordo. Alguns problemas específicos de componentes de selos mecânicos serão analisados aqui.

5.4.10.1 – *Faces de vedação*

As faces do selo devem ser completamente inertes ao fluido. Mesmo minúsculas taxas de corrosão vão diminuir consideravelmente a vida do selo, já que existe também desgaste por abrasão. O par carvão com resina fenólica x carbeto de silício é inerte para a maioria dos fluídos encontrados em indústrias químicas, exceto no caso em que haja fluidos com corrosividade excepcionalmente alta, como, por exemplo, em uma unidade de alcoilação com ácido fluorídrico, em que deve ser utilizado carvão impregnado com Teflon e carbeto de silício com sinterização alfa. A Figura 5.4.19 mostra uma peça de carvão que foi exposta a hidrocarbonetos contendo ácido fluorídrico devido a uma falha de montagem. A Figura 5.4.120 mostra outra sede de carvão com sinais de corrosão, essa por ter sido exposta à água contendo compostos de enxofre e cianetos. A causa dessa segunda falha foi uma deficiência no sistema de injeção de água de selagem, que deveria impedir o contato da água contaminada com o selo. Uma estratégia melhor teria sido instalar um componente cuja resistência à corrosão fosse suficiente para operação sem fluidos auxiliares.

Figura 5.4.19
– Sede de carvão severamente corroída. Peça fabricada em grafite impregnado com resina fenólica utilizada por engano em serviço com ácido fluorídrico.

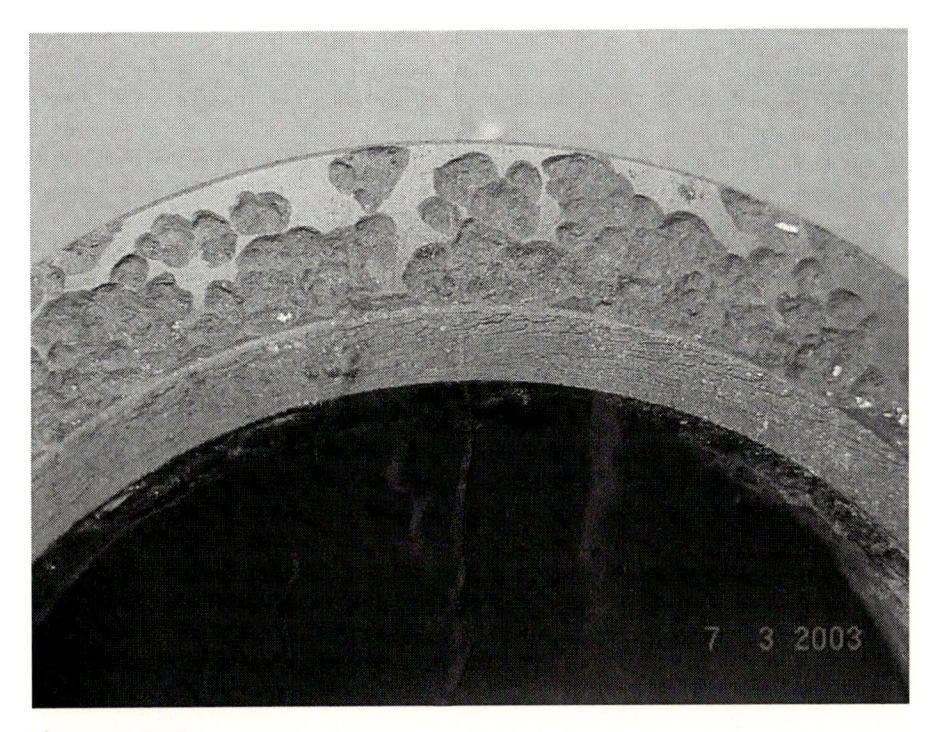

Figura 5.4.20
– Outro exemplo de corrosão da sede rotativa de um selo mecânico.

5.4.10.2 – *Vedações secundárias*

Diversos mecanismos de ataque químico podem afetar as vedações secundárias, caso elas sejam anéis O elastoméricos. Vedações secundárias feitas com grafite são inertes em quase todos os fluidos encontrados em indústria químicas.

Inchamento do anel pode ocorrer se houver absorção de fluido no interior do elastômero. Esse inchamento se manifesta por um aumento da seção transversal do anel e pode causar travamento da sede rotativa, extrusão do anel, distorção das sedes. A constatação do problema pode ser feita comparando-se às dimensões do anel inchado com as de catálogo para um anel similar.

Considera-se, em geral, que um inchamento de cerca de 50%, em volume, é admissível para as vedações estáticas. Vedações dinâmicas, no entanto, não terão um bom desempenho se o inchamento for maior que cerca de 15% a 20%.

Um projeto de selo com vedações secundárias de Viton ou Kalrez praticamente elimina os problemas citados nos serviços usuais em refinarias e petroquímicas. Um teste prático para diferenciar um anel O de Viton ou Kalrez dos demais é colocar o anel sobre uma bancada rígida e desferir um leve golpe com escleroscópio sobre o anel. O rebote do escleroscópio será significativamente menor no caso do Viton e Kalrez do que no caso de outras borrachas. A razão física para esse comportamento é o amortecimento interno muito maior desses elastômeros.

A Figura 5.4.21 mostra um anel O que inchou devido ao contato com gasóleo. Um anel de material inadequado foi instalado por engano. A Figura 5.4.18 mostra a fratura da sede de carvão, que ocorreu como consequência do inchamento do anel O.

Figura 5.4.21
– Ilustração do inchamento de um anel O, devido à sua exposição a um produto incompatível. O anel menor indica o diâmetro original.

ANÁLISE DE FALHAS DE MÁQUINAS 233

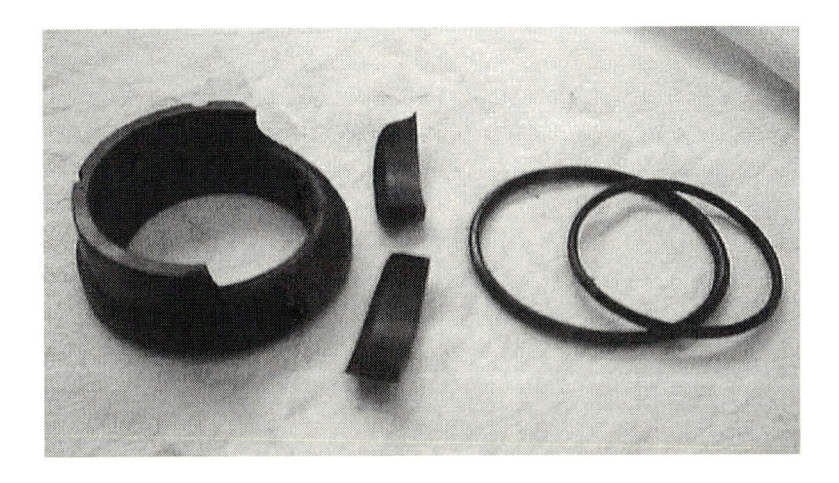

Figura 5.4.22
– Sede de carvão quebrada em função do inchamento do anel O. O anel que inchou tinha especificação incorreta, devido a uma falha de manutenção.

Um ataque químico do elastômero pode ocorrer em condições especiais e causar uma falha do selo. A Figura 5.4.23 mostra um anel O atacado quimicamente pelo fluido selado, em virtude de uma aplicação incorreta.

Figura 5.4.23
– Anel O atacado quimicamente devido ao contato com fluido incompatível.

Fretting das peças metálicas em contato com o anel pode ocorrer em caso de desalinhamento das peças que provoque movimento do anel. Ver item específico sobre *fretting*. Selos com vedações secundárias dinâmicas feitas de Teflon têm muito maior chance de sofrer com esse problema que os que utilizam Viton ou Kalrez, já que o Teflon é rígido e não absorve os pequenos desalinhamentos, inevitáveis na montagem das peças.

5.4.11 – Danos mecânicos

Danos mecânicos nas faces do selo podem advir de desgaste por deslizamento ou abrasão, fratura, distorção ou lascamento. Danos na vedação secundária podem ser cortes, arranhões. O mecanismo do selo pode ficar travado por causa de incrustações de contaminantes. Alguns problemas típicos serão analisados a seguir.

5.4.11.1 – Desgaste das faces

O mecanismo de desgaste normal dos selos mecânicos será o corte dos pontos altos da face mais macia pelos pontos altos da face mais dura. Os materiais utilizados nas faces de selos mecânicos não são soldáveis, o que faz com que não haja adesão. Não há partículas duras, o que resulta na inexistência de abrasão, sendo o acabamento das faces gastas bastante liso. A Figura 5.4.24 mostra duas sedes de um selo mecânico que estava em contato com propano. Pode ser observado que houve um desgaste acentuado, mas a superfície permaneceu bastante lisa.

Figura 5.4.24
– Face de um selo que trabalhou por cerca de 18 meses em uma bomba de propano. Pode ser observado que o desgaste foi maior que o ressalto existente (~3mm), o que significa que o selo atingiu o fim da sua vida útil. Embora tenha havido grande desgaste, este selo não apresentou vazamento.

Normalmente não é muito fácil identificar corretamente os mecanismos de desgastes de sedes de selos mecânicos, mas algumas características gerais podem ser definidas:

a) Conforme mencionado anteriormente, quase sempre haverá contato sólido entre as faces. A parcela da carga axial que será suportada pelo filme de fluido depende nas condições específicas do selo e do serviço. Como regra geral, podemos dizer que fluidos de baixa viscosidade apresentam baixa lubricidade, o que resulta em maior contato sólido. Essa característica faz com que selos que trabalham com GLP apresentem desgaste mais rápido do que selos de querosene, por exemplo. Água acima de 80ºC também apresenta baixa lubricidade;
b) Desgaste abrasivo das faces pode ser causado por partículas duras suspensas no fluido bombeado. Uma face de selo mecânico que sofreu desgaste abrasivo pode apresentar uma série de sulcos concêntricos, como pode ser visto na Figura 5.4.25;
c) Erosão pode ser encontrada nas sedes dos selos, mas normalmente não acontecerá nas faces de vedação. Uma ocorrência comum é erosão das superfícies cilíndricas do selo devido à incidência de jatos de fluidos em alta velocidade contendo partículas duras, como mostrado na Figura 5.4.27.

Figura 5.4.25
– Sede fixa em carbeto de silício mostrando desgaste por abrasão devido à presença de sólidos no fluido de selagem. Notar sulcos concêntricos.

Figura 5.4.26

Muitas instalações possuem filtros de linha na entrada de líquido de selagem, visando filtrar o fluido e evitar abrasão. Esse tipo de filtro não deve ser utilizado, por duas razões:
a) A abertura da tela é normalmente em torno de 0,5 mm, tamanho que permite a passagem de partículas que vão abradir a face do selo;
b) A área de passagem é normalmente muito pequena, o que faz com que seja fácil a ocorrência de entupimentos e interrupção no resfriamento do selo.

Figura 5.4.27
– Sede de selo mecânico erodida por jato de fluido em alta velocidade. O jato era oriundo de um orifício de restrição instalado na sobreposta.

5.4.11.2 – Fraturas de Faces

As fraturas em componentes de selos mecânicos podem ser causadas por uma variedade de fatores:

a) Manuseio inadequado dos componentes, o que dispensa maiores comentários;
b) Choques térmicos podem resultar em fraturas. Os gradientes de temperatura que ocorrem em situações como essa resultam na formação de expressivas tensões térmicas, o que causa fraturas das faces. O alto módulo de elasticidade dos materiais utilizados para a confecção de sedes de selos mecânicos é parcialmente responsável por isso. Esse evento pode ser causado por alimentação irregular de fluido de injeção ou de barreira ou por faces com carregamento muito alto (PV acima do limite do material). A Figura 5.4.28 mostra uma sede metálica com trincas causadas por excessiva geração de calor devido ao atrito entre as faces, já a Figura 5.4.29 mostra uma sede de carbeto de silício que trincou devido a um choque térmico. Esse choque térmico foi causado por uma falha de operação, que foi a partida da bomba com o sistema de selagem bloqueado. A abertura posterior da circulação de fluido de barreira causou um resfriamento brusco;

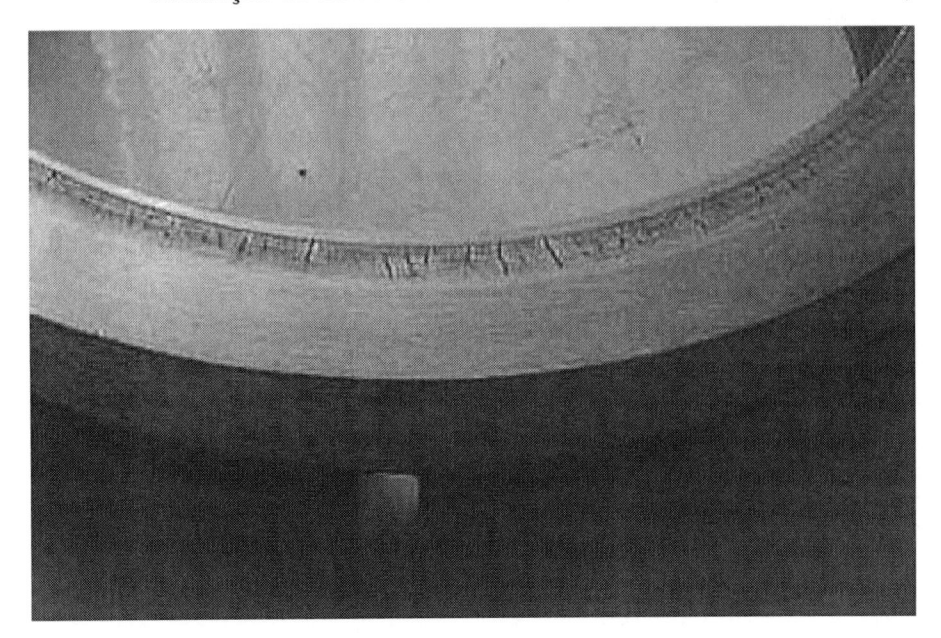

Figura 5.4.28
– Sede fixa de selo mecânico com trincas radias devido a uma falha de projeto (P x V muito elevado).

Figura 5.4.29
– Sede de carbeto de silício quebrada devido a choque térmico.

Impactos mecânicos podem ter causas diversas, tais como más condições da bomba ou problemas operacionais que resultem em vibração elevada, como cavitação. Eixos com alto *run-out* ou descentralizados podem danificar o selo. A marca de trabalho vai mostrar uma área de contato mais larga em uma das faces, sinais de atrito com o eixo podem estar presentes. Outras deficiências na bomba podem reduzir a vida do selo, tais como guias folgadas, face da caixa de gaxetas não perpendicular ao eixo etc. A Figura 5.4.30 mostra uma sede de carvão fraturada devido à cavitação da bomba. A alta vibração causou o impacto do selo contra o interior da caixa de selagem. A Figura 5.4.31 mostra uma sede de carbeto de tungstênio danificada devido ao conto com a luva do eixo. Esse contato foi possível devido a um problema com os mancais da bomba.

Figura 5.4.30
– Carvão de selo mecânico quebrado devido a impacto com a sobreposta, causado por cavitação severa.

Figura 5.4.31
– Sede fixa danificada pelo contato com o eixo, em função de problemas mecânicos com a bomba

c) Torque de acionamento excessivo ou oscilante pode resultar em fraturas. As causas desses problemas podem ser: fluido muito viscoso ou condições de lubrificação inadequadas e variáveis. A segunda condição é encontrada com uma certa frequência em selos de água quente, em que a vaporização ocasional do fluido existente entre as faces causa grandes variações no coeficiente de atrito. Esse fenômeno é conhecido como *slip-stick*. A Figura 5.4.32 mostra uma sede de carvão que sofreu fraturas devido aos impactos contra o estojo. Esses impactos foram causados pelas variações bruscas de torque causadas, por sua vez, pelas variações do coeficiente de atrito gerado pela vaporização da água entre as faces do selo. A instalação de um plano de selagem 23, com anel bombeador e resfriador, permitiu que a água em contato com o selo ficasse em temperatura mais baixa, o que resolveu o problema.

Figura 5.4.32
– Carvão de selo mecânico de bomba de água de caldeira. Notar danos causados pela oscilação do torque (*slip-stick*).

5.4.11.3 – Distorção das faces

Distorção das faces do selo pode, ou não, danificar o selo. Mesmo quando a distorção não é suficiente para causar fraturas, ela será causa de um aumento do vazamento, já que a abertura entre as faces pode aumentar.

A distorção das faces pode, normalmente, ser evidenciada pela observação de marcas de trabalho não uniformes. As causas mais frequentes de distorção são:
a) Resfriamento desigual ou remoção de calor ineficiente da interface. O mecanismo da distorção é expansão térmica desigual entre as diversas partes dos anéis de vedação. No caso de sobreaquecimento da interface, haverá distorção que pode resultar em operação com contato de somente uma parte das faces. Lascamento da borda pode ser observado em alguns casos. A Figura 5.4.33 mostra uma sede de carvão com marcas de trabalho irregulares e lascamento da borda na região do diâmetro interno, causados pela dilatação térmica;

Figura 5.4.33
– Carvão de selo mecânico sujeito a distorção térmica em função de defeito no projeto do sistema de selagem.

b) Pressão muito alta do fluido selado pode causar deformação elástica das sedes. Como a maior parte dos selos é pressurizada externamente, a deformação será no sentido de restringir o contato à região externa. A aparência da face será similar ao caso anterior, com as marcas de trabalho na região externa, conforme ilustrado na Figura 5.4.34;

c) Cargas irregulares também vão resultar em distorção. As cargas irregulares podem advir de problemas de montagem mecânica ou alguma deficiência do mecanismo de transmissão de torque. Um exemplo é mostrado na Figura 5.4.35.

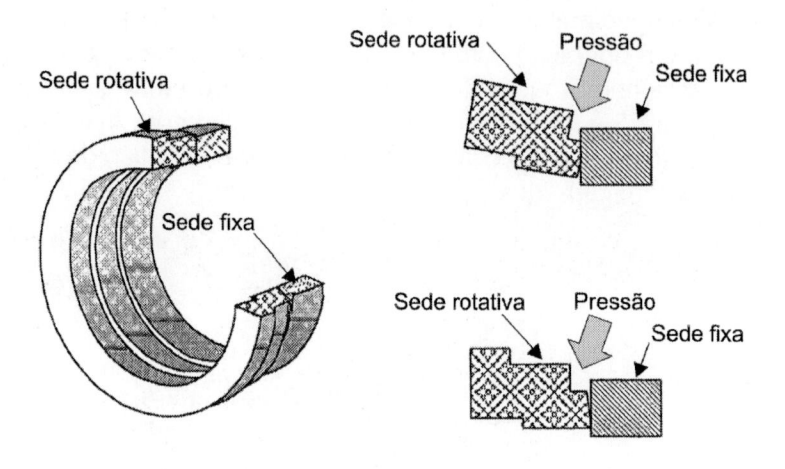

Figura 5.4.34
– Esquema da distorção por excesso de pressão.

Figura 5.4.35
– Carvão de selo mecânico distorcido mecanicamente. Notar polimento na região do dispositivo de transmissão de torque. O aquecimento excessivo gerado pela distorção resultou em uma trinca.

5.4.11.4 – Travamento do selo

Eventuais depósitos de produtos incrustantes na região das molas ou do fole e entre a sede rotativa e a luva impede o livre movimento axial do selo e podem causar vazamentos. A melhor maneira de evitar esse problema é utilizar um selo menos sensível à deposição ou injetar um fluido de selagem que não tenha essa característica.

Um projeto interessante foi mostrado na Figura 5.4.12. Trata-se de um selo mecânico que tem as molas protegidas do contato com o fluido selado, o que reduz sensivelmente a probabilidade de problemas desse tipo.

Selos de fole metálico devem ser montados de modo a não permitir o contato de fluidos sujos ou incrustantes com a região interna do fole, para evitar acumulação de sujidades. O fole deve ser rotativo para permitir que a força centrífuga atue no sentido de remover eventuais depósitos da sua superfície. A Figura 5.4.36 mostra um exemplo de selo de fole metálico que vazou devido às incrustações na região do diâmetro interno.

5.4.11.5 – Cortes dos anéis O

Sendo feitos de elastômeros, os anéis O podem ser facilmente danificados. Uma situação bastante comum é o corte dos anéis causado pelo seu esmagamento contra regiões nas quais existem cantos vivos. Isso pode ocorrer durante a montagem ou desmontagem do selo, sendo menos frequente em operação normal. A Figura 5.4.37 mostra um exemplo.

Figura 5.4.36
– Fole de selo mecânico com grande depósito de sujeira proveniente do contato da sua região interna com fluido polimerizável.

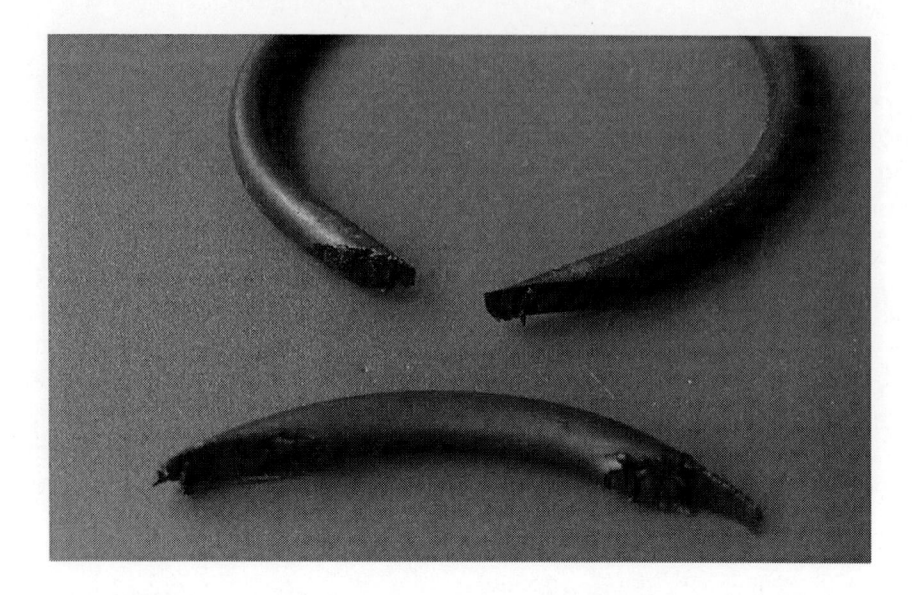

Figura 5.4.37
– Anel O danificado devido ao corte causado pelo seu esmagamento contra um canto vivo.

5.4.11.6 – Desalinhamento do selo

Se a sede estacionária não estiver perpendicular ao eixo, a sede flexível rotativa vai se mover axialmente a cada volta do eixo para se adaptar à posição da sede fixa. Esse movimento alternativo da sede rotativa pode causar desgaste excessivo do mecanismo de transmissão de torque. A Figura 5.4.38 mostra uma sede de carvão com desgaste acentuado na região do mecanismo de transmissão de torque devido ao desalinhamento. O mecanismo de transmissão de torque de um selo instalado em uma bomba que gira a 3.550 rpm e que tenha um erro de perpendicularidade de 0,2 mm sofre um deslocamento acumulado de cerca de 2 km por dia, em relação às demais peças. A API 610 (ISSO 13709) especifica que as tolerâncias para a concentricidade é de 125 mm (5 mils) e que a tolerância para o *run-out* deve ser de 0,5 mm/m (5 mil/in) de diâmetro da caixa de selagem.

ANÁLISE DE FALHAS DE MÁQUINAS 245

Figura 5.4.38
– Carvão com desgaste no dispositivo de transmissão de torque devido a desalinhamento da sede fixa.

Figura 5.4.39

5.4.12 – Danos Térmicos

Além da possibilidade de choque térmico, altas temperaturas podem afetar o selo de duas outras maneiras principais:

a) Faces de carvão são bastante resistentes aos choques térmicos, porém podem sofrer falhas por explosões localizadas (*blistering*) no caso de um aquecimento muito rápido. Esse *blistering* é consequência da evaporação rápida da resina usada para aglomeração do carvão, formando um ponto mais alto que será aquecido mais intensamente antes da perda de material e formação da cratera;

b) As vedações secundárias do selo podem ser danificadas por excesso de temperatura devido à geração de calor das faces ou por operar em um meio muito quente. Os anéis O de Viton e Kalrez são danificados pela alta temperatura e ficam endurecidos. Essa perda de flexibilidade causa deformação do anel (*thermal setting*) e trincas. O limite de temperatura do dos elastômeros mais utilizados costuma ser de cerca de 200°C, com alguns poucos compostos especiais tendo limites superiores a este. Deve-se, ainda, ter o cuidado para não confundir falhas por alta temperatura com corrosão do elastômero.

O efeito da alta temperatura sobre os elastômeros é a aceleração do seu envelhecimento, o que é observado pelo endurecimento do anel. A perda de flexibilidade faz com que o anel perca a capacidade de se acomodar às irregularidades superficiais e que fique quebradiço. A Figura 5.4.40 mostra um exemplo de anel O que endureceu devido à exposição a temperaturas mais altas do que a admissível.

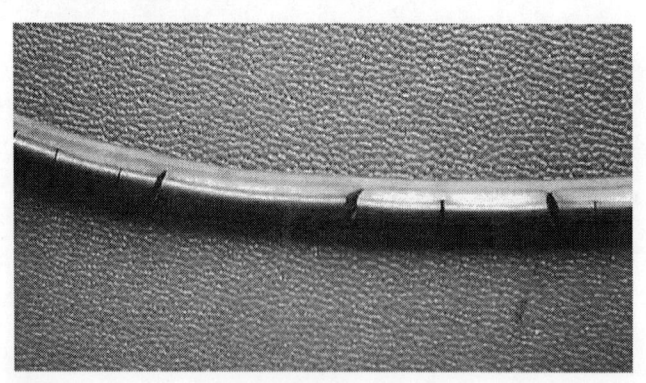

Figura 5.4.40
– Anel O danificado pela exposição à alta temperatura.

5.4.13 – Deficiências de projeto e fabricação

Falhas no projeto de selos mecânicos são tão variadas quanto os projetos em si. Os itens anteriores mostram algumas informações a respeito. Considera-se que a causa de uma falha foi uma deficiência de projeto quando uma certa característica do projeto tem um papel preponderante no defeito. Alguns exemplos:

a) Arranjo inadequado do selo;
b) Utilização de plano de selagem inadequado para o serviço;
c) Detalhes de projeto inadequados a qualquer tipo de serviço, tais como cunhas de Teflon, sedes insertadas etc.

A Figura 5.4.41 mostra um exemplo de sede rotativa que tem a face de carbeto de tungstênio insertada. O deslocamento da face causa vazamentos. A Figura 5.4.24 mostra uma luva que sofreu *fretting* devido à existência de uma cunha de Teflon. A rigidez desse material impede que ele absorva eventuais movimentos axiais. Essa situação, que configura uma deficiência de projeto, não deve ser confundida com a situação mostrada na Figura 5.4.43, em que é possível observar o desgaste devido ao *fretting* em uma luva de eixo cujo selo utilizava um anel O para vedação secundária. Nesse segundo caso, o desalinhamento era grande o suficiente para fazer com que o anel O não fosse capaz de absorvê-lo.

Figura 5.4.41
– Sede com inserto de carbeto de tungstênio

Figura 5.4.42
– Luva de selo com *fretting* causado pela cunha de Teflon. Anéis O elastoméricos são menos rígidos e podem absorver pequenos movimentos axiais sem deslizar sobre a luva. O Teflon é rígido e desliza sempre.

Figura 5.4.43
– Luva de selo mecânico com *fretting* causado pelo desalinhamento excessivo. A vedação secundária era feita com um anel de Viton. Notar que o desgaste ocorreu em uma região revestida com Cromo.

Deficiências de fabricação são eventos raros em selos mecânicos, estando normalmente ligadas a:

a) Utilização de materiais diferentes do projeto, o que pode permitir a corrosão de um componente, por exemplo;
b) Falhas na planicidade das faces, o que pode ser causa de vazamentos. Esse problema pode ser resolvido testando-se a vedação de todos os selos novos;
c) Utilização de materiais com coeficientes de dilatação diferentes pode levar à ocorrência de trincas devido às dilatações térmicas diferenciais.

5.4.14 – Selos para Compressores Centrífugos

Assim como no caso das bombas, compressores centrífugos requerem selagem na região em que o eixo penetra na carcaça. A API 617 especifica que os selos devem prover restrição ou prevenir vazamento de gás de processo para a atmosfera ou vazamento de fluido de selagem para o processo em qualquer condição de operação especificada, incluindo partida e parada da máquina.

Vários tipos de selos podem ser utilizados com essa finalidade. Esses são normalmente divididos em três tipos:

a) Selos com folgas, que podem ser labirintos ou uma bucha de carvão;
b) Selos a óleo, incluindo selos mecânicos de contato e selos de anéis flutuantes. Esses tipos utilizam um líquido auxiliar para proporcionar um filme de fluido entre as faces do selo;
c) Selos secos a gás, que utilizam um gás para proporcionar um filme de fluido através das faces.

5.4.14.1 – Selos com folgas

Labirintos e anéis de carvão podem ser utilizados para pressões baixas e moderadas quando um pequeno vazamento para a atmosfera pode ser tolerado. Esses tipos de selos são utilizados para vedação do eixo de compressores de ar, por exemplo.

O vazamento através de um labirinto se torna restrito pela expansão do gás na região entre as lâminas, a qual cria uma perda de carga muito maior que uma passagem reta com a mesma folga. O vazamento diminui com a redução da folga entre o labirinto e o eixo.

Diversos projetos diferentes foram introduzidos para resolver problemas específicos, como, por exemplo, o labirinto com injeção intermediária de um gás separação, para evitar vazamento de gás de processo para a atmosfera ou vice-versa, no caso de serviços subatmosféricos, ou ainda labirintos de materiais abrasíveis, que podem operar com folgas virtualmente nulas.

O segundo tipo de selo com folga é a bucha de carvão, que consiste em uma série de anéis de carvão montados em uma peça que os retém. Esse tipo de selo pode operar com folgas menores que o labirinto típico devido ao reduzido coeficiente de atrito proporcionado pelo material do anel. Alguns tipos de anéis de carvão são projetados para trabalhar em contato contínuo com o eixo, como é o caso dos anéis de carvão utilizados em alguns tipos de turbina a vapor. A Figura 5.4.44 mostra um selo com anéis de carvão de um compressor de ar com engrenagem integral (API 672). Assim como no caso dos labirintos, a superfície de vedação é cilíndrica.

Figura 5.4.44
– Anéis de carvão do selo de um compressor de ar.

Do ponto vista dos compressores de processo, selos com folgas são menos importantes do que os selos a óleo e selos secos. A discussão será focada nesses dois tipos.

5.4.14.2 – Selos de contato mecânico a óleo

Um selo mecânico para compressor é na verdade um selo similar aos de bombas, lubrificado por óleo. O mecanismo de funcionamento e demais considerações são conforme discutido no início do capítulo, embora os detalhes de projeto sejam ligeiramente diferentes. Esse tipo de selo pode operar com vazamento muito pequeno, embora seja dependente do filme de líquido para lubrificação, sendo destruído rapidamente em caso de falha da lubrificação. Alguns selos são providos de um anel intermediário, girando aproximadamente na metade da rotação do eixo. O elemento flexível é geralmente estacionário, devido às altas velocidades envolvidas. A Figura 5.4.45 mostra um esquema de um selo mecânico para compressor, mostrando um projeto com um anel intermediário para reduzir a velocidade relativa entre as faces.

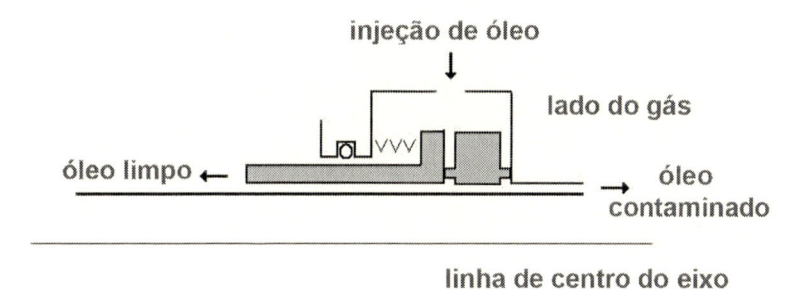

Figura 5.4.45
– Um selo mecânico

O fluido injetado no selo normalmente é um óleo de turbina, fornecido em uma pressão ligeiramente superior à pressão do gás. Um pequeno vazamento de óleo fica contaminado pelo gás e deve ser separado para tratamento ou descarte. O óleo que flui para o lado atmosférico é normalmente enviado diretamente para o reservatório e reutilizado. É possível utilizar diversas combinações de sistema de selagem e de lubrificação, combinados ou separados. Esse tipo de selo pode funcionar como um pequeno mancal, o que pode influenciar o comportamento rotodinâmico do equipamento.

O outro tipo de selo de compressor que utiliza um líquido auxiliar é o selo de anéis flutuantes. Esse tipo de selo costumava ser a escolha mais popular antes do advento dos selos secos. A maior vantagem do selo de anéis flutuantes é a sua capacidade de trabalhar em altas pressões e grandes velocidades, até hoje não ultrapassadas por nenhum outro tipo. A maior desvantagem é o maior custo, representado pela necessidade de um sistema de óleo dedicado, especialmente para serviços com gases perigosos.

O princípio de operação se baseia na manutenção de um filme de óleo entre o eixo e o diâmetro interno do anel. A perda de carga gerada pelo movimento do óleo que vasa mantém o gás contido dentro do compressor, se o suprimento de óleo não for interrompido. A superfície interna do anel é revestida com metal patente para evitar danos ao eixo e o óleo é injetado em pressão ligeiramente superior à do gás.

Assim como no caso anterior, existe vazamento de óleo para o lado atmosférico e para dentro do compressor. O óleo que vaza para a atmosfera é simplesmente recolhido e reaproveitado. O óleo que vaza para dentro do compressor deve ser recolhido e tratado. O diferencial de pressão é cuidadosamente controlado para reduzir o vazamento de óleo para dentro do compressor. A Figura 5.4.46 ilustra esquematicamente um selo de anéis flutuantes. Note que a folga do lado do gás é menor que a do lado da atmosfera, para reduzir a geração de óleo contaminado.

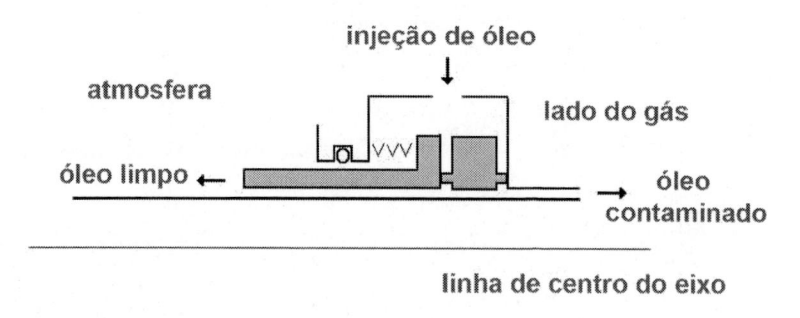

Figura 5.4.46
– Esquema de um selo de anéis flutuantes.

A Figura 5.4.47 mostra um selo de anéis flutuantes. Nesse projeto em particular, um anel cônico gera uma ação de bombeamento do óleo em sentido inverso ao do vazamento, devido à força centrífuga. Essa ação reduz o vazamento de óleo para dentro do compressor.

Figura 4.4.47
– Selo de anéis flutuantes. Os anéis maiores são afixados na carcaça do compressor e não giram. As outras partes giram junto com o eixo.

Esse tipo de selo pode influenciar o comportamento rotodinâmico do compressor de forma acentuada, já que existem áreas relativamente grandes que podem funcionar como mancais e produzir forças radiais e tangenciais apreciáveis. Essa influência costuma ser observada na forma de uma mudança da velocidade crítica do eixo, acontecendo principalmente quando um ou ambos os anéis ficam travados em uma posição radial, perdendo a capacidade de se mover junto com o eixo.

Uma situação relativamente comum é o travamento do anel do lado atmosférico na tampa da caixa de selagem. Isso pode acontecer por várias razões:

a) Atrito do anel com a tampa muito grande, o que pode ser causado por acabamaneto inadequado das superfícies ou alto grau de balanceamento do selo, especialmente selos de alta pressão;
b) Desgaste da tampa da caixa de selagem na região de contato do anel, podendo resultar em um sulco onde o anel vai se encaixar e se prender.

Um aumento do vazamento pode ser observado no caso de roçamento entre o eixo e o anel. A Figura 4.4.48 mostra um exemplo no qual a superfície interna do lado atmosférico do anel do selo roçou no eixo, causando um aumento do vazamento de óleo.

Figura 4.4.48
– Anel de um selo de compressor com sinais de roçamento

Neste caso particular, o roçamento foi atribuído ao *fretting* causado na tampa do compressor pelo anel. A perda de carga por meio desse anel é de cerca de 90 bar, de modo que a pressão de contato do selo contra a tampa, somada à vibração dos componentes, causou o desgaste que permitiu o travamento do selo e posterior roçamento. Esse *fretting* é mostrado na Figura 4.4.49, em que também se pode ver o revestimento de cromo duro dessa região, utilizado para evitar esse desgaste.

Figura 4.4.49
– Sinais de *fretting* na tampa do compressor, causado pelo anel mostrado na Figura 4.4.48.

O problema só foi resolvido com a aplicação de um revestimento de carbeto de tungstênio na região afetada.

5.4.14.3 – Selos secos a gás

O selo a gás para compressores é similar a um selo de bombas, exceto pelo projeto das faces, desenhadas para permitir a formação de um filme fluido quando em operação com gás, ao invés de líquido. Essa diferença faz com que o projeto das faces de selos a gás seja mais sofisticado, tendo um formato que facilita a formação do filme de gás.

A maior confiabilidade e menor custo fazem com que virtualmente todos os compressores centrífugos de processo sejam fornecidos com selos secos a gás hoje em dia. O principal fator que resulta em um menor custo é a simplificação dos sistema de lubrificação, que passa a não mais necessitar de um sistema de fornecimento de óleo de selagem.

O princípio de funcionamento do selo a gás é o mesmo discutido anteriormente. Devido à baixa lubricidade do gás as faces contêm sulcos que proporcionam um aumento da sustentação aerodinâmica. A separação entre as faces costuma ser da ordem de 5 micra. A Figura 4.4.50 mostra uma face de selo a gás. A sustentação aerodinâmica aumenta com a rotação, sendo a rotação de *lift-off*, aquela que permite a separação entre as faces, da ordem de algumas centenas de rpm.

Figura 4.4.50
– Sede rotativa de selo a gás

Assim como no caso dos selos de bombas, existem diversas configurações para os selos de compressores. A configuração mais comumente encontrada em compressores de processos é o tandem, com dois selos em um mesmo cartucho. A maioria dos compressores de processo atende a API 617, que especifica que os selos dos compressores devem ter um selo de isolamento capaz de operar com o *back-up* no caso de falha do selo principal. Durante a operação normal, o selo primário suporta toda a pressão do interior do compressor e o espaço entre os selos é tipicamente ventado para tocha.

Os selos a gás são normalmente equipados com labirintos, para evitar contato do selo com o gás de processo, para controlar o vazamento e permitir direcionamento para tocha, para evitar migração de óleo lubrificante para a região dos selos etc. Esses labirintos muitas vezes são purgados com gases inertes, para direcionar o vazamento para tocha.

Um selo seco a gás pode operar por anos sem problemas, se for instalado e operado corretamente. Não é difícil atingir esse objetivo, embora a pequena distância entre as faces exija operação com gás limpo e seco. A existência de líquidos na corrente gasosa pode comprometer o filme fluido e causar um roçamento entre as faces, com a sua consequente destruição. A Figura 4.4.51 mostra um selo seco a gás destruído pela contaminação do gás de selagem com líquido. Após algumas reincidências, o problema foi resolvido com a instalação de vasos separadores e filtros para remoção de todo líquido e sólido do gás de selagem.

Figura 4.4.51
– Selo seco a gás destruído pela contaminação com líquido.

A norma API 614 contém um capítulo com especificações sobre o sistema de fornecimento de gás para selos secos.

As principais fontes de contaminação que podem danificar um selo seco a gás são:

a) Contaminação oriunda do gás de processo ocorre quando o gás de processo não é perfeitamente limpo e seco e a injeção de gás primário não tem pressão suficiente para evitar contato do gás de processo com o selo. Isso pode acontecer na partida do compressor ou quando operando em rotação baixa, ou se houver algum problema com o sistema de fornecimento de gás primário;

b) Contaminação oriunda do gás primário pode ocorrer quando há condensação de liquido à medida que o gás esfria ao passar por válvulas de controle ou orifícios de restrição. Carreamento de líquidos e sólidos pode também gerar contaminação do gás primário. Os fabricantes de selos em geral requerem que todas as partículas acima de 3 micra sejam removidas do gás primário e que o ponto de orvalho seja pelo menos 11°C abaixo da menor temperatura que o gás pode atingir. Esses problemas podem ser evitados com um projeto adequado do sistema de fornecimento de gás e com adequada drenagem dos vasos de separação de líquidos. As Figuras 4.4.52 e 4.4.53 mostram um selo seco a gás danificado pela entrada de água, oriunda de uma secagem inadequada das linhas de injeção de nitrogênio. A Figura 4.4.54 mostra a região interna do cartucho com resíduos de corrosão oriundos da contaminação das linhas de nitrogênio com água;

c) Contaminação com óleo de lubrificação pode acontecer se a pressão do gás de separação não for suficiente. O projeto do compressor deve dificultar a migração do óleo lubrificante para a região do selo;

Figura 4.4.52
– Sede de um selo que foi danificado pela entrada de água. Pode-se ver o acúmulo de sujeira nos sulcos da face.

Figura 4.4.53
– Sede de selo seco a gás danificado pela contaminação com água

Figura 4.4.54
– Resíduos de corrosão oriundos da contaminação das linhas de nitrogênio com água.

5.4.11 – Referências Bibliográficas

American Petroleum Institute. Standard 682 (ISO 21049:2004), *Shaft Sealing Systems for Centrifugal and Rotary Pumps*. Washington, DC: API, 2004.

――――. RP 686, *Recommended Practices for Machinery Installation and Installation Design*. Washington, DC: API, 1996.

――――. Std 617 (ISO 10439:2002), *Axial and Centrifugal Compressors and Expander-Compressors for Petroleum, Chemical and Gas Industry Services*. Washington, DC: API, 2002.

――――. Std 614, *Lubrication, Shaft-Sealing, and Control-Oil System and Auxiliaries for Petroleum, Chemical and Gas Industry Services*. Washington, DC: API, 1999.

――――. Std 610 (ISO 13709:2003), *Centrifugal Pumps for Petroleum, Petrochemical and Natural Gas Industry Services*. Washington, DC: API, 2004.

American Society for Metals. *Metals Handbook*, vol. 10, *Failure Analysis and Prevention*. Materials Park, OH: ASM, 1975.

Brown, Melvin W. *Seals and Sealing Handbook*. Oxford: Elsevier Science Publishers, 1990.

INTECH Workshop Series. *Improving Pump and Mechanical Seal Reliability*. Rio de Janeiro, Brazil, 1996.

Lebeck, Alan O. *Principles and Design of Mechanical Face Seals*. New York: John Wiley & Sons, 1991.

Saxena, M. N.:*Dry Gas Seals and Support Systems: Benefits and Options*, Hydrocarbon Processing, November 2003;

Stahley, John S.:*Design, Operation and Maintenance Considerations for Improved Dry Gas Seal Reliability in Centrifugal Compressors*, Dresser rand, Olean, USA.

Stahley, John S.:*Mechanical Upgrades to Improve Centrifugal Compressor Operation and Reliability*, Proceedings of the 32nd Turbomachinery Symposium, Houston, TX, 2003.

Wilcox, Ed:*API Centrifugal Compressor Oil Seals and Support Systems – Types, Selection and Field Troubleshooting*, Proceedings of the 29th Turbomachinery Symposium, Houston, TX, 2000.

Delrahim, J.:*Use Gas Conditioning to Improve Compressor Gas Seal Life*, Hydrocarbon Processing, January 2005.

Ross, Stephen L.; Beckinger, Raymon F.:*Compressor Seal Selection and Justification*, Proceedings of the 32nd Turbomachinery Symposium, Houston, TX, 2003.

Forthoffer, William:*How to Prolong dry Gas Seal Life*, Turbomachinery International, September/October 2005.

Ross, Stephen L., Gresh, Theodore, Kranz, Robert M.: *Compressor Seals for Hydrogen Recycle Service*, Proceedings of the 31st Turbomachinery Symposium, Houston, TX, 2002.

Huebner, Michael B.: *Material Selection for Mechanical Seals*, Proceedings of the 22st Turbomachinery Symposium, Houston, TX, 2005.

5.5 – Parafusos

A função dos parafusos é transferir uma carga de um componente de máquina a outro. Essa transmissão de carga pode ser utilizada para permitir transmissão de esforços, como em uma haste de compressor alternativo ou para permitir vedação, como em um flange de tubulação. A vida de um parafuso é tida como indefinida, sendo este, realmente, o caso, se houver uma cuidadosa seleção e instalação.

A seleção e instalação de um parafuso deve considerar uma série de fatores:

a) Carga a ser transmitida (magnitude e direção);
b) Propósito da união;
c) Tipo, espessura e rigidez das peças a serem unidas;
d) Ambiente em que o parafuso vai trabalhar.

A variedade dos fatores envolvidos significa que devemos tomar muito cuidado antes de modificar a especificação de um parafuso. Adiante serão estudados os fatores que fazem com que a instalação de um parafuso seja extremamente importante para o correto desempenho da junção.

5.5.1 – Funcionamento de um parafuso

A distribuição do esforço suportado por um parafuso pelos fios da sua rosca não é uniforme. A elasticidade do material faz com que os fios mais próximos da face da porca que suporta a carga fiquem mais carregados. A Figura 5.5.1 ilustra a distribuição de tensões na região.

A combinação da elasticidade da junção com a do parafuso faz com que um parafuso que foi montado com a pré-carga adequada suporte somente parte da carga externa, sendo o restante absorvido pela redução da carga entre as faces da junção.

Parafusos sujeitos a cargas cíclicas podem se romper por fadiga se não forem adequadamente montados, já que, no caso da pré-carga ser baixa o suficiente para permitir a abertura da junção, o parafuso vai suportar toda a carga cíclica. Esse fenômeno raramente é observado em junções pressurizadas, como flanges e carcaças de bombas porque a abertura da junta provoca vazamento antes da ruptura por fadiga. Cuidado especial deve ser tomado com parafusos que unem peças de bielas de compressores ou bombas alternativas, parafusos de estruturas oscilantes etc. em que não há vazamento visível que sirva de alerta para a condição de pré-carga inadequada.

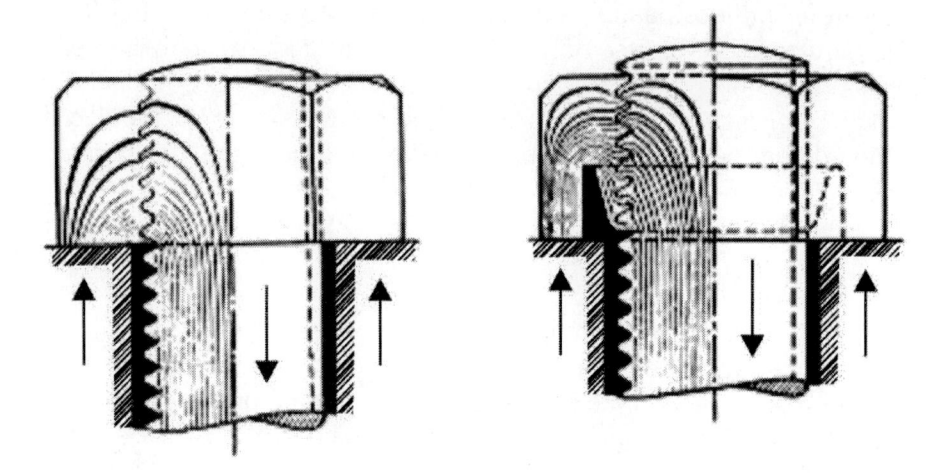

Figura 5.5.1
– Ilustração da concentração dos esforços nos filetes próximos à face que suporta a carga.

5.5.2 – Dimensionamento de um Parafuso Solicitado à ração (adaptado da ref. 7.17)

Normalmente os parafusos são dimensionados para suportar a pré-carga necessária para evitar a separação dos elementos da junção.

Para verificação do seu projeto é necessário estimar as cargas externas que atuam na junção tendendo a abri-la, calcular a rigidez do parafuso e da junção, calcular a pré-carga necessária para o bom funcionamento da junção e verificar se o parafuso resiste aos esforços aplicados.

5.5.2.1 – *Cálculo da rigidez do parafuso e da junção aparafusada*
A rigidez do parafuso pode ser calculada através de:
$k_b = A_s \times A_b \times E / (L_s \times A_b + L_b \times A_s)$ [5.5.1]
$A_s = pi/4 \times (d - 0{,}9743/n)^2$ para roscas UN (pol.)

A_s = pi/4 x (d − 0,9382 x P)² para roscas métricas (mm)

Em que:
k_b = rigidez do parafuso (N/m)
A_s, A_b = área da seção transversal da região roscada e sem rosca (m²)
E = modulo de elasticidade do material (GPA), 207 GPa para o aço.
d = diâmetro nominal do parafuso (mm ou pol.).
P = passo da rosca (mm)
n = número de fios por polegada
L_s e L_b estão ilustrados na Figura 5.5.2

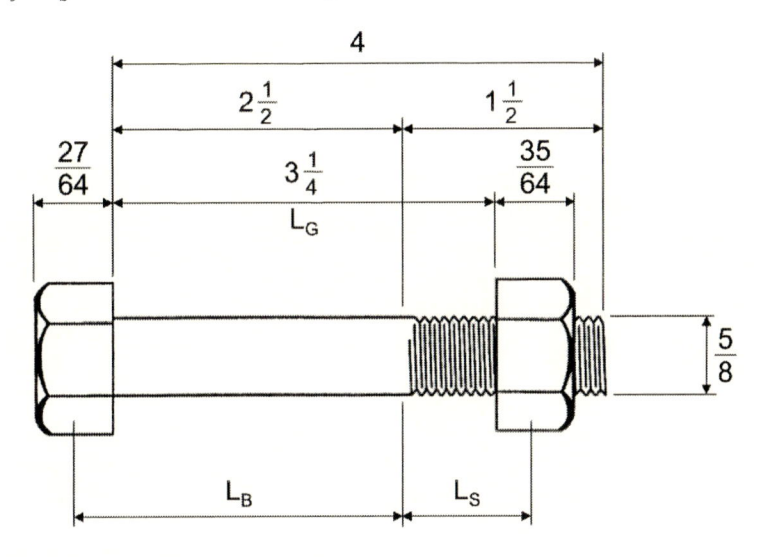

Figura 5.5.2
− Ilustração das dimensões básicas de um parafuso.

A rigidez da junção pode ser estimada grosseiramente, se todos os componentes forem de aço. O primeiro passo é calcular o índice de esbeltez do parafuso:
$$S = l_g / d \; [5.5.2]$$

Em seguida calculamos a rigidez da junção como sendo:
k_j = (1 + 3/7 x S) x k_b se S > 1;[5.5.3]
k_j = k_b se 0,4 < S < 1[5.5.4]

Com S < 0,4 a rigidez da junta aumenta muito, sendo necessário um outro procedimento de cálculo.
k_j = rigidez da junção (N/m);

l_g = comprimento efetivo do parafuso que suporta a carga entre a cabeça e na porca (mm);

Caso haja uma junta, a sua rigidez deve ser considerada no cálculo da rigidez da junção por meiode:

$$1/k_t = 1/k_j + 1/k_g \, [\,5.5.5\,]$$

Em que:
k_t = rigidez total da junção;
k_g = rigidez da junta.

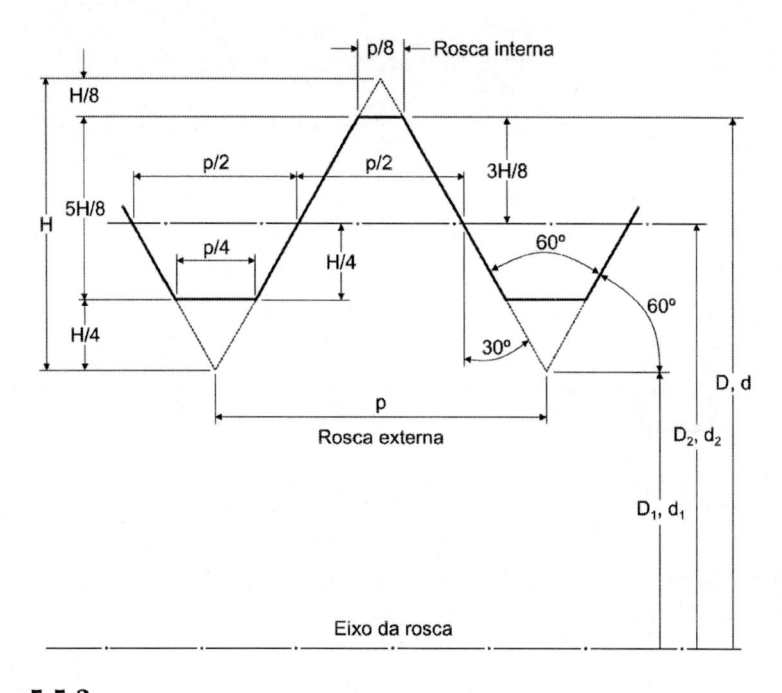

Figura 5.5.3
– Ilustração das dimensões das roscas UN e métrica.

5.5.2.2 – Determinação da pré-carga máxima e mínima admissível

A pré-carga máxima está limitada a 90% do limite de escoamento do parafuso e da junção. No caso de tração pura:

$$F_{by} = S_{yb} \times A_s / FS \, [\,5.5.6\,]$$

Em que:
F_{by} = carga para escoar o parafuso (N)
S_{by} = limite de escoamento do material do parafuso (MPa)
As = área da seção transversal da região roscada (m²)
FS = fator de segurança

A tensão na junção deve ser determinada considerando-se que a carga está atuando somente na área que suporta a cabeça do parafuso (ou a arruela).

A pré-carga mínima admissível deve considerar a função e o carregamento do parafuso, sendo selecionada para impedir a separação das peças, para evitar que uma junta vaze, para prevenir rupturas por fadiga etc.

Cargas externas de tração aplicadas à junção aparafusadas vão tender a abri-la, aumentando o esforço sobre o parafuso. Como existe certa deformação plástica da junção, uma parte dessa carga externa vai simplesmente tomar o lugar de uma parte da pré-carga, reduzindo a carga que inicialmente atuava entre as faces da junção. Esse mecanismo de funcionamento da junção aparafusada pode ser visto na Figura 5.5.4.

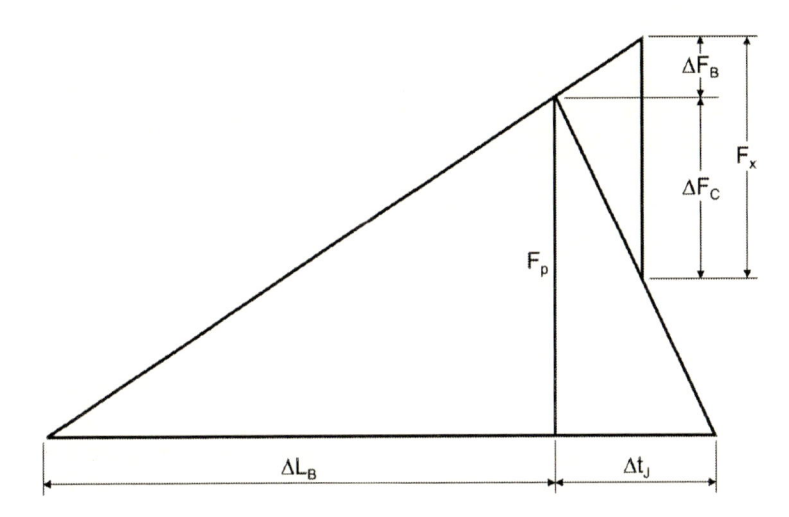

Figura 5.5.4
– Diagrama ilustrando o funcionamento de uma junta aparafusada. A carga externa F_x não vai ser totalmente absorvida nem pelo parafuso nem pela junção.

Com o auxílio da figura podemos calcular a parcela da carga externa que vai ser suportada pelos parafusos e a que vai contribuir para a redução da pré-carga na junta:

$dF_b = F_x \times \{ k_b / (k_j + k_b) \}$ [5.5.7]
$dF_j = F_x \times \{ 1 - k_b / (k_j + k_b) \}$ [5.5.8]

Em que:
F_x = carga externa aplicada à junção
dF_b e dF_j = variação da pré-carga no parafuso e na junta, respectivamente;

k_b e k_j = rigidez do parafuso e da junta, respectivamente

5.5.2.3 – Aplicação da pré-carga

Os métodos para aplicação dessa pré-carga são variados, podendo ser desde sentimento do operador até parafusos com *strain-gages*. Uma estimativa da variação da pré-carga em função do método de aperto pode ser vista na Tabela 5.5.1.

Tabela 5.5.1 – Erro estimado na pré-carga de um parafuso em função do método de aplicação do torque

Método de aperto	% erro
Ferramenta manual	+- 80
Ferramentas pneumáticas de impacto	+- 50
Ferramentas hidráulicas de alongamento	+- 20
Aquecimento do parafuso	+- 15
Medição do alongamento do parafuso	+- 5
Strain-gages	+- 1

Após a aplicação da pré-carga ocorre um relaxamento da junta que tende a reduzir a pré-carga. Alguns fatores que contribuem para esse relaxamento são:

a) Deformação plástica superficial – Como somente os pontos altos das superfícies vão ter contato na primeira montagem das peças, esses pontos serão carregados além do limite de escoamento do material, ocorrendo deformação plástica que vai resultar em uma perda de 2% a 10% da pré-carga;

b) Interações elásticas na junta ocorrem quando temos vários parafusos. O aperto de um parafuso reduz a pré-carga dos outros. No caso da utilização de ferramentas hidráulicas de alongamento do parafuso esse relaxamento elástico ocorre pela redistribuição das tensões na porca, e varia com o aperto dado à porca antes da remoção da ferramenta hidráulica. Esse relaxamento vai reduzir a pré-carga em 10-80% e vai requerer vários reapertos consecutivos dos parafusos de uma junção múltipla até a equalização da carga em todos eles.

A relação entre o torque aplicado ao parafuso e a pré-carga é dada pela relação:

$$T = K \times d \times F_{pt} \qquad [5.5.10]$$

Em que:
T = torque aplicado (N.m)
F_{pt} = pré-carga (N)
K = fator experimental, retirado da Tabela 5.5.2

Tabela 5.5.2 – fatores experimentais para relação entre torque e pré-carga com vários tipos de acabamento e lubrificante

Lubrificação ou revestimento	K
Cadmiado	0.15 – 0.33
Zincado	0.26 – 0.40
Óxidado	0.11 – 0.28
Bissulfeto de molibdênio	0.14 – 0.17
Parafusos de aço como recebidos	0.16 – 0.27
Graxa à base de cobre	0.08 – 0.23
Óleo	0.20 – 0.23

Existem diversos métodos para evitar o afrouxamento de um parafuso, como porcas autotravantes, adesivos, cupilhas etc. Um método que deve ser evitado é o travamento com solda, pois o aquecimento do parafuso gerado nessa operação pode reduzir a sua tensão de escoamento e fazer com que ele se deforme, diminuindo a pré-carga. Esse aquecimento pode também alterar a microestrutura de parafusos temperados e revenidos.

5.5.2.4 – Reaproveitamento de parafusos

A reutilização de parafusos deve ser decidida com muito cuidado no caso de aplicações críticas, tais como parafusos de compressores alternativos, porcas de impelidor de bombas, parafusos de acoplamentos de alta rotação. Nesses casos uma inspeção cuidadosa deve ser feita, procurando-se por filetes deformados, alongamento do parafuso e inspeção com líquido penetrante para detectar trincas. A Figura 5.5.5 mostra um conjunto de parafusos do cabeçote de um compressor alternativo sendo inspecionado para reaproveitamento. Não devem ser reutilizados parafusos ou porcas com travamento por interferência ou com insertos de nylon, parafusos travados com adesivos, arruelas, cupilhas, parafusos e porcas com qualquer sinal de dano.

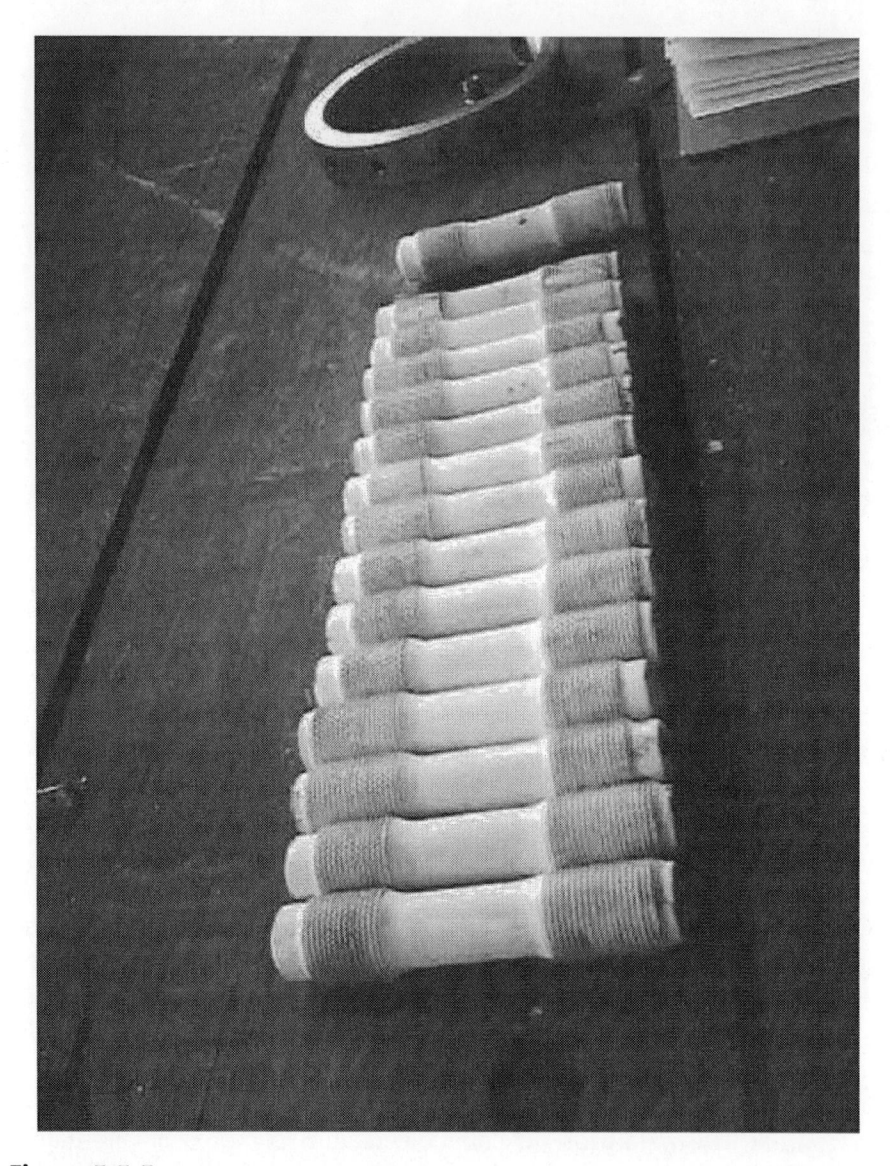

Figura 5.5.5
– Parafusos de tampas de compressor alternativo sendo inspecionados antes da reutilização. Como essas peças sofrem esforços cíclicos, nenhuma trinca deve ser admitida.

5.5.3 – Falhas de Parafusos

Os pontos de fratura mais comuns em um parafuso são os primeiros fios da rosca e entre a cabeça e a região cilíndrica. Juntas aparafusadas falham de muitas maneiras, que podem ser resumidas nas seguintes categorias gerais, que descrevem o que ocorre com as partes aparafusadas:

a) Escorregam umas em relação à outra;
b) Separam-se;
c) Quebram.

A vida útil de um parafuso será normalmente indefinida, o que quer dizer que qualquer falha deve ser tratada como uma anormalidade. A causa mais comum de falha de um parafuso de máquina é fadiga. Como no caso dos eixos, a fadiga de um parafuso normalmente acontece nos pontos de concentração de tensões, como filetes das roscas, transição de diâmetros etc.

a) Uma lista de razões para falhas dos parafusos:
b) Uso de parafusos com resistência inferior à necessária;
c) Os componentes da união não se ajustam adequadamente uns aos outros;
d) O projeto da junta não está adequado;
e) A pré-carga aplicada não está adequada.

A melhor maneira de evitar fadiga é montar o parafuso com alta pré carga e reduzir as concentrações de tensão, utilizando roscas roladas ao invés de cortadas, corpo afilado, remover cantos vivos. Parafusos de ligações sujeitas a esforços cíclicos devem ser lubrificados e apertados com torquímetro ou com ferramentas hidráulicas.

As Figuras 5.5.6 e 5.5.7 ilustram o caso de um parafuso de uma válvula,em que ocorreu uma fratura por fadiga devido a um erro no seu dimensionamento. Um dos parafusos rompeu por fadiga e os demais por sobrecarga. A Figura 5.5.8 mostra um resumo da verificação do seu dimensionamento. A Figura 5.5.9 mostra um dos parafusos que falhou devido à sobrecarga resultante da quebra do primeiro parafuso.

Um parafuso pode falhar também por sobrecarga, corrosão, *fretting*, seguindo os mecanismos já descritos nos capítulos anteriores. A Figura 5.5.10 ilustra um parafuso que sofreu corrosão severa. A causa da falha do parafuso foi uma aplicação errada. O outro parafuso estava instalado no mesmo equipamento, porém, é construído de aço inoxidável.

Figura 5.5.6
– Ilustração de uma falha por fadiga de um parafuso.

Figura 5.5.7
– Parafuso de castelo de válvula com fratura frágil por sobrecarga.

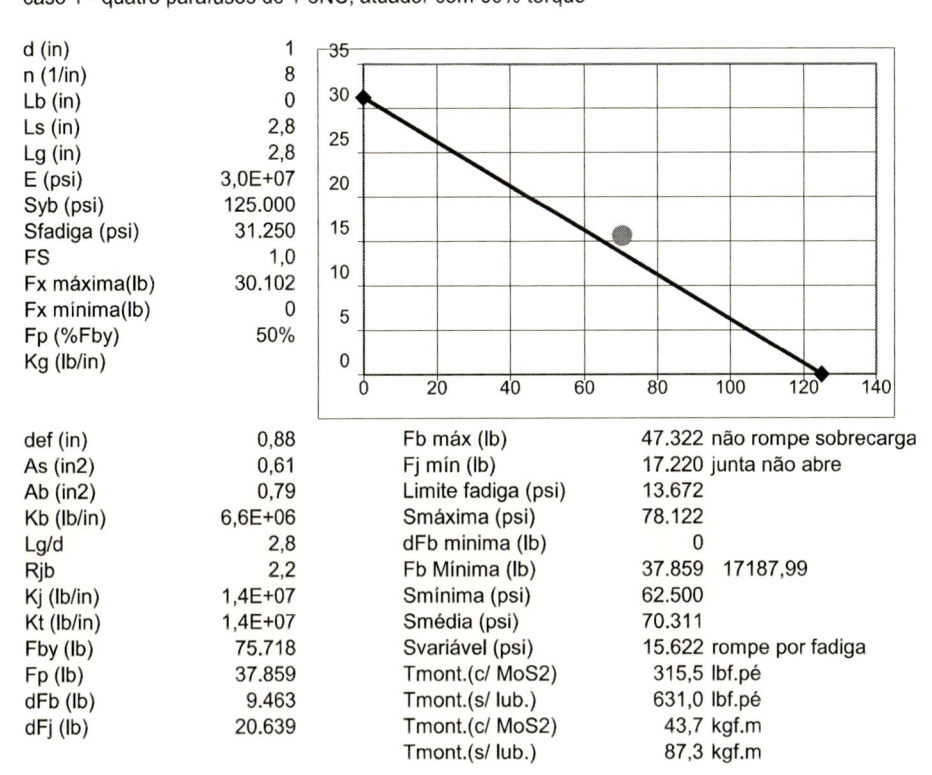

caso 1 - quatro parafusos de 1-8NC, atuador com 60% torque

d (in)	1	Fb máx (lb)	47.322 não rompe sobrecarga
n (1/in)	8	Fj mín (lb)	17.220 junta não abre
Lb (in)	0	Limite fadiga (psi)	13.672
Ls (in)	2,8	Smáxima (psi)	78.122
Lg (in)	2,8	dFb minima (lb)	0
E (psi)	3,0E+07	Fb Mínima (lb)	37.859 17187,99
Syb (psi)	125.000	Smínima (psi)	62.500
Sfadiga (psi)	31.250	Smédia (psi)	70.311
FS	1,0	Svariável (psi)	15.622 rompe por fadiga
Fx máxima(lb)	30.102	Tmont.(c/ MoS2)	315,5 lbf.pé
Fx mínima(lb)	0	Tmont.(s/ lub.)	631,0 lbf.pé
Fp (%Fby)	50%	Tmont.(c/ MoS2)	43,7 kgf.m
Kg (lb/in)		Tmont.(s/ lub.)	87,3 kgf.m
def (in)	0,88		
As (in2)	0,61		
Ab (in2)	0,79		
Kb (lb/in)	6,6E+06		
Lg/d	2,8		
Rjb	2,2		
Kj (lb/in)	1,4E+07		
Kt (lb/in)	1,4E+07		
Fby (lb)	75.718		
Fp (lb)	37.859		
dFb (lb)	9.463		
dFj (lb)	20.639		

Figura 5.5.8
– Planilha mostrando a verificação do dimensionamento do parafuso mencionado acima. O diagrama de Goodman mostra que o parafuso está em uma condição de carga que pode levar à fadiga, o que de fato aconteceu após cerca de 2.000 ciclos.

O próximo exemplo retrata uma falha catastrófica de um compressor alternativo, ocorrida em virtude de uma falha de fabricação de um parafuso que prendo o pistão à haste. Os fragmentos do parafuso rompido foram comprimidos pelo pistão contra a tampa, causando a ruptura da carcaça do compressor.

A Figura 5.5.12 mostra a fratura da carcaça do compressor, resultado da prensagem do parafuso contra a tampa pelo pistão, vista na Figura 5.5.12. A Figura 5.5.13 mostra a face da fratura do parafuso, podendo ser vistas as marcas de catraca (*ratchet marks*) características de falhas por fadiga. A Figura 5.5.14 mostra uma micrografia da região de uma das trincas, mostrando uma falha de fabricação, neste caso, o dobramento resultante de uma falha da rolagem da rosca.

Figura 5.5.9
– Fratura frágil em um parafuso. Notar existência de diversas trincas no fundo dos filetes das roscas e a ruptura a 45° na região final da fratura.

5.6 – Engrenagens

A função das engrenagens é ajustar a rotação de eixos rotativos. A grande variedade de condições em que este ajuste é necessário leva à existência de uma variedade de diferentes projetos de engrenagens. A vida das engrenagens é definida pelas condições de desgaste dos dentes e da suavidade de funcionamento. Em aplicações de alta rotação, o nível de vibração da engrenagem aumenta muito com o desgaste, o que leva à necessidade de substituição antes de uma quebra.

Falhas de engrenagens são tão variadas quanto os tipos existentes. Esse capítulo descreve sucintamente os tipos de engrenagens de interesse para as indústrias de processo, mostra seus modos de falha mais comuns e apresenta um método para verificação de projeto de engrenagens helicoidais de alta rotação.

5.61. – Generalidades sobre Engrenagens

Engrenagens retas são utilizadas para transmitir movimento entre eixos paralelos ou para uma cremalheira. Os dentes são radiais, paralelos ao eixo e uniformemente espaçados na periferia da engrenagem. O contato entre os dentes das duas engrenagens acontece em uma linha reta paralela ao eixo no plano tangente ao diâmetro primitivo das duas engrenagens, sendo o diâmetro primitivo aquele que do cilindro imaginário que rola sem deslizar sobre outro correspondente na outra engrenagem.

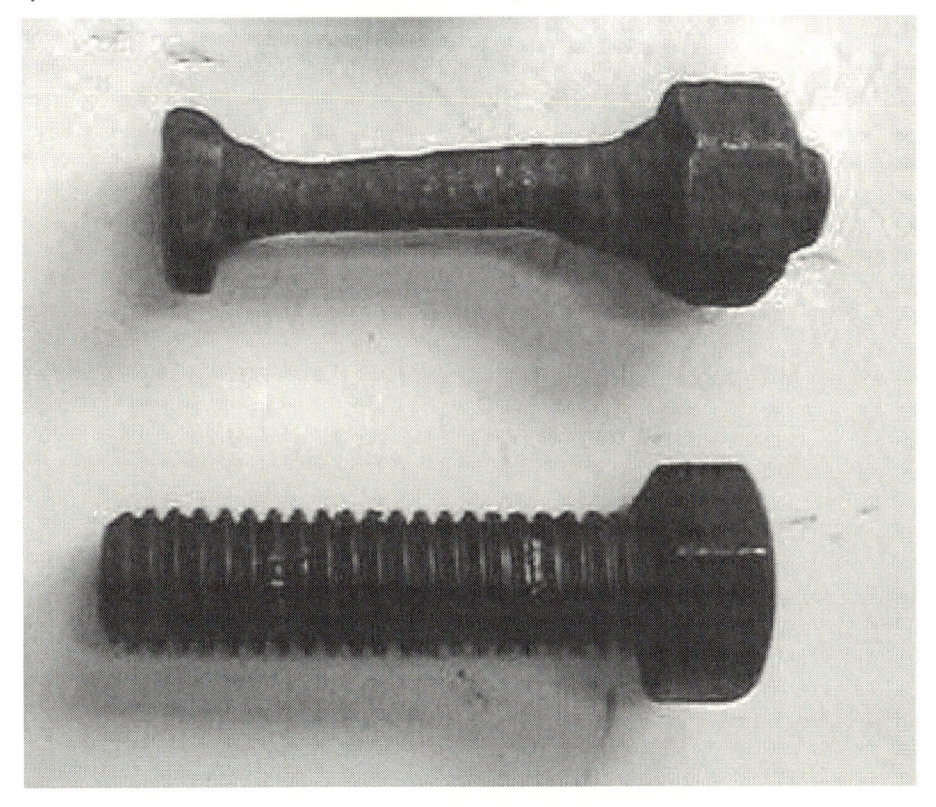

Figura 5.5.10
– Parafuso corroído pelo contato com hidrocarbonetos contendo enxofre em alta temperatura

Engrenagens helicoidais podem ser utilizadas com eixos paralelos ou em ângulo, engrenando dentes que formam uma hélice com um ângulo em relação ao eixo. Por causa desse ângulo existem sempre dois ou mais dentes em contato, o que permite um funcionamento mais suave e silencioso que das engrenagens retas. As engrenagens helicoidais produzem esforço axial que reduz ligeiramente a eficiência e necessita de mancais de escora. Uma variação das engrenagens helicoidais são as engrenagens com hélice dupla, ou espinha de peixe, que tem as vantagens das helicoidais simples sem produzir esforço axial. A Figura 5.6.1 mostra uma engrenagem de dentes retos. A Figura 5.6.2 mostra uma engrenagem com dentes helicoidais.

Figura 5.5.11
– Carcaça do compressor rompida devido aos impactos

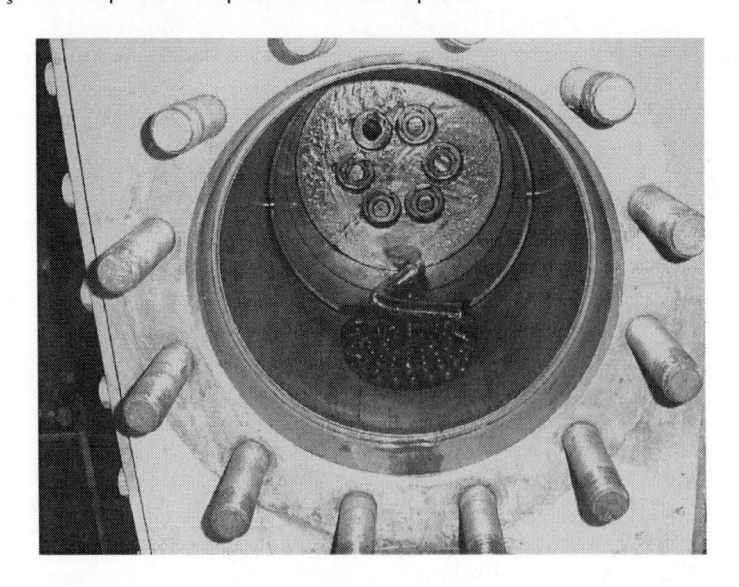

Figura 5.5.12
– Interior do cilindro, mostrando o parafuso rompido e as marcas na face do pistão

ANÁLISE DE FALHAS DE MÁQUINAS 275

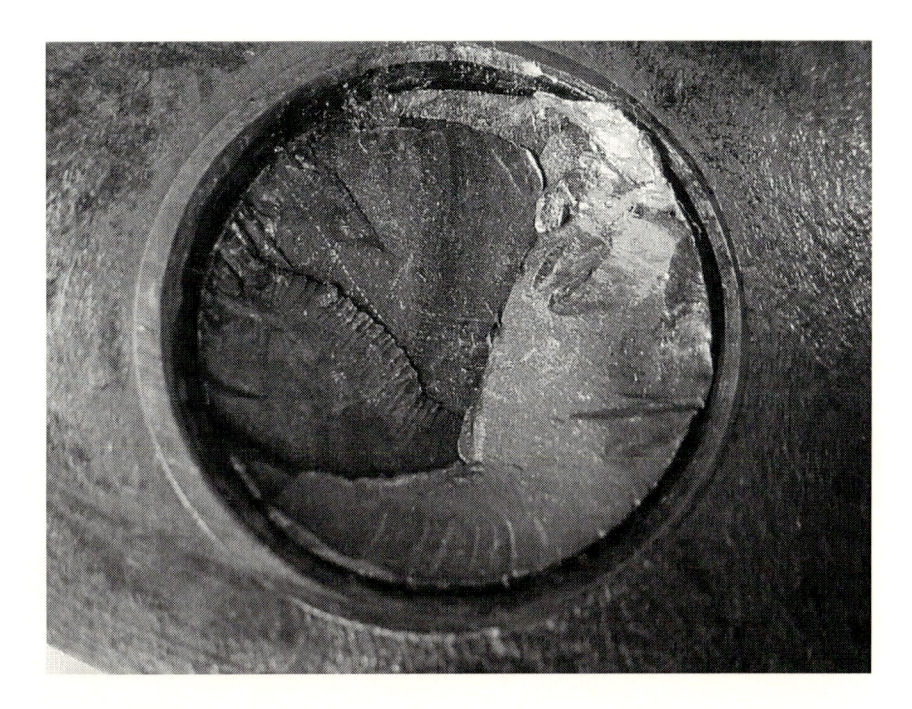

Figura 5.5.13
– Face da fratura do parafuso

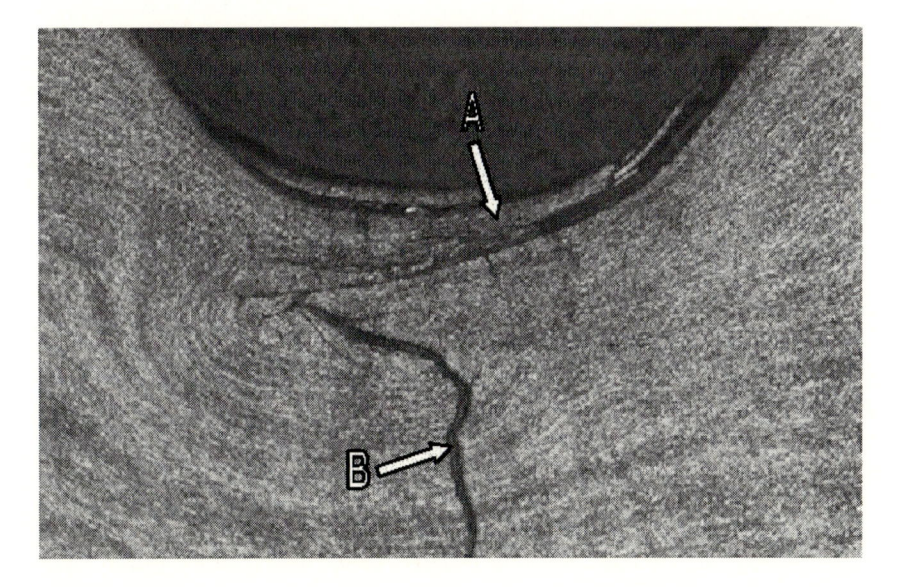

Figura 5.5.14
– Falha de fabricação encontrada no fundo do filete da rosca. Havia diversas trincas em pontos distintos do parafuso.

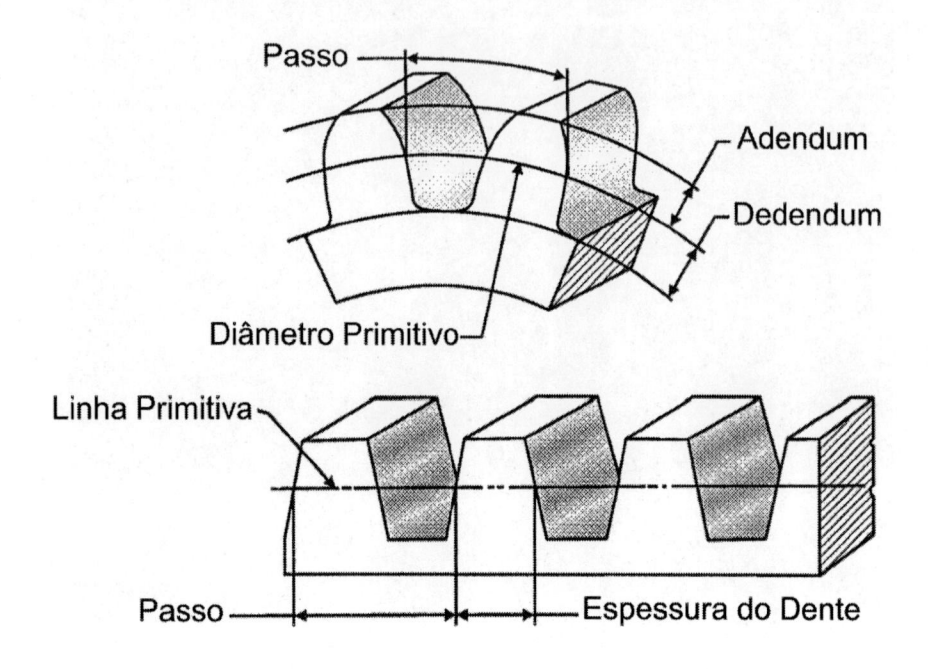

Figura 5.6.1
– Seção de uma engrenagem reta e cremalheira mostrando alguns detalhes da geometria.

Sem-fim e coroa são engrenagens que trabalham usualmente em eixos com ângulo reto em que é necessária uma transmissão compacta para grandes relações de redução. Neste tipo de engrenagem existe um grande e contínuo escorregamento entre os dentes, o que faz com que a geração de calor seja maior que a de outros tipos. Essa maior geração de calor resulta na utilização deste tipo de transmissão somente em baixas potências e rotações. A Figura 5.6.3 mostra uma engrenagem de sem-fim e coroa.

Engrenagens angulares usualmente transmitem movimento entre eixos com ângulo de 90º. Existem engrenagens angulares com dentes retos e inclinados. A ação das engrenagens com dentes retos é similar à de dois cones rodando um sobre o outro. Os dentes inclinados proporcionam as mesmas vantagens do caso das engrenagens cilíndricas com dentes helicoidais. A Figura 5.6.4 mostra uma engrenagem angular.

Os graus de qualidade das engrenagens são definidos pela AGMA (*American Gear Manufacturers Association*) em função das tolerâncias de fabricação. Aplicações simples podem requerer grau AGMA 4 ou 5, em que as tolerâncias são grandes e o custo de fabricação é relativamente baixo. Transmissões de motores de avião utilizam normalmente grau 14 ou 15, aplicações industriais de alta rotação e criticidade são, em geral, grau 11 ou 12. A diferença nas tolerâncias de fabricação são muito grandes de um grau para o outro, o que pode fazer com que uma engrenagem um grau abaixo de outra já não seja mais adequada a certo serviço, pois as maiores tolerâncias vão fazer com que o seu funcionamento em serviço não seja suave.

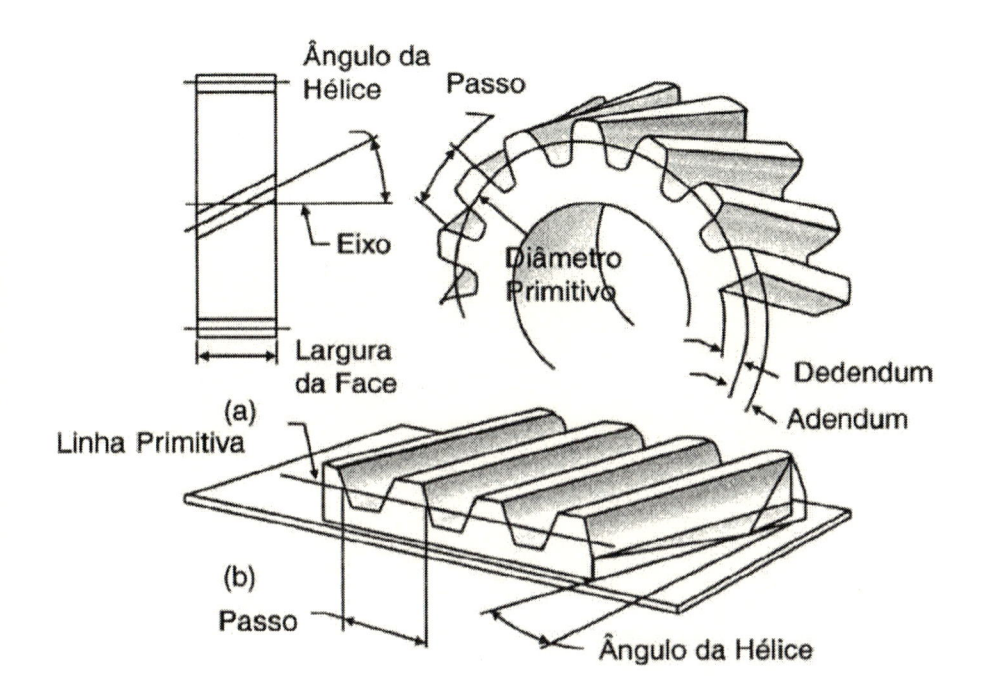

Figura 5.6.2
– Engrenagem helicoidal e cremalheira.

Fatores de serviço têm um papel importante na seleção de uma engrenagem. Em geral, os fabricantes de engrenagens publicam catálogos listando os fatores de segurança para diversos serviços. Normas técnicas publicadas por associações como a API (*American Petroleum Institute*) também listam fatores de serviço para casos diversos. Alguns exemplos estão listados mais adiante.

5.6.2 – Contato entre os dentes

O modo como os dentes das engrenagens se tocam é responsável pela alta capacidade de carga que elas oferecem. Se o material da engrenagem fosse infinitamente rígido, o contato entre os dentes se daria em uma linha ou ponto, mas a deformação elástica das superfícies faz com que esse contato ocorra em bandas estreitas. O raio de curvatura do perfil do dente, a elasticidade do material e a carga aplicada determinam essa banda de contato, que pode variar de menos de 0,5 mm em engrenagens pequenas com cargas leves a cerca de 5 mm em engrenagens grandes com cargas pesadas.

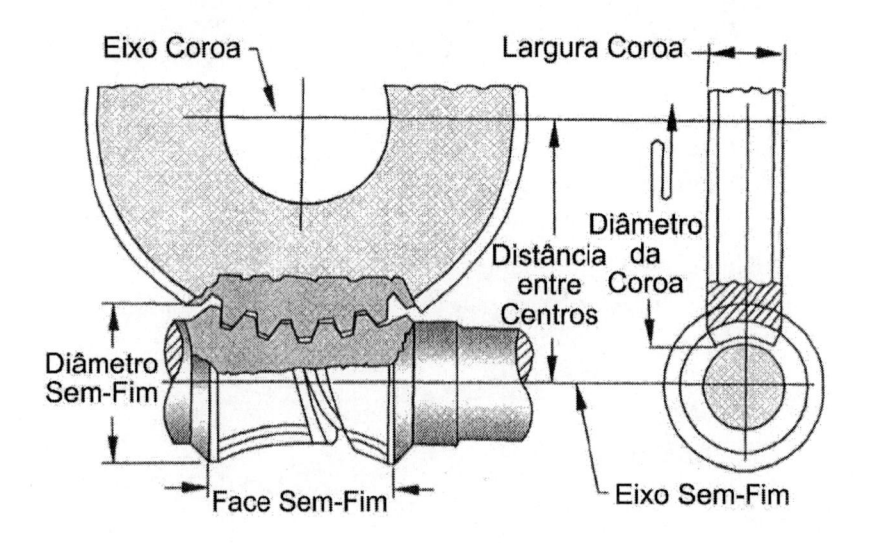

Figura 5.6.3
– Engrenagens tipo sem-fim e coroa.

Ao contrário de um mancal de deslizamento, onde a região que suporta a carga é sempre a mesma, os dentes das engrenagens só suportam carga no momento em que estão engrenados, tendo então tempo para dissipar o calor gerado no contato. Essa característica de ter sempre uma região mais fria com óleo mais frio entrando e saindo do engrenamento faz com que seja possível carregar as superfícies com esforços próximos do limite do material sem ultrapassar o limite do material.

Como existe roçamento entre os dentes, a capacidade de carga vai depender da velocidade de roçamento das superfícies, porque o calor gerado varia com a carga e a velocidade. Se a carga e a velocidade forem excessivas, o calor gerado pode causar destruição das superfícies. Esses fatores (pressão e velocidade) tem uma influência crítica no desgaste dos dentes, sendo os limites influenciados pelo material e projeto da engrenagem e pelo tipo e modo de aplicação do lubrificante.

No caso de engrenagens de dentes retos o contato se dá em uma linha reta (se ignorarmos a deformação superficial do dente). Enquanto os dentes das engrenagens passa, pela região de engrenamento da linha de contato se move por sobre a superfície do dente, começando no fundo do dente da engrenagem motriz e no topo do dente da engrenagem movida. Os dentes deslizam e rolam um sobre o outro em toda a sua extensão, menos no diâmetro primitivo, em que há somente rolamento de um dente sobre o outro. A Figura 5.6.5 mostra o resultado do teste de contato entre os dentes de uma engrenagem nova, podendo ser observado que as regiões de contato estão distribuídas de forma bastante uniforme pelo dente. Esse teste é realizado da seguinte forma: a) uma fina camada de azul da Prússia é aplicada em umem uma das engrenagens; b) o conjunto é posto a trabalhar. A espessura de azul da Prússia aplicada é de extrema importância para a precisão do teste. Se essa espessura for alta, um contato inadequado entre os dentes pode ser mascarado.

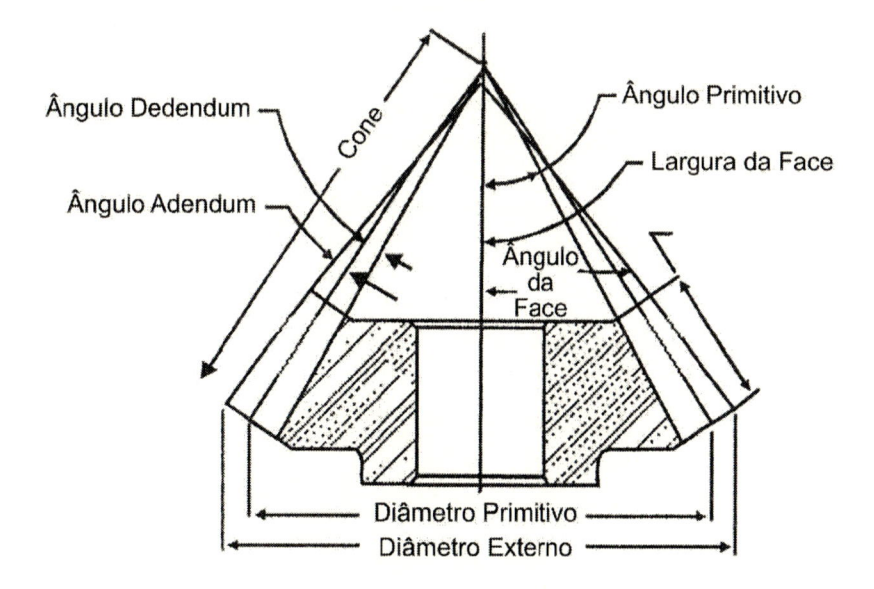

Figura 5.6.4
– Geometria de uma engrenagem angular.

Uma certa folga entre os dentes (*backlash*) é necessária para acomodar erros de fabricação e dilatações térmicas. Essa folga deve ser mantida dentro dos limites recomendados pelo fabricante da engrenagem, sendo crítico em engrenagens que sofrem reversão de torque. Engrenagens helicoidais desenvolvem um contato similar, porém a inclinação do dente em relação ao eixo faz com que exista contato em vários dentes simultaneamente.

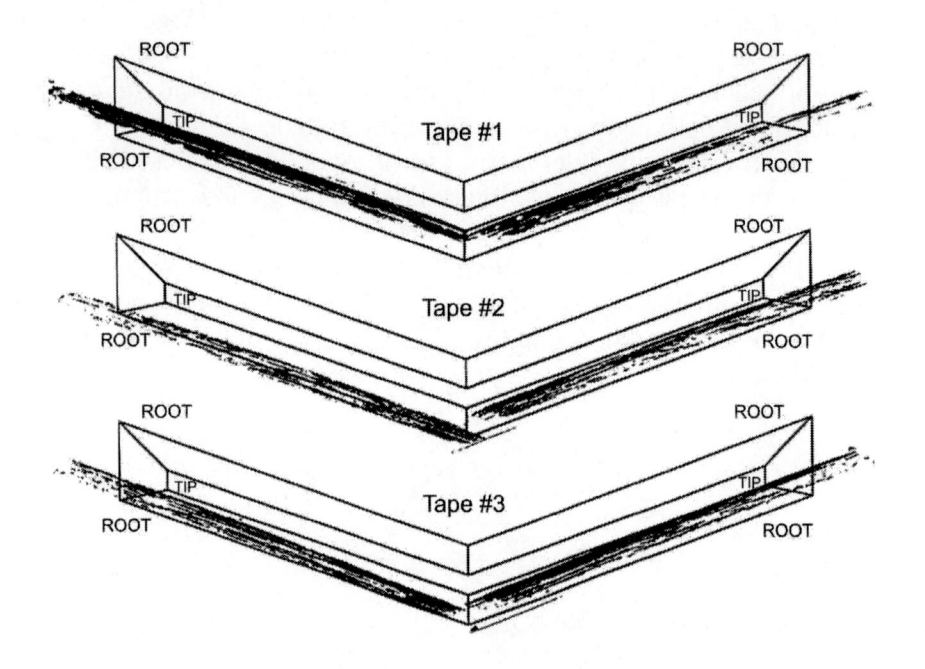

Figura 5.6.5
– Ilustração do contato entre os dentes. Notar que a marca de trabalho deve estar uniforme e centrada nos dentes das suas engrenagens.

Um engrenamento tipo sem-fim e coroa desenvolve uma região de contato que cobre quase toda a extensão do dente e se estende a vários dentes simultaneamente. Nesse tipo de engrenagem, o contato se dá com deslizamento somente, não havendo rolamento como nos outros tipos mencionados.

5.6.3 – Cargas Operacionais

Existem engrenagens transmitindo cargas minúsculas em aparelhos domésticos e outras trabalhando com cargas gigantescas em um navio, por exemplo. A potência transmitida não é um bom indicador da severidade do serviço, estando este associado a fatores como duração da carga, velocidade de operação, cargas transientes e fatores ambientais, como corrosão, temperatura, abrasivos.

As tensões que se desenvolvem em um dente de engrenagem podem ser representadas pela Figura 5.6.6, em que regiões com maior quantidade de linhas representam regiões mais tensionadas.

Pode ser visto que existem duas regiões com alta tensão, a região de contato entre os dentes e a transição entre o dente e o corpo da engrenagem. A região de contato entre os dentes se move para cima e para baixo em função da posição do dente no engrenamento. Não é difícil imaginar que essas são as regiões em que vamos encontrar a maior parte das falhas das engrenagens, e que os procedimentos para projeto de engrenagens visem exatamente dimensioná-las para resistir ao desgaste da face e à flexão da raiz dos dentes.

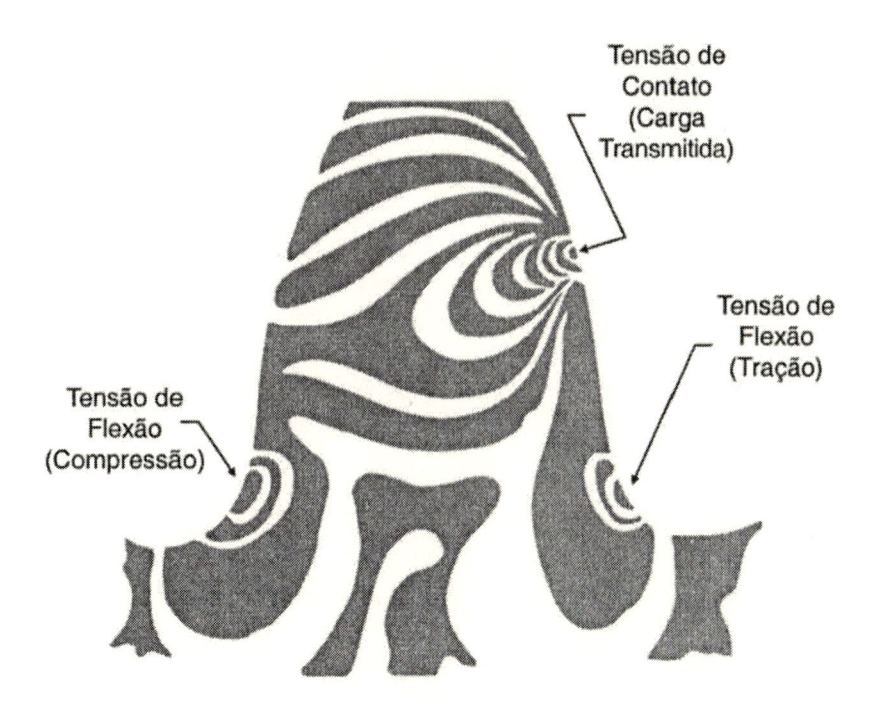

Figura 5.6.6
- Ilustração das tensões em um dente de engrenagem, oriunda de um estudo fotoelástico. ASM-*American Society for Metals:Metals handbook, Vol. 10 – Failure Analisys and Prvention*, ASM, 1975.

O comportamento dos dentes das engrenagens está associado ao problema de tensões de contato entre superfícies e às falhas na forma de formação de *pittings* que resultam da fadiga superficial. A maior parte das engrenagens requer alguma forma de lubrificação para operação satisfatória, sendo esse fator crítico para o bom desempenho do par.

5.6.4 – Materiais para Engrenagens

Existem engrenagens fabricadas com quase todos os materiais sólidos conhecidos, mas o uso industrial se restringe basicamente a algumas variedades de aços, principalmente 1040, 1060, 4140, 4340, materiais que podem ser facilmente endurecidos. Muitas engrenagens para serviço pesado são usinadas a partir de forjados.

Os dentes das engrenagens podem ser endurecidos total ou superficialmente. Engrenagens com endurecimento total sofrem um tratamento térmico que resulta em dureza igual em toda a sua seção. Essas engrenagens raramente apresentam dureza maior que 390 Brinell, em função da dificuldade de usinagem com métodos convencionais. O endurecimento superficial é feito para que o dente chegue a ter de 58 a 62 Rockwell C, aproximadamente a mesma dureza que as pistas de um rolamento. Essa dureza aumentada permite aos dentes suportar as cargas oriundas do funcionamento das engrenagens. Engrenagens de utilização em máquinas industriais de alta potência e alta rotação são em geral endurecidas totalmente.

5.6.5 – Verificação do Dimensionamento de Engrenagens de Alta Rotação

Apesar de ser bastante complicado projetar uma engrenagem, não é difícil fazer uma avaliação simplificada de um projeto existente.

Alguns fatores que devem ser considerados e verificados em uma revisão de projeto são:

a) Documentação gerada pelas inspeções da engrenagem, como certificados de material, tratamento térmico, relatórios de testes de vibração e contato entre os dentes;

b) Modificações de projeto ou de condições de operação podem levar a uma engrenagem a falhar. Essas condições devem ser revistas e avaliadas.

c) Verificar se a engrenagem foi dimensionada para atender a todas as condições de operação. Não é incomum que a seleção da engrenagem tenha sido feita sem considerar algumas condições anormais de operação, ou cargas externas, por exemplo;

Um procedimento simplificado para avaliar o dimensionamento de engrenagens helicoidais de alta rotação é o utilizado na norma API 613 – *Special Purpose Gear Units*, abaixo descrito.

O procedimento consiste em calcular um Índice de *Pitting* (K), um Fator de Flexão (S) e verificar a relação comprimento / diâmetro pinhão.

a) Índice de *Pitting*
K = [Wt / d / Fw] * [(R + 1) / R][5.6.1]
Em que:
Wt = Carga Tangencial (N), Wt = (1,91x107) * Pg / (Np*d)
Fw = Largura da face (mm)
d = Diâmetro primitivo do pinhão (mm)
Np = rpm pinhão
Pg = Potência nominal (kW)
R = Relação de Transmissão

O valor calculado deve ser comparado com o admissível, dado pela equação
Ka = Im / (SF)[5.6.2]
Em que:
Im = Índice do material (Figura 5.6.11)
SF = Fator de serviço (Tabela 5.6.1)

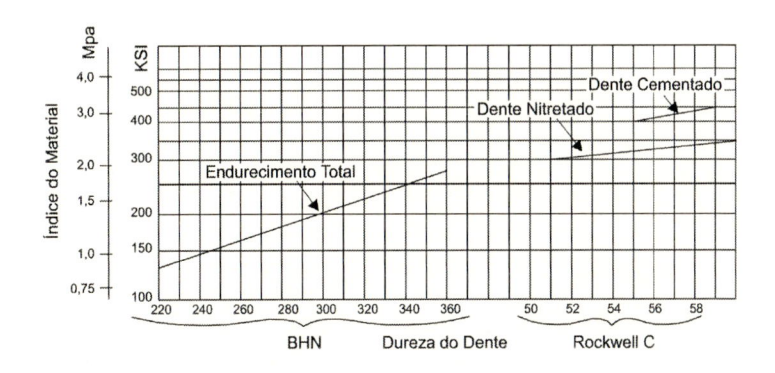

Figura 5.6.7
– Índice de *pitting* admissível (API Std 613: *Special Purpose Gear Units for Petroleum, Chemical and Gas Industry Services*, 4ª ed, Washington, EUA, 1995).

Tabela 5.6.1 — Fatores de serviço

Equip. acionado	Acionador	
	Motor	Turbina
Sopradores e compressores centrífugos e axiais	1,4	1,6
Compressores rotativos	1,7	1,7
Compressores alternativos	2,0	2,0
Ventiladores centrífugos tiragem forçada	1,4	1,6
Ventiladores centrífugos tiragem induzida	1,7	2,0
Geradores carga base	1,1	1,1
Geradores carga pico	1,3	1,3
Bombas centrífugas uso geral	1,3	1,5
Bombas centrífugas alimentação caldeira, óleo alta temperatura, rpm > 3600	1,7	2,0
Bombas rotativas	1,5	1,5
Bombas alternativas	2,0	2,0

b) Fator de flexão
S = [(Wt * Pnd) / Fw] * (SF) * [(1,8 * cos g) / J] [5.6.3]
Em que:
Pnd = Diametral picth normal (1/pol)
g = ângulo da hélice
J = Fator de geometria AGMA 908 (Tabela 5.6.2)

O valor calculado deve ser comparado com o admissível, retirado da Figura 5.6.12.

O valor máximo da relação entre comprimento e diâmetro primitivo do pinhão está listado na Tabela 5.6.3.

5.6.6 — Falhas de Engrenagens

A diferença entre amaciamento das engrenagens e uma falha por desgaste excessivo pode ser somente uma questão de tempo. Se uma engrenagem falhar após 30 anos de serviço ela teve uma durabilidade adequada à maior parte das aplicações. O mesmo não pode ser dito de uma engrenagem que durar 30 dias.

Uma análise sistemática de uma falha de engrenagem começa com a classificação do tipo de falha, o que é feito a partir do exame da aparência e dos mecanismos da falha. Após o estabelecimento do mecanismo de falha é necessário buscar a sua causa básica. Uma verificação da capacidade de carga da engrenagem é sempre interessante durante a análise da falha, se não houver uma causa óbvia. Os passos descritos no Capítulo 2 devem ser seguidos para analisar uma falha de engrenagens.

A maior parte das falhas de engrenagens tem origem em problemas ligados à sua utilização, tais como montagem e lubrificação inadequadas, sobrecargas etc. As falhas de engrenagens são classificadas em quatro classes gerais: desgaste, fadiga superficial, deformação plástica e quebras. No entanto, não é incomum acontecerem falhas devido a erros de projeto e de fabricação.

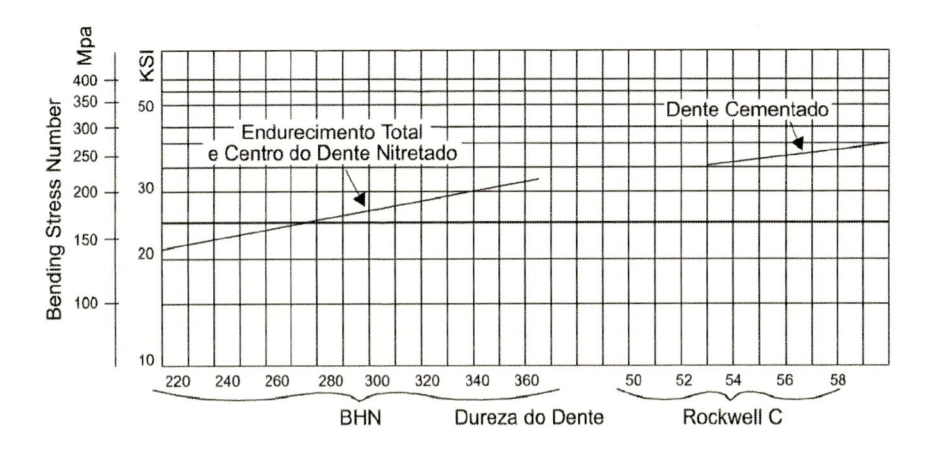

Figura 5.6.8
− Fator de flexão admissível (API Std 613: *Special Purpose Gear Units for Petroleum, Chemical and Gas Industry Services*, 4ª ed, Washington, EUA, 1995).

Tabela 5.6.2 − **Fator de geometria AGMA 908 (aproximação que pode ser utilizada na falta de informação do fabricante da engrenagem), ângulo de pressão normal de 20°.**

	Dentes retificados (ground or shaved)		Full round bottom	
Nº. dentes	Hélice simples	Hélice dupla	Hélice simples	Télice dupla
20	0,47	0,44	0,51	0,49
30	0,50	0,47	0,55	0,52
60	0,55	0,50	0,60	0,55
150	0,56	0,51	0,61	0,56
500	0,58	0,52	0,63	0,57

Tabela 5.6.3 – Valor máximo da relação entre comprimento e diâmetro primitivo do pinhão

dureza mínima da engrenagem	dureza mínima do pinhão	l/d máximo	
		hélice dupla	hélice simples
223 BHN	262 BHN	2,4	1,7
262 BHN	302 BHN	2,3	1,6
302 BHN	341 BHN	2,2	1,5
352 BHN	50 RC	2,0	1,45
50 RC	50 RC	1,9	1,4
55 RC	55 RC	1,7	1,35
58 RC	58 RC	1,6	1,3

Engrenagens bem projetadas e operadas não vão mostrar sinais apreciáveis de desgaste, mesmo após longo tempo de operação. Qualquer falha de engrenagem deve ser tratada como uma anormalidade. Engrenagens devem sempre ser substituídas aos pares, uma vez que o ajuste que existe entre o par (obtido por amaciamento em serviço ou por caseamento na fábrica) será perdido.

As falhas de engrenagens são divididas em quatro tipos, de acordo com a AGMA: desgaste, fadiga superficial, deformação plástica e fraturas. Engrenagens devem ser inspecionadas periodicamente, registrando-se folgas, dimensões, fotografias etc. Esses dados permitirão acompanhar o desgaste da engrenagem e decidir sobre futuras substituições.

5.6.6.1 – Desgaste dos dentes

Desgaste ocorre quando há remoção de material dos dentes das engrenagens. Algum desgaste é inevitável, podendo o fenômeno ocorrer em graus variados. Os mecanismos de desgaste são classificados em função da severidade:

a) Amaciamento é o processo que ocorre devido ao contato metal-metal durante operação normal, resultando em uma superfície bastante lisa. Essa condição normalmente ocorre quando as engrenagens trabalham em baixa velocidade e o filme de óleo é fino. Em geral não constitui um problema, podendo ser reduzido por qualquer modificação que facilite a formação do filme de óleo, tais como utilização de óleo com maior viscosidade, aumento da velocidade ou redução da carga transmitida. A Figura 5.6.9 mostra uma engrenagem amaciada, com superfície polida;

Figura 5.6.9
– Pinhão mostrando polimento resultante do amaciamento.

b) Desgaste moderado vai se manifestar como um padrão de desgaste em que ocorre remoção de material do *addendum* e do *dedendum*, ficando a região do diâmetro primitivo praticamente inalterada. A razão pela qual o desgaste é mais severo no *addendum* e no *dedendum* é o deslizamento entre os dentes que ocorre nessas regiões. A região do diâmetro primitivo está sujeita somente a rolamento entre os dentes. As causas do desgaste podem ser várias: sobrecarga, dureza insuficiente dos dentes, falta de óleo, existência de abrasivos no óleo. Um desgaste moderado pode ocorrer durante toda a vida da engrenagem, particularmente quando as condições de lubrificação estão próximas do limite. A Figura 5.6.10 ilustra o mecanismo de desgaste do dente. A Figura 5.6.11 mostra uma engrenagem com desgaste moderado;

c) Desgaste acentuado ocorre do mesmo modo e mostra os mesmos padrões do desgaste moderado, tendo uma maior velocidade de remoção de material. Uma quantidade razoavelmente grande é removida do dente. A vida da engrenagem será muito reduzida. Causas desse desgaste acentuado são deficiências de lubrificação como viscosidade muito baixa, filtragem inadequada, vazão insuficiente etc. A Figura 5.6.12 mostra uma engrenagem com desgaste acentuado;

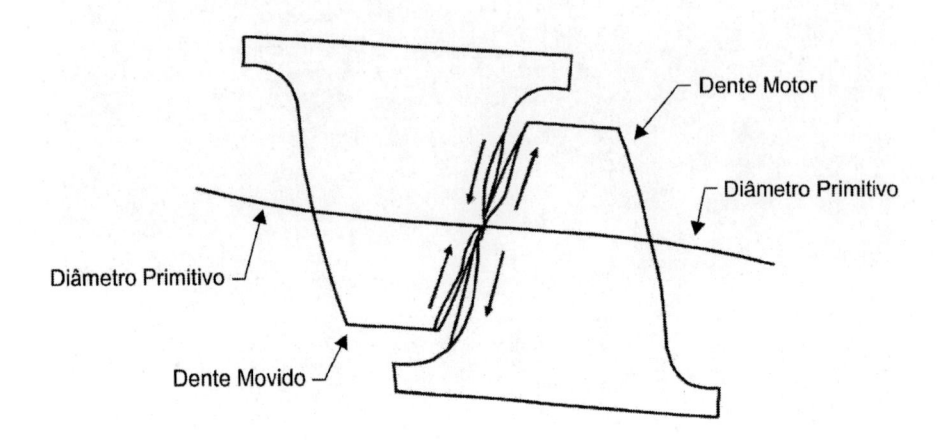

Figura 5.6.10
– Ilustração do mecanismo de desgaste.

d) Corrosão é encontrada na forma de deterioração da superfície, como visto no Capítulo 4. As causas da corrosão da engrenagem são diversas, incluindo ação química de ingredientes ativos do óleo ou do próprio óleo deteriorado. Umidade também desempenha um papel importante.

5.6.6.2 – *Fadiga superficial*
É o modo mais comum de falha de engrenagens, sendo caracterizado pela existência de *pittings* em concentrações variadas. Ao contrário do desgaste, que normalmente está associado a alguma forma de falha da lubrificação, a fadiga superficial pode ocorrer mesmo com lubrificação adequada.

A exemplo dos rolamentos, a fadiga superficial das engrenagens ocorre devido às tensões de contato entre as superfícies, com o agravante da existência de deslizamento entre os dentes. Esse deslizamento causa um aumento da compressão de um lado da região de contato e da tração no outro lado. Trincas microscópicas se formam sob a superfície e vão eventualmente abrir-se para o exterior.

A ocorrência de *pitting* leve na região do diâmetro primitivo pode ser sinal de uma acomodação das irregularidades superficiais dos dentes. Pequenas imperfeições acima ou abaixo do diâmetro primitivo normalmente são desgastadas durante o amaciamento da engrenagem e tendem a desaparecer. Na região do diâmetro primitivo não há deslizamento entre os dentes, qualquer irregularidade vai causar somente um aumento localizado da tensão e pode levar à fadiga superficial. Pequenos desalinhamentos também podem causar um ligeiro *pitting* na região mais carregada do dente, o que normalmente redistribui os esforços e não progride. A Figura 5.6.13 mostra uma engrenagem com fadiga superficial na região do diâmetro primitivo.

Figura 5.6.11
– Engrenagem com desgaste moderado.

Figura 5.6.12
– Desgaste acentuado de engrenagem.

Por outro lado, ocorrência de *pitting* na região do *dedendum* (abaixo do diâmetro primitivo) da engrenagem motriz indica que a engrenagem está sobrecarregada. Essa região normalmente concentra todo o dano por fadiga superficial em função de ser a região mais carregada do dente e de ter movimento de deslizamento em sentido contrário ao do rolamento, o que leva as forças devidas ao atrito a facilitar a formação das trincas de fadiga.

Figura 5.6.13
– Engrenagem de alta rotação com *pitting* moderado.

A Figura 5.6.14 mostra uma engrenagem com danos superficiais severos devido à sobrecarga localizada gerada pelo desalinhamento. A Figura 5.6.15 mostra uma engrenagem com dano superficial causado por sobrecarga.

Uma sobrecarga dos dentes pode também causar uma forma mais acentuada de *pitting*, conhecido como *spalling*. As principais diferenças são o maior tamanho e o formato mais irregular das cavidades. O *spalling* em geral só é evitado pela redução da carga atuante nos dentes.

5.6.6.3 – Deformação plástica dos dentes

Deformações plásticas acontecem quando as altas tensões de contato, em combinação com o movimento de rolamento e roçamento entre os dentes, ultrapassam o limite de escoamento do material. Embora esteja usualmente associado a materiais de dureza reduzida, também pode ocorrer em função de sobrecargas em materiais de alta resistência.

As deformações podem ser classificadas em três mecanismos:

a) Escoamento a frio pode ser evidenciado pela ocorrência de escoamento do material da superfície ou subsuperfície do dente. O material pode ser deformado para além da extremidade do dente, resultando em uma aparência de flange. As pontas dos dentes podem ficar arredondadas. Operação continuada sob essas condições aumenta as cargas dinâmicas no dente. Para eliminar esse problema é necessário reduzir as cargas e aumentar a dureza do material;

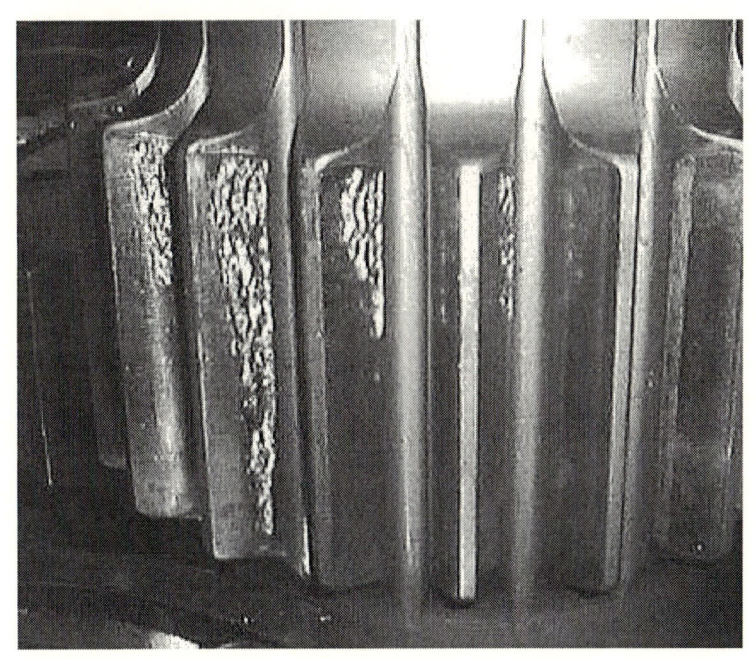

Figura 5.6.14
– *pitting* destrutivo em uma engrenagem devido ao desalinhamento.

b) Enrugamento (*rippling*) é a formação de uma superfície ondulada, regular, com angulo reto em relação à direção do movimento. A superfície fica com a aparência de ter escamas. É mais comum em engrenagens endurecidas, sendo considerada um defeito somente se progredir para um estágio avançado. Usualmente ocorre com operação em baixa velocidade com filme de óleo inadequado. Pode ser evitado pelo endurecimento do

dente, redução das cargas de trabalho ou pela utilização de óleo mais viscoso ou com aditivos de extrema pressão;
c) Escoamento direcional (*ridging*) causa uma série de picos e vales que se estendem na direção do movimento entre os dentes. Ocorre quando altas tensões de contato em combinação com baixas velocidades causam escoamento do material da superfície. Usualmente encontrado em engrenagens sem-fim com alta carga ou engrenagens hipóides. Soluções para o problema incluem reduzir as tensões de contato, aumentar a dureza do material ou utilizar um óleo mais viscoso ou com aditivos de extrema pressão.

Figura 5.6.15
– *pitting* causado por sobrecarga. Notar predominância na região do *dedendum*.

5.6.6.4 – Fraturas dos dentes

Fraturas dos dentes das engrenagens podem ocorrer por fadiga, o que é mais comum, ou por sobrecarga. No caso da fadiga, prevalecem as condições já mencionadas no Capítulo 4, ou seja, existência de concentradores de tensões facilitam a nucleação e propagação da trinca. Sobrecargas normalmente são oriundas de impactos, gripamento dos dentes devido a falhas dos mancais, empenos de eixo, entrada de corpos estranhos. A análise da aparência das fraturas pode ser feita conforme explicado no Capítulo 4.

Figura 5.6.16
– Dentes de engrenagem deformados plasticamente devido ao impacto. Notar existência de "abas" na extremidade do dente, lembrando a cabeça de um rebite após ser montado.

Figura 5.6.17
– Fraturas por fadiga originadas na raiz do dente.

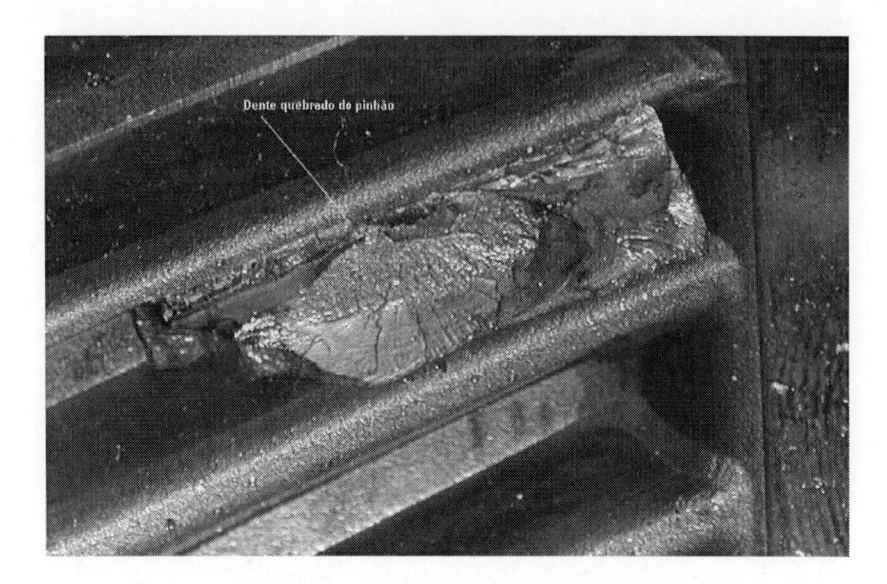

Figura 5.6.18
– Fratura frágil em dente de engrenagem.

Figura 5.6.19
– Engrenagem cujos dentes se romperam por sobrecarga localizada, causada pelo desalinhamento dos eixos.

5.6.6.5 – Outros mecanismos de danos

Existem ainda outros modos de falha de engrenagens, associados a processamento impróprio na fabricação, condições ambientais ou acidentes. Dentre eles encontramos:

a) Trincas no resfriamento após ou durante o tratamento térmico podem ocorrer em diversas regiões do dente, normalmente só se tornando visíveis após algum tempo de uso. A prevenção dessas trincas causadas pelo tratamento térmico requer uma completa revisão dos procedimentos de tratamento térmico;
b) Trincas causadas pela retífica são identificadas pelo padrão regular, podendo ser trincas curtas paralelas ou formando um padrão de tela de galinheiro. Normalmente tem cerca de 0,1 mm de profundidade. Para evitar esse tipo de problema, as condições da retífica devem ser revistas, modificando o procedimento para reduzir geração de calor;
c) Danos por corrente elétrica serão pequenos alvéolos em um padrão bem definido distribuído uniformemente pelo dente. Um exame ao microscópio mostra uma aparência não fibrosa, já que houve derretimento localizado. Para evitar esse tipo de dano, é necessário rever as condições de isolamento elétrico e assegurar que os aterramentos sejam feitos de forma adequada, principalmente no caso de execução de serviços de solda nas proximidades da engrenagem.

5.7 – Válvulas de Compressores Alternativos

A função das válvulas dos compressores alternativos é permitir o fluxo de gás pelo cilindro em uma única direção. As válvulas e os anéis dos pistões são os componentes de um compressor alternativo que apresentam a maior taxa de falhas, por terem partes móveis com pequenas folgas ou contato sólido com movimento relativo. Todas essas partes são expostas ao gás comprimido e às eventuais impurezas do processo.

Não é possível definir a vida útil de projeto para os diversos tipos de válvula. No entanto, é possível obter vidas úteis típicas para cada tipo de serviço. A grande variedade de projetos de válvulas e tipos de serviços impede uma discussão geral deste assunto. Um objetivo frequentemente perseguido é o de uma vida útil de 25.000 horas. Esta é uma meta desafiadora, principalmente se considerarmos que em um compressor de processo, operando a 400 – 500 rpm, as válvulas se abrem e fecham mais de 500 milhões de vezes, neste período.

Os tipos de válvulas mais comuns em compressores de processo são as válvulas de anéis e de plug (*poppet*), sendo ainda encontradas válvulas de canais e placas em máquinas antigas. Normalmente os anéis e *poppets* são feitos de polímeros, tais como *glass nylon* ou PEEK. As Figuras 5.7.1 e 5.7.2 mostram dois tipos comuns de válvulas

Figura 5.7.1
– Válvula de anéis (The Valve Book, Clark Bulletin, 1963)

5.7.1 – Funcionamento da válvula

As válvulas de um compressor alternativo são atuadas automaticamente pela diferença de pressão do gás a montante e a jusante. Partindo-se da situação em que o pistão está no ponto morto superior, momentaneamente com velocidade igual a zero, as válvulas de descarga já se fecharam e as de sucção ainda não se abriram.

Quando o pistão começa a se mover na direção do ponto morto inferior, uma diferença de pressão se estabelece entre os dois lados da válvula. Assim que essa diferença de pressão atinge um certo valor, correspondente aproximadamente à força exercida pelas molas, as válvulas de sucção se abrem, comprimindo as molas.

A velocidade do pistão aumenta e, com isso, aumenta a velocidade do gás através das válvulas. Esse aumento de velocidade causa um aumento na perda de carga através das válvulas.

Quando o pistão se aproxima do ponto morto inferior, sua velocidade se aproxima de zero. Desse modo, a velocidade do gás através das válvulas também se aproxima de zero, o que reduz a perda de carga através das válvulas. Quando esta perda de carga atinge o valor correspondente à força exercida pelas molas, a válvula de sucção se fecha.

Figura 5.7.2
– Válvula *poppet* (The Valve Book, Clark Bulletin, 1963)

O movimento do pistão é revertido novamente e começa a compressão do gás. Durante uma parte do curso do pistão, não há fluxo de gás por meio das válvulas de descarga. Esse fluxo se estabelece somente quando a pressão interna do cilindro fica maior que a pressão externa o suficiente para abrir as válvulas de descarga. Essa diferença do modo de operação indica porque as válvulas de descarga são diferentes das de sucção:
    a) A velocidade do pistão no momento da abertura e fechamento de cada válvula é diferente;
    b) O tempo durante o qual elas se mantêm abertas é diferente;
    c) A pressão e temperatura do gás que flui através das válvulas são diferentes.

A Figura 5.7.3 ilustra a situação das válvulas de sucção e descarga imediatamente antes da sua abertura. Alguns fatores colaboram para que seja necessária certa diferença de pressão para abertura da válvula:

a) Além da carga das molas, a área do elemento de vedação exposta à pressão é maior à jusante desse elemento de vedação, devido à necessidade de uma sede de assentamento;
b) Pode haver presença de líquidos entre os elementos de vedação e a sede, o que pode criar um efeito de adesão. Esses fluidos podem ser oriundos de lubrificação do cilindro, de condensação do gás ou podem ser carreados pela corrente de gás.

A força que causa a abertura dos elementos de vedação aumenta com o tempo, acelerando os elementos de vedação até que eles encontrem com o batente.

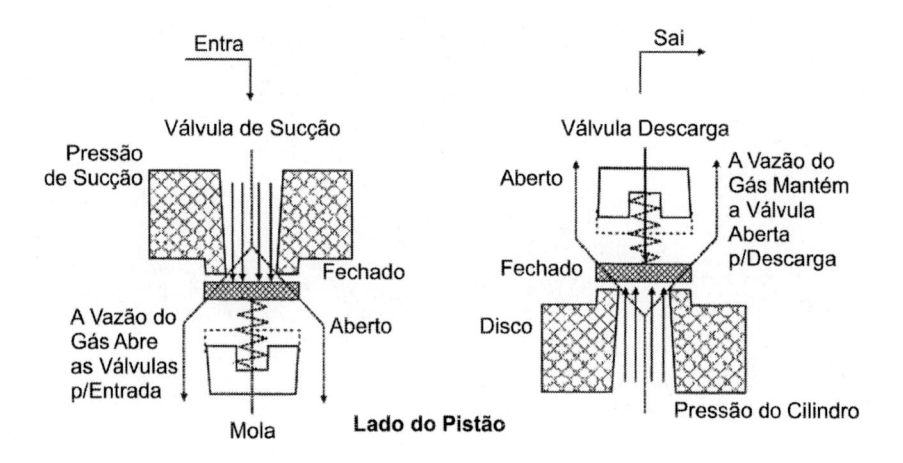

Figura 5.7.3
– Funcionamento de uma válvula de compressor alternativo.

O fechamento das válvulas acontece quando a velocidade de passagem do gás se aproxima de zero. O movimento de fechamento das válvulas é crítico para o seu bom funcionamento, devendo acontecer de forma controlada, motivado pela ação das molas. Molas muito moles vão resultar em um fechamento lento, o que pode levar o anel a ser fechado pela reversão da pressão do gás na mudança de sentido do movimento do pistão. A força exercida pelo gás é muitas vezes maior que a das molas, o que pode levar a quebras e desgaste exagerado dos anéis.

Por outro lado, molas duras demais vão fechar as válvulas antes da chegada do pistão ao ponto morto. Como o pistão continua seu curso no mesmo sentido, a diferença de pressão forçará nova abertura das válvulas. A repetição desse fenômeno causa uma série de impactos entre os anéis e a sede, provocando fraturas e desgaste prematuro.

Parâmetros importantes para a eficiência e vida útil da válvula são:

a) Velocidade do gás através das passagens da válvula – Este fator tem relação direta com a perda de carga através da válvula e, por conseguinte, na eficiência do compressor. Os fabricantes estabelecem limites para a velocidade média do gás durante a sucção ou descarga;

b) Abertura da válvula – Quanto maior a abertura, menor a perda de carga e maior a eficiência do compressor. Por outro lado, quanto maior a abertura, maior a velocidade do impacto do elemento de vedação contra a sede, por ocasião do fechamento da válvula. Um aumento da velocidade de impacto reduz a vida da válvula. A abertura utilizada em compressores de processo é um compromisso entre estes dois fatores;

c) Dinâmica da válvula – A determinação da posição do elemento de vedação correspondente a cada posição do pistão é chamada de análise dinâmica da válvula. Nesta análise é possível determinar se o comportamento dinâmico será adequado, ou seja, se haverá abertura tardia, batimentos (*fluttering*) e qual a velocidade de impacto contra a sede. O resultado deste estudo pode ter grande influência na vida útil da válvula.

5.7.2 – Falhas de Válvulas

A maneira como as falhas de válvula se manifestam são, em geral, aumento da temperatura da válvula ou do gás e ruídos anormais. Frequentemente encontramos os dois sintomas juntos. Como a função da válvula é permitir a passagem do gás em uma única direção, consideramos que uma válvula que permite que o gás circule na direção oposta falhou.

Existem quatro pontos por onde pode ocorrer o vazamento, devendo todos eles ser verificados no caso da remoção de uma válvula que vaza:

a) Vazamento entre a sede e os anéis (ou *poppets*) causado por arranhões, desgaste ou partículas estranhas entre as peças, ou ainda por quebra dos anéis;

b) Vazamento ao redor do parafuso central da válvula pode ocorrer se ele tiver danos no assentamento da cabeça ou em muitos fios de rosca;
c) Vazamento entre o corpo da válvula e a sede pode ocorrer, sendo normalmente negligenciado. É usual um corpo de válvula ser reaproveitado com uma nova sede, podendo estar empenado ou ligeiramente rugoso. As duas peças devem sempre ser lapidadas juntas;
d) Vazamento entre o assento do cilindro e o corpo da válvula pode ocorrer se houver algum corpo estranho ou algum problema com a junta. No caso de válvulas que não utilizam juntas entre o corpo e a sede a lapidação das faces é crítica.

As falhas de válvulas podem em geral ser classificadas nas seguintes categorias:

a) Desgaste mecânico e fadiga;
b) Materiais estranhos no fluxo de gás
c) Ação anormal dos componentes da válvula ou do compressor.

5.7.2.1 – Desgaste mecânico e fadiga

O desgaste normalmente ocorre na região onde um componente toca o outro. O desgaste prolongado das peças pode causar desalinhamentos internos, assentamento inadequado e vazamentos. Uma válvula cujo elemento de vedação se fecha com alta velocidade terá desgaste elevado. Lubrificação do cilindro pode reduzir o desgaste, embora excesso de lubrificação possa causar uma adesão temporária entre o elemento de vedação e a sede, aumentando o desgaste devido ao aumento da velocidade de impacto. A presença de elementos estranhos no gás pode aumentar o desgaste. A Figura 5.7.4 mostra um anel de compressor de processo com desgaste acentuado devido à deposição de coque, altamente abrasivo.

5.7.2.2 – Materiais estranhos no gás

Incluem-se nessa categoria os corpos estranhos deixados no interior do compressor ou tubulações, como ferrugem e areia, resíduos de falhas de válvulas anteriores e outros. Esses materiais aceleram o desgaste das válvulas ou podem atrapalhar o funcionamento das molas e causar quebras de molas.

Também estão incluídos os casos de ingestão de líquido pelo compressor, ou de condensação no interior dos cilindros. Certa quantidade de líquidos pode quebrar as válvulas por causa do aumento exagerado do esforço exercido ou acelerar o desgaste pela diluição do lubrificante.

Uma terceira categoria de problemas é a formação de coque, que reduz a eficiência pela redução da área de passagem e causa sérios problemas de válvulas. Os componentes das válvulas estão também sujeitos a corrosão pelo gás ou umidade nele existente. Um exemplo simples é a corrosão de anéis de aço pela umidade, no caso de compressores de ar. A corrosão modifica a rugosidade superficial gerando vazamentos e possibilidade de ruptura por fadiga.

Figura 5.7.4
– Anel de válvula de compressor alternativo com desgaste acentuado. O desgaste foi acelerado pela deposição de coque.

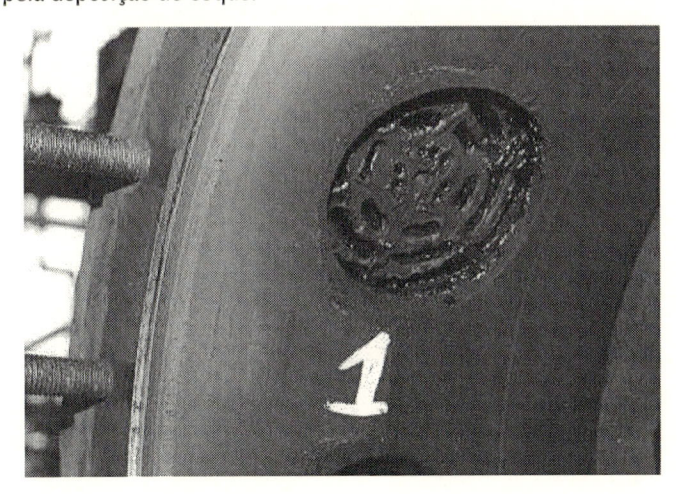

Figura 5.7.5
– Válvula de compressor alternativo coberta de coque. O anel mostrado na figura anterior trabalhou, por algum tempo, nesta válvula.

5.7.2.3 – Ação anormal das válvulas

Nesse item estão listados impactos dos anéis contra as sedes, causados por um fechamento lento (molas muito fracas ou *lift* muito alto), *fluttering*, que ocorre quando a velocidade do gás não é suficiente para manter os anéis totalmente levantados e esses ficam abrindo e fechando durante a descarga ou sucção do gás, ressonância do gás nas tubulações, que pode aumentar os esforços exercidos sobre as válvulas.

Figura 5.7.6
– Anel de compressor de ar corroído pela umidade.

Também estão incluídos efeitos externos às válvulas, como ação de descarregadores tipo garfo, que podem danificar os anéis se atuarem com muita força ou não se retraírem o suficiente para não ficar no caminho das válvulas enquanto elas abrem e fecham, causando colisões e quebras de anéis. Por essa razão, os compressores devem preferencialmente utilizar descarregadores tipo *plug*, que não atuam nas válvulas. A Figura 5.7.6 mostra um grupo de anéis de uma válvula de sucção de um compressor de processo cujo descarregador estava desregulado. Podem ser vistas as marcas causadas pelos garfos nos anéis.

5.8 – Transmissões por Correias

Transmissões por correias são dispositivos simples utilizados para transmitir torque e movimento rotativo entre eixos, que usualmente estão paralelos. A transmissão de potência se dá pelo atrito ou pelo engrenamento da correia com as polias.

Esse tipo de transmissão tem as seguintes características:

a) Facilidade de instalação e manutenção;
b) Alta confiabilidade e vida longa;
c) Pode operar com altas velocidades periféricas;
d) Pode ser utilizada para absorver vibrações e choques;
e) Capacidade de transmissão de potência e de relação de transmissão por polia limitadas;

Figura 5.7.6 –
Anel de válvula quebrado pela ação irregular dos descarregadores. Notar marcas produzidas pelas extremidades dos garfos.

f) Em alguns casos não é possível sincronismo dos eixos;
g) Em alguns casos são necessárias grandes forças de contato para a transmissão.

A figura abaixo mostra a geometria básica de uma transmissão com duas polias, que o caso mais comum.

$i = d_2 / d_1$ [5.8.1]
$a = \text{ASEN} \{ (d_2-d_1) / (2 \times e) \}$ [5.8.2]
$b1 = 180° - 2 \times a$ [5.8.3]

b2 = 180° + 2 x a [5.8.4]
l = 2 x e x COS a + pi x (d1 x b1/360° + d2 x b2/360°)[5.8.5]

As equações acima mostram como calcular a relação de transmissão (i), o ângulo incluído da correia (a), os ângulos de abraçamento das duas polias (b_1 e b_2) e o comprimento da correia (l).

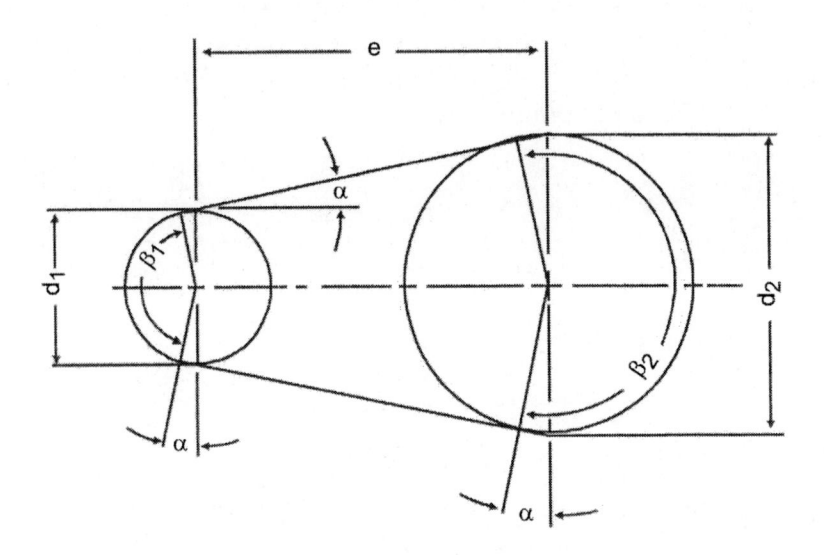

Figura 5.8.1
– Geometria básica de uma transmissão por correia.

A transmissão de potência se dá pela diferença entre as tensões da correia no lado ativo e no lado inativo. A Figura 5.8.2 ilustra a atuação das forças mencionadas. As forças de tração nos dois lados da correia e a sua velocidade devem ser balanceadas para maximizar a transmissão de potência, minimizar o escorregamento e a carga nos mancais e contrabalançar as tensões devidas à força centrífuga. A transmissão de potência será nula se a velocidade for igual a zero ou for tão grande que toda a capacidade de carga da correia seja necessária para resistir à força centrífuga. Maior tensão na correia dificulta o escorregamento, mas pode sobrecarregar os mancais do equipamento.

Quando a correia não sincronizadora está percorrendo o caminho entre o lado inativo e o ativo da polia, ela vai sendo gradativamente esticada. O aumento do seu comprimento causa um escorregamento em certo arco da polia, que deve ser menor que o arco de contato, para evitar que a correia escorregue para fora da polia. Embora o escorregamento aconteça em todas as correias não sincronizadas, só é possível à correia sair da polia no caso de correias planas.

5.8.1 – Correias em "V"

5.8.1.1 – Dimensionamento da transmissão por correia em "V"

Correias em "V" são transmissões não sincronizadas, existe sempre um certo escorregamento quando em operação normal. O efeito de cunha do rasgo da polia aumenta o atrito entre a correia e a polia e torna possível uma menor carga radial. Em geral, o ângulo da seção transversal da correia é da ordem de 36°, um ângulo menor que 20° causaria travamento da correia na polia. A correia é deformada ao se curvar na polia, ocorrendo uma redução do seu ângulo, o que é levado em conta no projeto da polia.

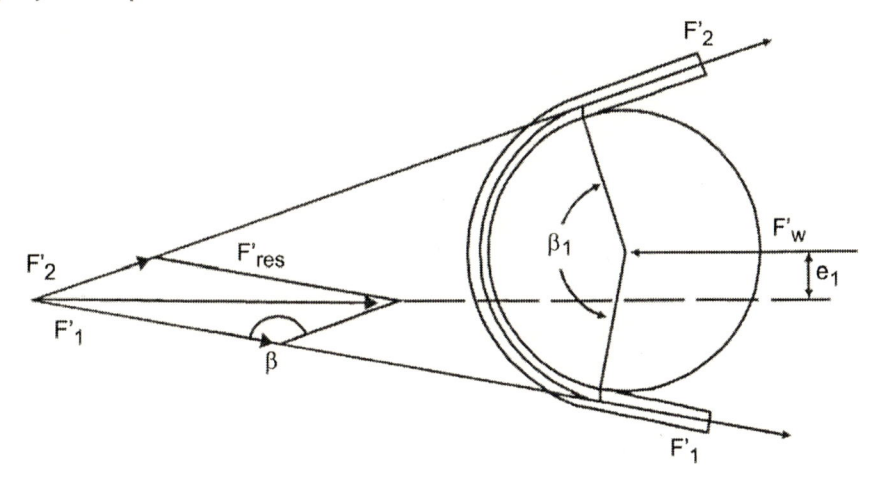

Figura 5.8.2
– Forças que atuam na polia.

Os diâmetros das polias são padronizados, diâmetros menores que o mínimo recomendado não devem ser utilizados para evitar elevadas tensões de dobramento. A distância entre centros deve estar entre certos limites, não podendo ser muito pequena, para evitar frequência de dobramento excessiva com o consequente aquecimento, nem muito grande, para evitar a possibilidade de vibrações laterais.

$$e_{mín.} >= 0{,}7 \times (d_1 + d_2) \qquad [\,5.8.6\,]$$
$$e_{máx.} <= 2 \times (d_1 + d_2) \qquad [\,5.8.7\,]$$

Uma transmissão corretamente projetada dispõe de dispositivos que permitem a instalação da correia sem uso de força e o retensionamento da correia após sua acomodação. Deve ser possível ajustar a distância entre centros de – 1,5% a + 3% do comprimento da correia.

A frequência de dobramento da correia deve ser menor que 30 Hz para evitar sobreaquecimento.

A capacidade de transmissão de potência, fatores de serviço, dimensões de polias e demais dados para dimensionamento de cada correia pode ser encontrada nos catálogos dos fabricantes. Uma transmissão dimensionada como descrito e corretamente instalada terá uma vida útil de cerca de 24.000 horas. A Figura 5.8.3 ilustra a distribuição dos esforços externos em uma correia em V. A Figura 5.8.5 mostra alguns tipos comuns de correias em V.

5.8.1.2 – Construção das correias

São correias sem-fim com seção trapezoidal, montadas em polias com perfil em V. As correias em V trabalham silenciosamente, absorvem choques e não exercem esforços muito grandes nos mancais.

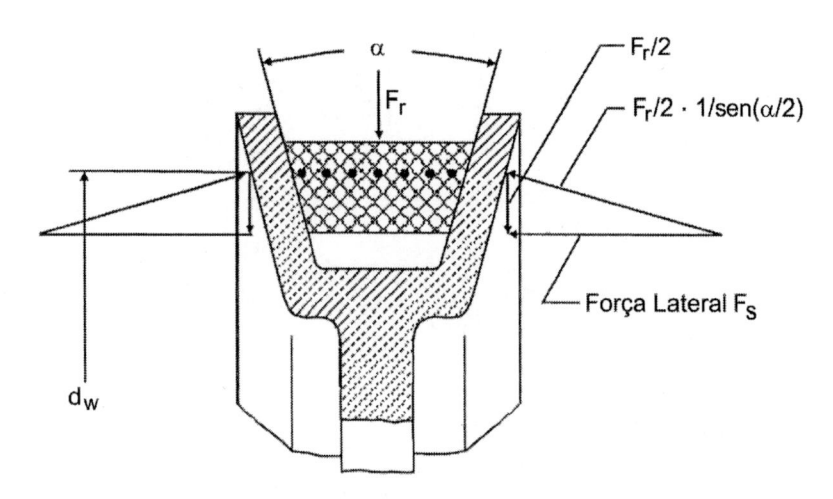

Figura 5.8.3
– Mecanismo de funcionamento de uma correia em "V".

As correias consistem em um conjunto formado por cordonéis que suportam a tração, um corpo de elastômero que suporta os cordonéis e pode, às vezes, ter uma cobertura para proteger o conjunto.

O conjunto de cordonéis forma a linha neutra e o diâmetro primitivo da correia no rasgo da polia. A figura abaixo ilustra diversos tipos de correia em uso.

Conjuntos de correias são montados para maiores capacidade de carga (h, i). A flexibilidade da correia pode ser aumentada com rasgos na parte inferior (d, e), permitindo uso de polias menores.

5.8.1.3 – Funcionamento da correia em V

Quando montada na polia e submetida à tração, a correia responde da seguinte maneira: a tração dos cordonéis puxa o elastômero e o elastômero se apoia nas laterais da polia e transmite o torque. Uma correia em bom estado distribui o esforço uniformemente pelos cordonéis. A Figura 5.8.5 mostra a distribuição dos esforços internos em uma correia em V.

5.8.1.4 – Fatores que influem na vida da correia
Listamos abaixo alguns fatores que influem sensivelmente na vida das correias:

a) Efeito do diâmetro da polia – A Tabela abaixo mostra a vida da correia quando instalada uma polia de diâmetro diferente do mínimo recomendado.

Diâm. (")	Vida (%)
12	260
11	165
10	100
9	59
8	30
7	15

Tabela 5.8.1 – Vida da correia em função do diâmetro da polia, tomando como base um diâmetro mínimo calculado de 10".

b) Efeito do número de correias em uma transmissão múltipla

Número	Vida (%)
12	200
11	140
10	100
9	65
8	41
7	23
6	13

Tabela 5.8.2 – Influência do número de correias na vida, tomando como base uma transmissão com número de correias calculado igual a 10.

(a) (b) (c)

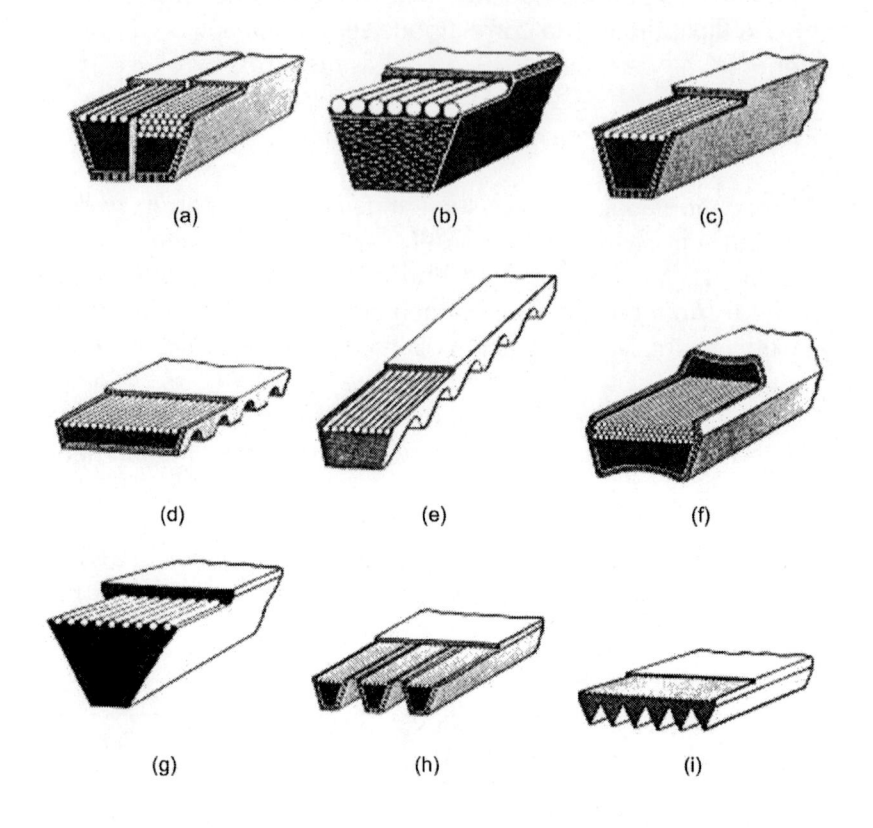

(d) (e) (f)

(g) (h) (i)

Figura 5.8.4
– Diversos tipos de correias em "V" (Shigley, Joseph e Mischke, Charles: *Standard Handbook of Machine Design*, McGraw-Hill Book Co., Nova Iorque, EUA, 1986)

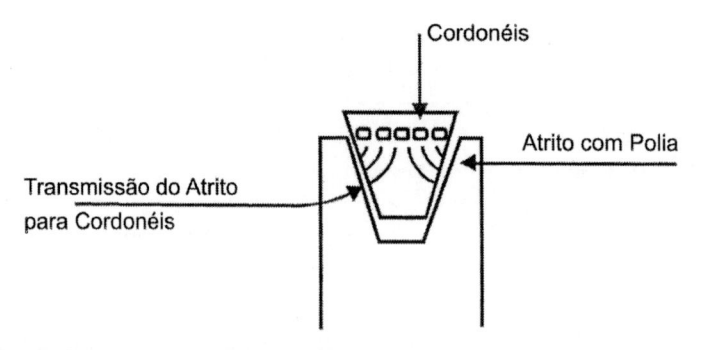

Cordonéis

Atrito com Polia

Transmissão do Atrito para Cordonéis

Figura 5.8.5
– Ilustração do funcionamento de uma correia.

c) Efeito da temperatura – A temperatura base para dimensionamento é 70º C. Temperaturas maiores e menores influem na vida da correia.

Tabela 5.8.3 – Efeito da temperatura na vida da correia

Temperatura (ºC)	Vida (%)
100	25
90	40
80	60
70	100
60	140
50	200

5.8.1.5 – Instalação das correias em "V"

Os seguintes passos contribuem para aumento da vida das correias:

a) Ao montar jogos de correias utilizar correias do mesmo lote, com tolerâncias de dimensões dentro das recomendadas nos catálogos. Trocar todas as correias de transmissões múltiplas ao mesmo tempo;
b) Os canais das polias devem ser mantidos limpos, sem ferrugem e sem danos;
c) As correias devem ser montadas sem utilização de ferramentas ou força. Deve haver um dispositivo para aproximar as polias;
d) As polias devem estar corretamente alinhadas (máx 5 mm / m distância entre centros);
e) Girar as polias com a mão e tensionar de acordo com a Tabela abaixo. A deflexão da correia deve ser de 1,6% do vão com a força indicada na Tabela.

Notar que um esticamento insuficiente resulta em escorregamento da correia e um esticamento excessivo pode sobrecarregar os mancais, reduzindo sua vida útil.

5.8.1.6 – Falhas de Correias em V

As causas de falha mais comuns das correias são temperatura elevada e desgaste da polia. Normalmente diz-se que um aumento de cerca de 10 ºC na temperatura da correia reduz a sua vida à metade (lembrar da lei de Arrhenius, que diz que um aumento de 10 ºC na temperatura dobra a velocidade de uma reação química). O aumento de temperatura afeta a correia de duas maneiras:

a) Amolece o elastômero e causa uma concentração da tração nos cordonéis próximos à periferia da correia, sobrecarregando-os;
b) Acelera a deterioração dos elastômeros (oxidação).
c) As principais causas da elevação de temperatura são:
d) Escorregamento, tanto devido à excesso de carga quanto ao tensionamento inadequado da correia. A correia produz o chiado característico;
e) Alta temperatura ambiente ou operação da correia enclausurada;
f) Desalinhamento, que causa atrito da correia com partes fixas ou com a própria polia;
g) Dobramento excessivo da correia devido à utilização de polias muito pequenas.

Perfil	Faixa de Diâmetros Polia Pequena	Força para 1 x HP Normal lbf	Força para 1,5 x HP Normal lbf
A	3,0" – 3,6"	3,6	5,2
A	3,8" – 4,8"	4,3	6,2
A	5,0" – 7,0"	5,0	7,2
B	3,4" – 4,2"	4,9	6,9
B	4,4" – 5,6"	6,5	9,3
B	5,8" – 8,6"	8,2	11,8
C	7,0" – 9,0"	15,5	22,1
C	9,5" – 16,0"	16,9	24,3
D	12,0" – 16,0"	28,1	40,9
D	18,0" – 27,0"	34,7	50,4

Tabela 5.8.4
– Força para esticamento das correias.

Uma polia desgastada reduz a vida da correia em função da concentração dos esforços nos cordonéis próximos à periferia da correia, que ficam sobrecarregados. Diz-se que a polia está gasta quando as laterais apresentam desvio de mais de 1 mm em relação a uma linha reta ou quando o fundo do rasgo da polia está polido, indicando que a correia não está se apoiando somente nas laterais. Uma polia gasta pode reduzir a vida da correia em 50%. A figura 5.8.6 mostra um exemplo de polia desgastada.

Figura 5.8.6
– Polia desgastada.

A temperatura de operação das correias deve ser medida com termômetro de infravermelho, sem contato. O limite de temperatura é 70º C, acima desse limite a vida da correia será reduzida. Deve ser possível tocar com as mãos nuas o canal da polia imediatamente após a parada do equipamento. Se isso não for possível, a polia está quente demais, sendo necessário verificar o tensionamento das correias e o desgaste da polia.

5.8.2 – Correias Sincronizadoras

Correias sincronizadoras (ou dentadas) são simplesmente correias planas com dentes que permitem uma transmissão de torque sem escorregamento na polia. São utilizadas quando é necessário sincronismo do movimento dos eixos. Os dentes que permitem o sincronismo também propiciam grande capacidade de transmissão de potência com reduzido esforço radial. Uma das polias necessita de um pequeno flange para evitar que a correia saia da polia.

A conformidade entre os dentes da correia e da polia é de extrema importância. O tensionamento da correia deve ser tal que permita esse sincronismo entre os dentes. Caso isso não ocorra, a transmissão de torque se dará em uma das extremidades da parte em contato com a polia, sobrecarregando os dentes da correia. Uma correia muito esticada vai ter um passo maior que o da polia, sobrecarregando os dentes do lado tensionado, e vice e versa.

A geometria da correia dentada é similar à da correia em "V". Os detalhes para um dimensionamento devem ser obtidos dos catálogos dos fabricantes de correias dentadas.

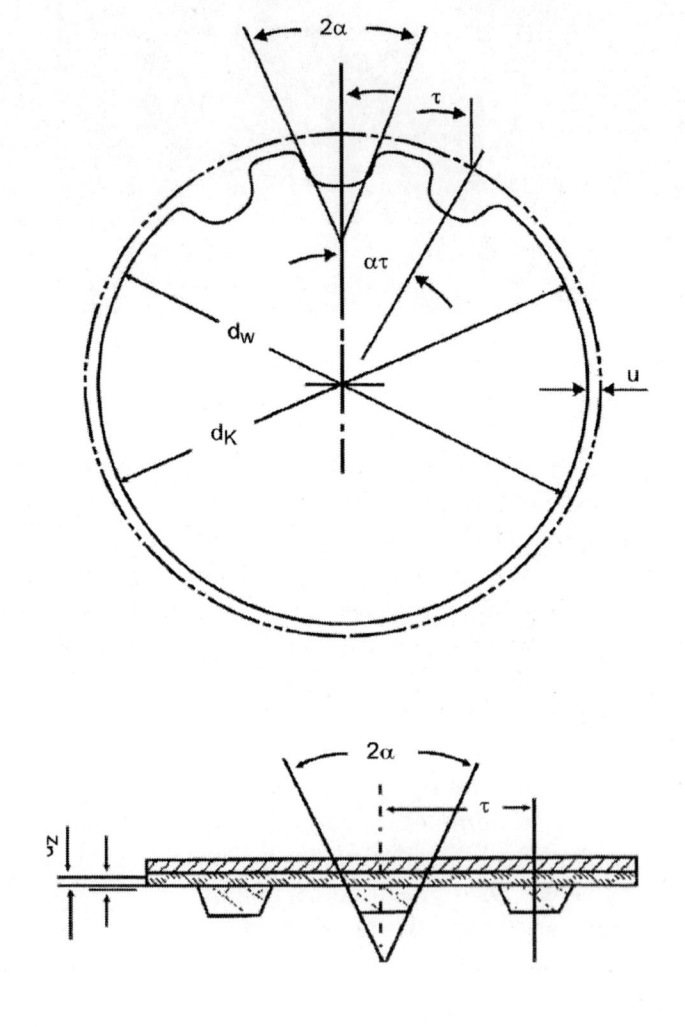

Figura 5.8.7
– Geometria de uma correia dentada e sua polia. (Shigley, Joseph e Mischke, Charles: *Standard Handbook of Machine Design*, McGraw-Hill Book Co., Nova Iorque, EUA, 1986).

Uma correia dentada é construída conforme mostrado nas figuras abaixo.

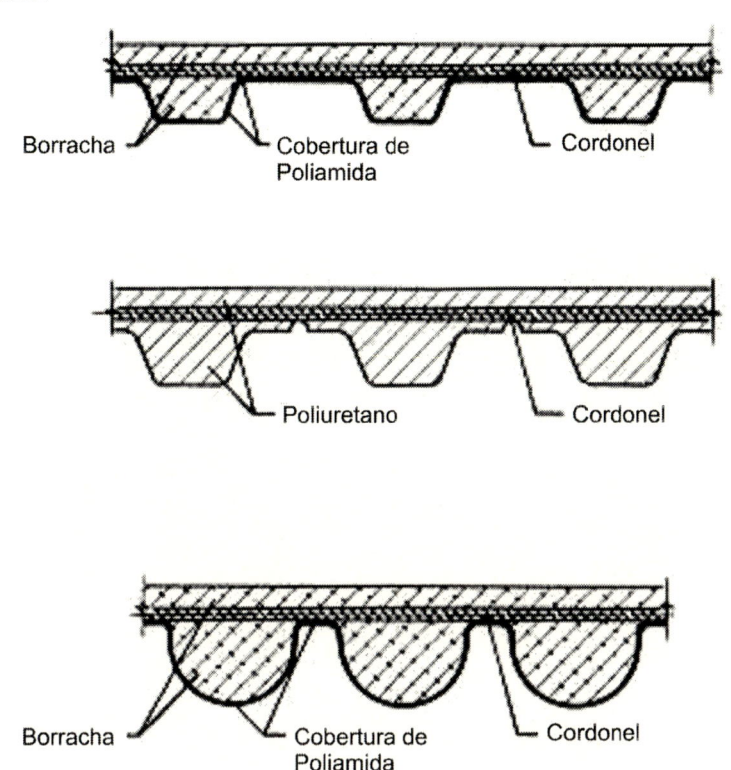

Figura 5.8.8
– Construção de correias dentadas (Shigley, Joseph e Mischke, Charles: *Standard Handbook of Machine Design*, McGraw-Hill Book Co., Nova Iorque, EUA, 1986).

Como no caso das correias em "V", o principal modo de falha das correias dentadas é sobreaquecimento. Os efeitos do sobreaquecimento são os mesmos citados anteriormente, oxidação da borracha e amolecimento, o que resulta em uma distribuição de cargas irregular. Também são possíveis falhas devido a carregamentos irregulares dos dentes.

Como no caso das correias em "V", as transmissões com correias dentadas são sensíveis ao desalinhamento das polias. Esse desalinhamento faz com que a distribuição de cargas nos dentes da correia seja irregular, o que leva a um desgaste muito rápido das regiões sobrecarregadas.

A Figura 5.8.9 mostra uma correia que trabalhou com parte da sua largura sem contato com a polia. A região da correia que não tem contato com a polia também está tracionada. No entanto, essa tração é transmitida às regiões adjacentes da correia, ao invés de para a polia, causando uma tensão de contato alta demais entre os dentes. Desse modo o desgaste é irregular e muito rápido.

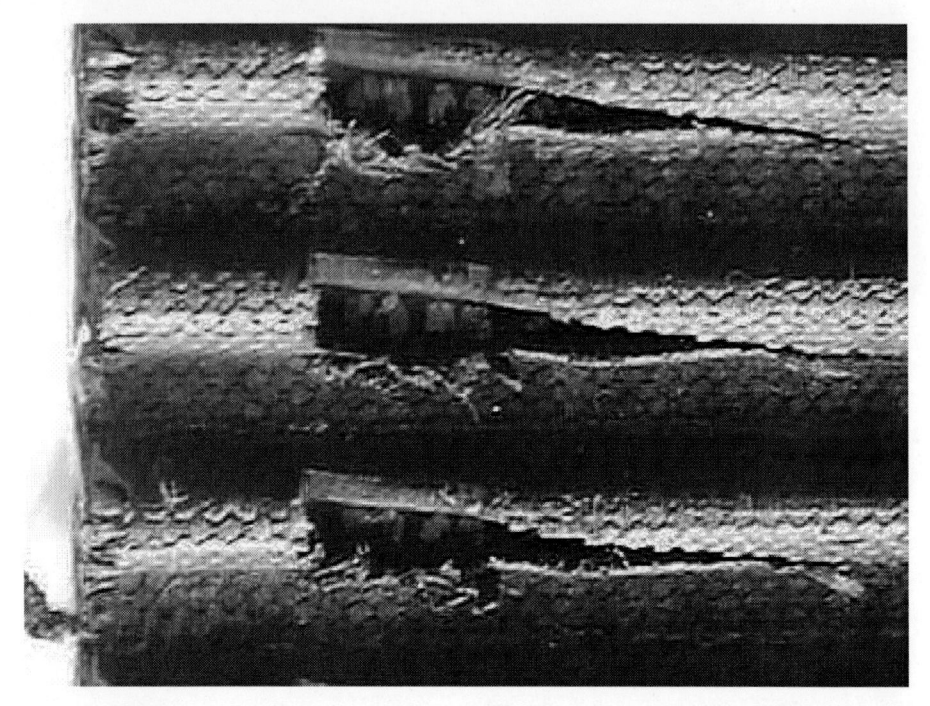

Figura 5.8.9
– Correia dentada com desgaste acentuado na região sobrecarregada dos dentes.

5.9 – Acoplamentos

No passado, a conexão entre equipamento acionador e acionado era feita por uma simples ligação aparafusada entre flanges nas pontas dos eixos. Não é difícil imaginar que uma quantidade razoável de falhas de eixos e mancais resultava dessa prática, especialmente se considerarmos que não existiam na época os recursos hoje disponíveis para alinhamento. Embora existam hoje em dia equipamentos que são conectados rigidamente uns aos outros, a enorme diversidade de tipos de máquina e requisitos de projeto resultou no desenvolvimento de diversos tipos de acoplamentos flexíveis. A primeira tentativa para resolver esse problema foi a redução da espessura dos flanges, aumentando a sua flexibilidade e reduzindo os esforços transmitidos aos eixos pelo desalinhamento. Acoplamentos de engrenagens foram os primeiros acoplamentos flexíveis utilizados. Os acoplamentos mais utilizados pela indústria de processo hoje em dia são os de lâminas e diafragma. Eixos flexíveis (*quill shafts*) e acoplamentos elastoméricos são encontrados em aplicações específicas. Acoplamentos de engrenagens e grades foram populares no passado, mas vem sendo substituídos pelos de lâminas e diafragma.

Essa seção contém uma visão geral dos tipos de acoplamentos mais utilizados, uma discussão das características e do balanceamento de acoplamentos de uso especial, algumas considerações sobre seleção de acoplamentos e sua instalação e uma discussão sobre análise de falhas de acoplamentos.

5.9.1 – Visão Geral

As funções básicas dos acoplamentos são:

a) Transmitir torque e rotação entre as máquinas;
b) Acomodar desalinhamento lateral e angular entre os eixos;
c) Compensar movimentos axiais dos eixos.

O projeto de acoplamentos é regulado principalmente pelos padrões dos fabricantes, mas duas normas internacionais são amplamente utilizadas pela indústria de processo: API 610/ISO 13709, *Centrifugal Pumps for Petroleum, Petrochemical and Natural Gas Industries* e API 671, *Special Purpose Couplings for Petroleum, Petrochemical and Natural Gas Industries*.

API 610 contém uma seção com especificações para acoplamentos cuja intenção é resultar em um componente adequado para uso em bombas centrífugas de uso geral, que normalmente são equipamentos com reserva em serviço não crítico. API 671 é dedicada inteiramente a especificar acoplamentos para uso em equipamentos de serviço especial, ou seja, serviço crítico sem reserva. Embora algumas referências a esses documentos sejam feitas ao longo do texto, é recomendável que sejam conhecidos na íntegra.

Ao discutir a capacidade de transmissão de potência de um acoplamento, deve-se distinguir entre fator de serviço e fator de segurança. Fator de segurança é a relação entre a tensão máxima que pode ser suportada pelos componentes do acoplamento e a tensão real atuante nesses mesmos componentes quando o acoplamento é submetido ao torque de projeto (*design torque*). Fatores de segurança são utilizados pelos fabricantes dos acoplamentos porque é impossível eliminar todas as fontes de incerteza envolvidas no projeto, assim como no projeto de qualquer elemento de máquina. Fatores de segurança podem ser menores quando procedimentos mais precisos de cálculo são utilizados.

Fator de serviço, por outro lado, é a relação entre o torque de projeto do acoplamento e o torque nominal imposto a ele pela condição real do serviço especificado. Os fatores de serviço são normalmente especificados pelo usuário do equipamento para acomodar incertezas no cálculo do torque transmitido. Fator de serviço também costuma ser utilizado para compensar oscilações do torque transmitido pelo acoplamento, quando for difícil calcular com exatidão essas variações. Por exemplo, a API 671 especifica que o fator de serviço deve ser de 1,5 para acoplamentos de diafragma ou lâminas e 1,75 para acoplamentos de engrenagens e elastoméricos.

A maior parte dos acoplamentos tem capacidade de acomodar desalinhamento angular somente, sendo necessários dois elementos flexíveis e um espaçador para acomodar desalinhamentos laterais (com exceção de alguns tipos de acoplamentos elastoméricos e de grades). A Figura 5.9.1 ilustra o conceito. Essa acomodação do desalinhamento angular é feita por meio da modificação do formato do acoplamento, seja ele por deformação elástica de algum dos componentes ou por modificação da posição relativa de outros. A acomodação de movimentos axiais dos eixos é feita da mesma forma. Isso deve ser feito sem introdução de cargas elevadas nos mancais e outros componentes das máquinas, embora todo acoplamento desalinhado introduza algum tipo de carga adicional, como pode ser observado pelo aumento de vibração do equipamento nesses casos.

Os acoplamentos mecanicamente flexíveis precisam ser lubrificados para evitar desgaste das partes móveis. Essa é a sua principal desvantagem em relação aos acoplamentos de lâminas e membranas, que tem sido cada vez mais utilizados. Embora existam no mercado acoplamentos com elastômeros, sua aplicação em bombas de processo deve ser feita com extremo cuidado, já que esse tipo de acoplamento não atende aos requisitos da norma API-610 – Bombas Centrífugas para Refinarias.

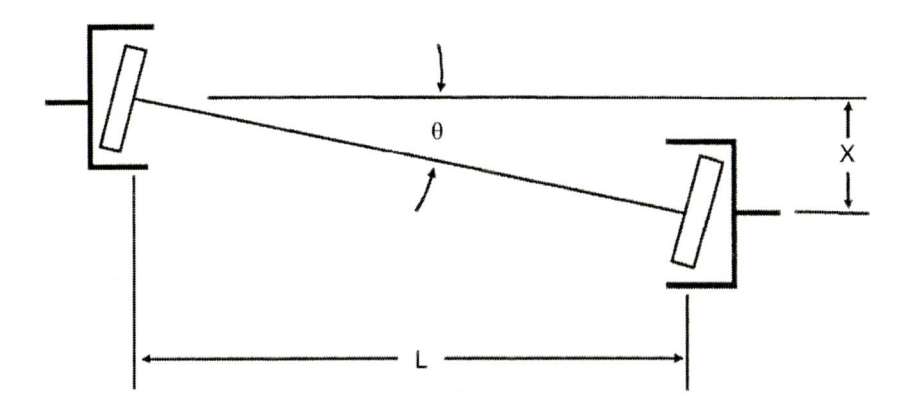

Figura 5.9.1
– Ilustração do modo como um desalinhamento lateral é sentido pelo acoplamento como um desalinhamento angular.

Não se deve confundir o desalinhamento admissível pelo acoplamento com o desalinhamento admissível pelo conjunto bomba/acionador. Alguns acoplamentos admitem desalinhamentos laterais de 1 mm ou mais quando utilizam espaçador sem risco de falha das lâminas por fadiga, por exemplo. Um equipamento que utiliza um espaçador de 250 mm e gira a 3.600 rpm vai admitir um desalinhamento lateral máximo de 0,07 mm sem risco de desenvolver esforços excessivos nos mancais ou vibrações deletérias. A API 671 especifica que os componentes devem ser projetados para um desalinhamento angular de 1/5° através de cada elemento flexível.

Embora um bom alinhamento antes do início da operação seja essencial, alguns fatores contribuem para tornar os eixos desalinhados:

a) Operação com fluido muito frios ou quentes, que causam contração ou dilatação térmica do equipamento, fundações, etc, resultando em movimentação das máquinas;
b) Cargas excessivas exercidas pelas tubulações nos bocais do equipamento, oriundas de problemas de projeto ou montagem;
c) Cargas excessivas exercidas por conduítes em caixas de ligação de motores;

Os acoplamentos flexíveis são utilizados para acomodar as imprecisões de montagem e essas outras fontes de desalinhamento, mas suas limitações devem ser levadas em consideração. A movimentação esperada das máquinas deve ser determinada antes da seleção do tipo de acoplamento.

Além das funções básicas indicadas acima, os acoplamentos podem ser utilizados para o seguinte:

a) Amortecer vibração e choques, principalmente os torsionais, pela introdução de um amortecimento considerável no sistema;
b) Proteger os equipamentos de sobrecarga, funcionando como um ponto fraco no conjunto;
c) Dessintonizar frequências críticas torsionais, o que pode ser feito com uma escolha cuidadosa da rigidez torsional do acoplamento;
d) Influenciar as frequências críticas laterais do sistema, com uma escolha adequada da massa e momento de inércia do acoplamento;
e) Transmitir carga axial e servir como elemento posicionador para motores, geradores e caixas de engrenagens que não tenham mancal de escora.

5.9.2 – Tipos de Acoplamentos

Acoplamentos são usualmente classificados pelo modo de funcionamento e utilização. Uma classificação funcional tem duas categorias: acoplamentos flexíveis mecanicamente e acoplamentos flexíveis elasticamente. Os acoplamentos flexíveis elasticamente podem ter elemento flexível construído de metal ou elastômeros.

O acoplamento mecanicamente flexível é assim designado por conter partes que mudam sua posição relativa para acomodar o desalinhamento externo. Essa mudança de posição é obtida pelo deslizamento ou rolamento de partes em relação às outras, o que resulta na necessidade de lubrificação. Os exemplos mais conhecidos são acoplamentos de grade e de engrenagens.

O acoplamento elasticamente flexível obtém a sua flexibilidade da deformação elástica de um ou mais de seus componentes. Acoplamentos elastoméricos podem funcionar comprimindo, esticando ou cisalhando um material resiliente, como plástico ou borracha. Um acoplamento com elemento flexível metálico usualmente se baseia na flexão de uma ou mais lâminas ou discos de metal. Não havendo deslizamento ou rolamento, não há necessidade de lubrificação. A flexão alternada do elemento metálico requer um projeto cuidadoso para evitar fratura por fadiga. Reconhecendo esse fato, a API 671 especifica um fator de segurança à fadiga entre 1,25 e 1,35, dependendo do método de cálculo utilizado pelo fabricante.

Acoplamentos rígidos são utilizados quando se espera pouco ou nenhum movimento relativo dos eixos depois do alinhamento inicial. Quando exequível, o acoplamento rígido é a mais simples e resistente forma de conectar dois eixos de máquina. Essa vantagem é utilizada em equipamentos como compressores alternativos de grande porte, com vantagens adicionais: Grande rigidez torsional, reduzindo o tamanho do volante de inércia, possibilidade de utilizar motor com somente um mancal, menor custo de fabricação.

Uma classificação de acordo com a utilização nos leva a acoplamentos de uso geral (*general purpose*) e de uso especial (*special purpose*). Acoplamentos de uso geral são normalmente instalados em bombas de processo, ventiladores e outros equipamentos não críticos, com um equipamento reserva instalado. Esses acoplamentos em geral são usados em velocidades menores que 3.600 rpm, sendo componentes de baixo custo e padronizados, de prateleira.

Um acoplamento para uso especial, por outro lado, é usualmente um componente muito mais sofisticado e caro, utilizado em máquinas de serviço crítico sem reserva, como compressores centrífugos, geradores etc. Além de operarem em serviços críticos e sem reserva, são na maioria das vezes máquinas de alta rotação e potência que apresentam grande sensibilidade a fatores externos, como distúrbios de processo, cargas nos bocais etc. Os limites de velocidade e potência são bem mais elásticos que no caso anterior. A API 671 contém 44 páginas de especificações detalhadas desses componentes especiais, que podem ser comparadas à meia página encontrada na API 610 sobre esse assunto.

As seguintes informações são necessárias para seleção de um acoplamento de uso geral:

a) Torque ou a potência a ser transmitida;
b) Velocidade do acoplamento;
c) Tamanho, distância entre os eixos e material dos eixos, assim como as dimensões da chaveta, se houver;
d) Tipo de equipamento acionado e do acionador, bem como características da carga;
e) Restrições relacionadas ao ambiente, como classificação de área, tipo de enclausuramento etc.

Para seleção de um acoplamento de uso especial, as seguintes informações devem ser adicionadas:

a) Requisitos de balanceamento;
b) Requisitos de alinhamento lateral, angular e axial;
c) Requisitos de massa, rigidez e inércia do acoplamento;
d) Limitações de espaço;
e) Restrições de carga nos mancais;
f) Condições ambientais;
g) Excitações potenciais ou frequências críticas;
h) No caso de uma substituição de um componente existente, indicar os motivos da substituição.

É fácil entender que um acoplamento não deve ser substituído sem cuidadosa avaliação das consequências dessa substituição.

Um dos requisitos mais críticos no que diz respeito aos acoplamentos especiais é o balanceamento. Existem diversas maneiras de balancear um acoplamento, com resultados diferentes para cada uma. Um acoplamento deve ser balanceado quando as forças geradas pelo desbalanceamento forem suficientes para influenciar o comportamento dos eixos, o que pode acontecer nas seguintes situações:

a) Máquinas operando acima de 3.600 rpm;
b) Eixos muito flexíveis nas extremidades em que os acoplamentos são montados;
c) Máquinas com pequenas cargas no mancais;

Note que um acoplamento flexível é composto por um conjunto de peças. A posição relativa entre essas peças, fixada pelo ajuste da montagem, influencia o balanceamento do acoplamento e deve ser levada em consideração. Acoplamentos de engrenagens e grade contêm peças com ajustes folgados para permitir seu movimento relativo e podem ser mais difíceis de balancear. Em resumo:

Os acoplamentos são usualmente balanceados de três maneiras diferentes:

a) Montagem dos componentes sem controle especial de ajustes de montagem, sem balanceamento das peças e sem balanceamento do conjunto é a opção de menor custo, mas resulta no maior desbalanceamento residual, sendo utilizado somente para máquinas de baixa rotação;

b) Montagem dos componentes com controle dos ajustes entre as peças, mas sem balanceamento das peças nem do conjunto resulta em um grau de balanceamento adequado para a maioria das aplicações de uso geral na indústria de processo, como bombas centrífugas. O aumento de custo é relativamente pequeno em relação ao anterior e existem diversas opções no mercado;
c) Montagem dos componentes com controle dos ajustes e balanceamento dos componentes resulta em um acoplamento com grau de balanceamento adequado para a maioria das aplicações de alta rotação na indústria de processo, sendo o padrão da API 671, que inclui também uma verificação do desbalanceamento residual após montagem. A grande vantagem desse procedimento é a possibilidade de desmontar o acoplamento sem necessidade de outro balanceamento. Obviamente, o seu preço será maior que o dos anteriores, especialmente considerando a quantidade de requisitos extras normalmente especificada para acoplamentos de uso especial;
d) Montagem do acoplamento com controle dos ajustes, balanceamento dos componentes e balanceamento do conjunto após montagem resulta no menor desbalanceamento residual possível. Essa é a opção mais cara dentre as disponíveis, tendo a desvantagem de não permitir desmontagem do acoplamento sem novo balanceamento.

Assim como qualquer outro componente de máquina, os acoplamentos são sensíveis às condições de instalação. Algumas precauções básicas devem ser seguidas:

a) O ajuste do acoplamento deve ser feito cuidadosamente, deve-se evitar aquecer o cubo com maçarico, chavetas não devem ser lixadas no campo para ajuste no rasgo;
b) Os parafusos do acoplamento não devem ser substituídos por parafusos comuns, especialmente no caso de acoplamentos de alta rotação. Note que esses costumam ter massa controlada para não introduzir desbalanceamento. Os parafusos devem sempre ser instalados na mesma posição e torqueados adequadamente;
c) Um eventual desbalanceamento da máquina não deve ser corrigido no acoplamento;

d) O alinhamento deve ser feito cuidadosamente;
e) Os mecânicos devem ser adequadamente treinados.

Os acoplamentos de uso geral podem ser facilmente padronizados, com as vantagens usuais: redução de estoque, facilidade de reposição etc. Usualmente são padronizados os acoplamentos de bombas, por serem os mais numerosos, e essa padronização costuma seguir os requisitos da API 610:

a) Acoplamentos de lâminas, inteiramente metálicos com espaçador que permita manutenção sem movimentar o acionador (mínimo 125 mm), de acordo com AGMA 9000 Class 9;
b) Elementos flexíveis construídos em aço inoxidável;
c) O espaçador deve ser retido em caso de falha do elemento flexível;
d) Cubos devem ser construídos em aço carbono;

Um item especial em padronização de acoplamentos é o caso de ventiladores de torres de resfriamento. Esses ventiladores costumam ter grandes eixos de acionamento, às vezes com mancais intermediários. O material de construção tradicional é o aço, que possui diversas desvantagens. Modernamente, acoplamentos de fibra de carbono têm sido utilizados e possuem as seguintes vantagens:

a) São mais leves e fáceis de manusear;
b) Não necessitam de balanceamento de campo (já são balanceados na fábrica);
c) Normalmente não necessitam de mancal intermediário
d) Todas as partes metálicas devem ser construídas em aço inoxidável, por causa da elevada corrosividade do serviço.

5.9.3 – Acoplamento de Engrenagens

O acoplamento de engrenagens foi uma das primeiras opções, em termos históricos, de acoplamento flexível para conectar eixos de máquinas. Até alguns anos atrás, a maioria dos equipamentos em serviços críticos ou de alta potência era equipada com acoplamentos de engrenagens. Hoje em dia, a maioria dos equipamentos utiliza acoplamentos de lâminas ou diafragma, embora ainda existam muitos equipamentos operando com os acoplamentos de engrenagens originais.

As razões pelas quais o acoplamento de engrenagens dominava esse mercado no passado continuam sendo as suas maiores vantagens sobre os outros tipos, a saber: robustez e alta capacidade de transmissão de torque em pequenos tamanhos, além de grande capacidade de acomodar desalinhamento angular e axial. A sua robustez permite que suporte sem problemas alguns abusos. Se for selecionado e instalado corretamente e mantido adequadamente lubrificado, sua vida útil pode ser bastante longa. A necessidade de lubrificação e a existência de folgas internas são as suas maiores desvantagens, em comparação com acoplamentos de lâminas e de diafragma.

Acoplamentos de engrenagens utilizam duas engrenagens conectadas por um tubo com engrenagem interna. O desalinhamento é acomodado pelo movimento entre os dentes das engrenagens. O formato dos dentes é especialmente adaptado para otimizar o seu funcionamento sob condições imperfeitas de alinhamento. Esse tipo de acoplamento requer lubrificação para uma operação adequada, uma vez que o desalinhamento é acomodado pelo movimento relativo entre os dentes. A Figura 5.9.1 mostra uma vista explodida (literalmente) de um acoplamento de engrenagem. A Figura 5.9.2 ilustra o modo pelo qual os dentes se engrenam e absorvem um eventual desalinhamento. Note que o formato dos dentes é projetado para evitar concentração de carga nas extremidades, se o acoplamento estiver desalinhado.

Figura 5.9.1
– Vista "explodida" de um acoplamento de engrenagens. A fratura desse acoplamento foi motivada pela contaminação com sal, que resultou em corrosão sob tensão.

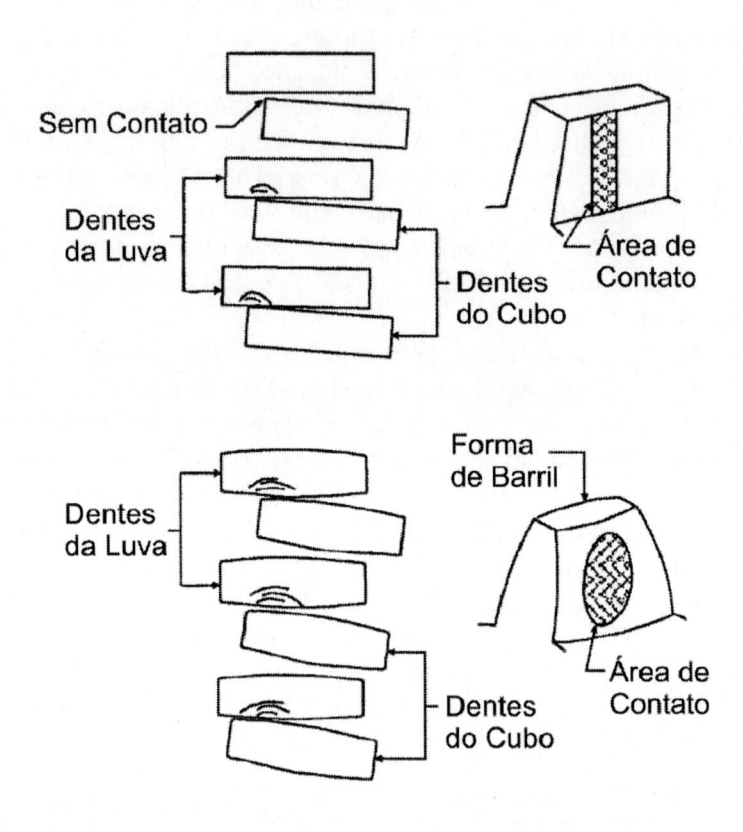

Figura 5.9.2
– Ilustração do contato entre os dentes de um acoplamento de engrenagem.

Muitas das falhas desse tipo de acoplamento estão relacionadas com falhas de lubrificação. Máquinas de alta rotação costumam utilizar um sistema de lubrificação forçada para os mancais, o qual é também utilizado para prover óleo para o acoplamento. Acoplamentos de baixa rotação são usualmente lubrificados com graxa.

A tolerância ao desalinhamento dos acoplamentos de engrenagens é grande, comparada aos de lâminas e diafragma, sendo limitada somente pelas folgas internas. A despeito disso, o desalinhamento dos eixos gera esforços que elevam a vibração dos equipamentos a níveis inaceitáveis mesmo quando bem abaixo do limite de desalinhamento do acoplamento. Os acoplamentos de engrenagens requerem um espaçador posicionado entre dois engrenamentos para acomodar desalinhamento lateral.

Reconhecendo que esse tipo de acoplamento tem grande capacidade de acomodar desalinhamentos, a API 671 especifica que a movimentação axial deve ser de no mínimo 6 mm; maiores movimentos axiais podem ser acomodados facilmente com uma pequena modificação interna do acoplamento.

Essas folgas internas que permitem acomodar grandes desalinhamentos podem ser danosas ao funcionamento do equipamento na medida em que tornam difícil o balanceamento do acoplamento, devido à dificuldade de posicionamento relativo das peças. A API 671 especifica que todos os componentes devem ser centrados com guias.

A necessidade de lubrificação das engrenagens é outro ponto negativo desse tipo de componente. Falhas na lubrificação causam desgaste prematuro do acoplamento, como pode ser visto na Figura 5.9.3.

Figura 5.9.3
– Acoplamento de engrenagem que trabalhou com lubrificação deficiente. Notar desgaste acentuado dos dentes.

Mesmo com lubrificação adequada, um desalinhamento excessivo pode causar danos no acoplamento de engrenagens, devido ao movimento relativo entre os dentes. As Figuras 5.9.4 e 5.9.5 mostram o grande desgaste ocorrido no acoplamento que liga uma caixa de engrenagens a um grande soprador de ar. Pode ser observado inclusive que o desgaste é mais acentuado em um dos lados dos dentes, o que indica claramente que havia um grande desalinhamento.

A máquina operou por dezoito meses até que fosse observado o problema. Deve ser ressaltado que a vibração do conjunto era bastante baixa e não continha sinais significativos de desalinhamento, sendo essa ausência de vibração atribuída, nesse caso específico, à massa do rotor (11.800 kg) e à sua baixa rotação (2.600 rpm). As forças geradas pelo desalinhamento não foram suficientes para modificar a trajetória dos eixos, resultando principalmente em movimento relativo das peças do acoplamento, que, consequentemente, concentrou os danos decorrentes.

O sistema de lubrificação foi cuidadosamente examinado e não foram encontradas evidências de que tenha havido falta de lubrificante para o acoplamento.

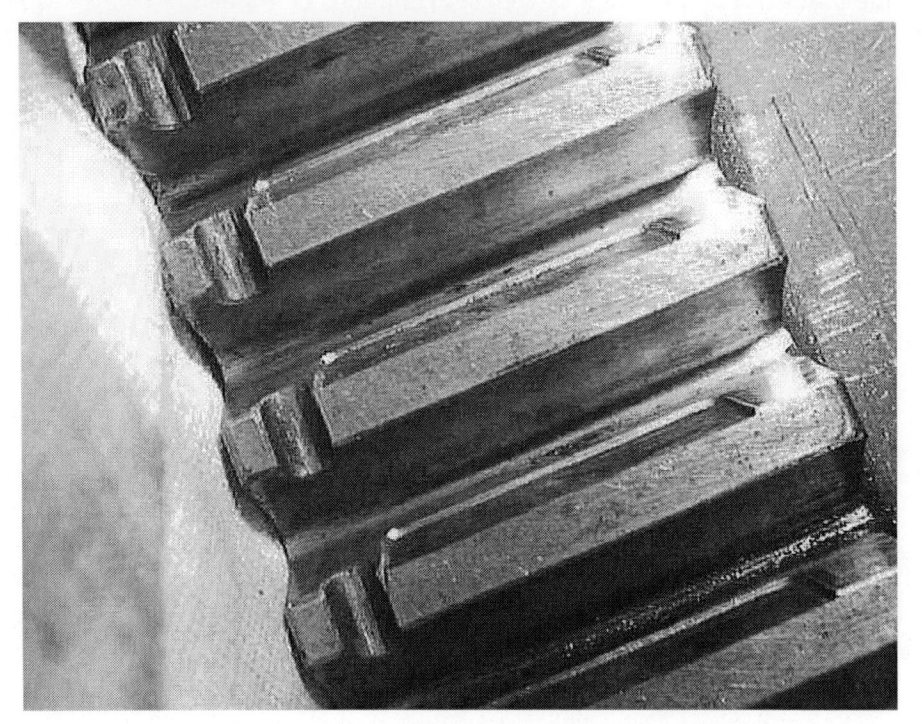

Figura 5.9.4
– Acoplamento de engrenagens de máquina de grande porte mostrando desgaste significativo em função do desalinhamento.

Figura 5.9.5
– Cubo do acoplamento mostrado na Figura 5.9.4.

Outro grupo comum de causas de falhas de acoplamentos são as falhas de montagem. Assim como no caso de outros componentes, estas falhas de montagem podem se manifestar de uma variedade de maneiras.

As Figuras 5.9.6 e 5.9.7 mostram um exemplo, ilustrando um caso em que o acoplamento foi instalado com uma distância entre cubos menor que a adequada. A folga excessiva que resultou daí permitiu que o espaçador do acoplamento se movesse em direção ao equipamento acionado, tendo o engrenamento dos dentes ficado sobrecarregado.

Figura 5.9.6
– Acoplamento de engrenagens danificado devido ao engrenamento incorreto entre os dentes.

Figura 5.9.7
– Acoplamento de engrenagens danificado devido ao engrenamento incorreto entre os dentes.

Embora seja um mecanismo de dano incomum, acoplamentos de engrenagem podem ser danificados por descargas elétricas, como no caso do exemplo mostrado na Figura 5.9.8. Note as marcas de sobreaquecimento nos flancos dos dentes. Esse dano ocorreu devido à existência de um eixo magnetizado no equipamento, cuja energia gerada era descarregada por uma escova de aterramento instalada em uma posição que permitia a circulação de corrente pelo acoplamento. Esse caso é analisado no item 6.5, mais adiante.

Figura 5.9.8
– Acoplamento danificado pela circulação de eletricidade entre os dentes.

5.9.4 – Acoplamento de Lâminas ou de Diafragma

Embora seja um pouco mais caro que o acoplamento de engrenagens equivalente, hoje em dia, a maior parte das turbomáquinas sai da fábrica com acoplamentos de lâminas, devido a duas vantagens fundamentais: Não requer lubrificação e não tem peças internas com movimento relativo. Acoplamentos de lâminas acomodam desalinhamento angular devido à flexão de um conjunto de lâminas com pequena espessura. Acoplamentos de diafragma fazem o mesmo utilizando-se da flexão de um único diafragma metálico. Somente é possível acomodar desalinhamento lateral se forem utilizados dois elementos flexíveis separados por um espaçador, que é mantido em seu lugar pelos elementos flexíveis. Desse modo, o acoplamento deve ser provido de dispositivos que mantenham o espaçador posicionado em caso de falha dos elementos flexíveis, conforme especificado na API 671. Note que nem todos os acoplamentos serão especificados de acordo com a API 671, sendo necessário especificar essa característica.

A Figura 5.9.8 mostra um exemplo de um acoplamento de lâminas, projetado para atender aos requisitos da API 610. A Figura 5.9.9 mostra o detalhe da montagem do pacote de lâminas. Note que um acoplamento de lâminas que atenda à API 671 será bastante semelhante ao mostrado na figura, embora tenha um projeto bastante diferente. Existem diversos e diferentes projetos de acoplamentos de lâminas.

Figura 5.9.8
– Um exemplo de acoplamento de lâminas

Figura 5.9.9
– Detalhe do pacote de lâminas que forma o elemento flexível de um acoplamento.

Um acoplamento de lâminas transmite torque por meio do tracionamento dos elementos flexíveis. Esse elemento flexível é conectado alternadamente ao lado do equipamento acionador e do acionado. Sendo formado por muitas placas de pequena espessura, esse tipo de acoplamento pode tolerar a ruptura de algumas dessas placas e continuar em operação, embora isso não seja recomendado em situação normal.

A Figura 5.9.10 mostra um acoplamento de diafragma de acordo com API 671, utilizado para conectar uma turbina a vapor a um compressor centrífugo. Apesar do pequeno tamanho, esse acoplamento foi projetado para transmitir 2 MW @ 12.000 rpm. A Figura 5.9.11 mostra o detalhe do diafragma. Note que o diafragma não pode ser visto quando o acoplamento está montado na máquina, já que ele é protegido por placas de fechamento. Essas placas servem também para conter o espaçador em caso de falha dos diafragmas. Esse tipo de acoplamento deve ser manuseado com grande cuidado, pois qualquer arranhão ou batida no diafragma pode resultar em um ponto de concentração de tensões e facilitar a nucleação de uma trinca de fadiga.

Acoplamentos de diafragma são encontrados em diferentes formas, com diafragmas simples ou múltiplos, formados ou usinados.

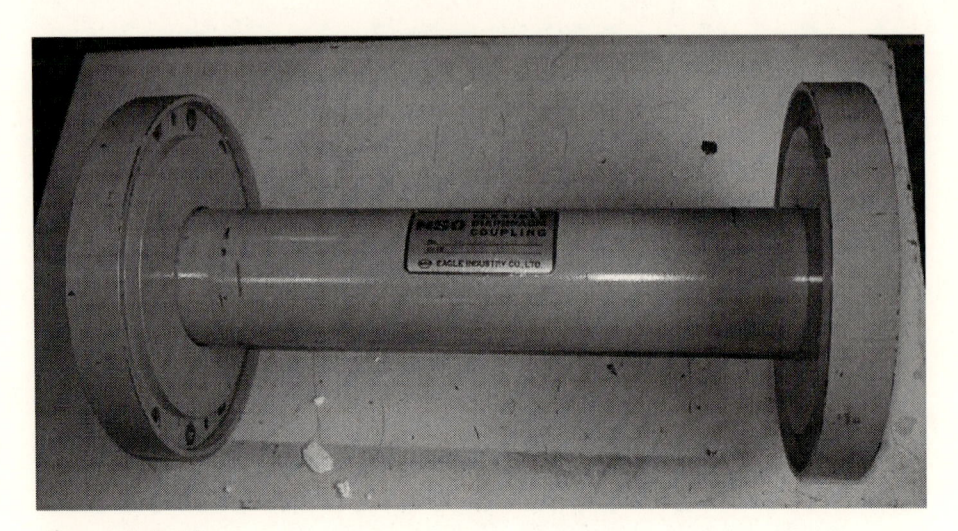

Figura 5.9.10
– Acoplamento de diafragma

Figura 5.9.11
– Vista do diafragma de um acoplamento.

O princípio de funcionamento dos acoplamentos de lâminas e diafragma implica que pequenos esforços radiais serão transmitidos aos equipamentos e acoplamentos, em comparação aos acoplamentos de engrenagens. Além disso, o desalinhamento angular e a movimentação axial são tipicamente menores que as de um acoplamento de engrenagens. Deve ser notado que a movimentação axial dos eixos gera esforços axiais que serão transmitidos para os mancais de escora das máquinas.

Se fosse possível alinhar perfeitamente os eixos conectados por acoplamentos de lâminas ou diafragma, os elementos flexíveis seriam submetidos somente a tensões monotônicas. Quando existe desalinhamento entre os eixos, a deformação dos elementos flexíveis gera tensões cíclicas. A existência dessas tensões cíclicas resulta na necessidade de dimensionamento para fadiga, sendo a vida de projeto infinita. A operação dentro dos limites de projeto (rotação, potência, desalinhamento) é um pré-requisito para evitar fraturas por fadiga dos elementos flexíveis.

As Figuras 5.9.12 e 5.9.13 mostram exemplos de consequência da operação com desalinhamento excessivo: ruptura das lâminas por fadiga. As lâminas externas, sendo sujeitas a maiores tensões, são as primeiras a romper. A detecção da ruptura das primeiras lâminas de um acoplamento pode ser difícil. Esse fenômeno costuma ser detectado por inspeção visual com a máquina parada ou pelo aumento de vibração, após a ruptura de certo número de lâminas.

Figura 5.9.12
– Lâminas de um acoplamento que se romperam por fadiga devido ao excessivo desalinhamento.

Figura 5.9.13
– Lâmina de acoplamento de uma bomba centrífuga com ruptura por fadiga devido ao desalinhamento excessivo.

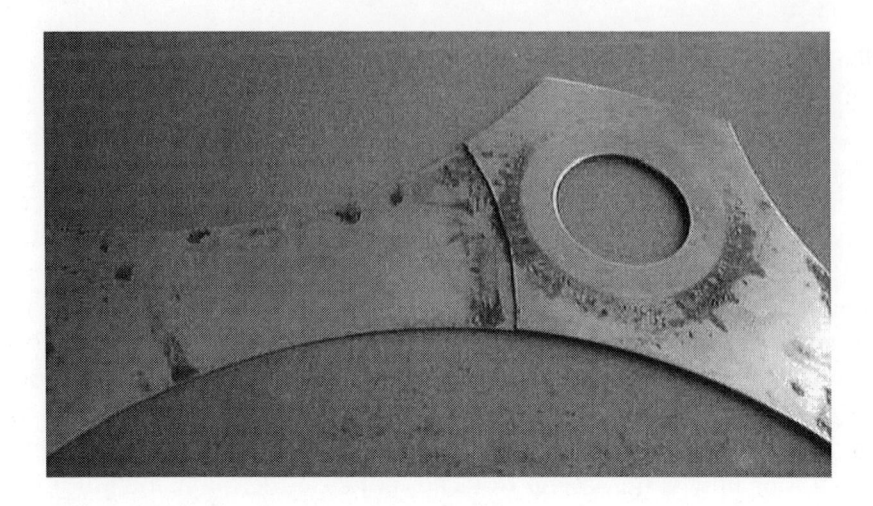

Oscilação de torque resulta em aumento da amplitude da carga cíclica atuando nas lâminas do acoplamento, podendo resultar em deformação das lâminas ou fraturas por fadiga. Exemplos são mostrados nas Figuras 5.9.14 e 5.9.15, ambos oriundos de acoplamentos utilizados em compressores alternativos.

Figura 5.9.14
– Lâmina de acoplamento rompida devido à oscilação de torque.

Figura 5.9.15
– Lâminas de acoplamento deformadas devido à oscilação de torque.

Quando um acoplamento de lâminas opera com torque oscilante, a tensão de tração nas lâminas oscila, resultando em variações no comprimento das lâminas. Essas variações, embora diminutas, podem ser suficientes para causar *fretting* nas lâminas e arruelas de fixação, conforme mostrado na Figura 5.9.16. A combianção de *fretting* com cargas cíclicas pode facilitar a nucleação de trincas de fadiga, conforme discutido no Capítulo 4.

Figura 5.9.16
– *Fretting* em uma lâmina do acoplamento de um compressor alternativo.

A transmissão de torque é feita por uma combinação de atrito entre os flanges dos cubos e cisalhamento dos parafusos que conectam as diferentes partes. Fraturas por fadiga ou sinais de *fretting* na superfície dos parafusos são indicadores claros de que a carga cíclica que atua no acoplamento está acima da sua capacidade. As Figuras 5.9.17, 5.9.18 e 5.9.19 mostram exemplos desses fenômenos, ambos oriundos de *compressors alternatives*.

Figura 5.9.17
– Parafusos de acoplamento de um *compressor alternative* rompidos por fadiga. Notar marcas de *fretting* na superfície do parafuso.

Figura 5.9.18
– Face da fratura do parafuso mostrado na Figura 5.9.16.

Figura 5.9.19
– Parafusos de acoplamento de um *compressor alternative* mostrando sinais de *fretting*.

5.9.5 – Acoplamento de Grade

Acoplamentos de grade utilizam tira metálica para transmitir o torque. Essa tira fica instalada entre os dois cubos, que são separados por certa distância para permitir movimento em função de desalinhamento. Esse tipo de acoplamento requer lubrificação e uma capa protetora para a grade. Essa capa tem a função de manter o lubrificante em contato com a grade. A Figura 5.9.20 mostra um acoplamento de grade. A Figura 5.9.21 ilustra o mecanismo de funcionamento de um acoplamento de grade. Esse tipo de acoplamento raramente é utilizado em equipamentos de processo.

Como dependem da lubrificação para um funcionamento adequado, falhas dessa lubrificação levam a desgaste excessivo do acoplamento. Esse desgaste ocorre devido ao movimento existente entre a grade e os cubos, conforme mostrado na figura acima. Desalinhamentos excessivos também ocasionam esse desgaste acelerado. A Figura 5.9.22 mostra um exemplo de desgaste excessivo da grade devido a uma combinação de desalinhamento com falta de lubrificação.

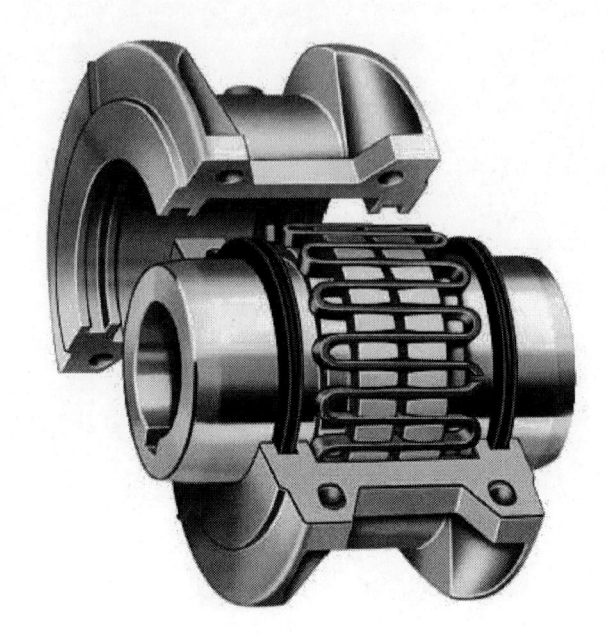

Figura 5.9.20
– Acoplamento de grade com a capa protetora removida (Catálogo Falk Steel flex, 421110)

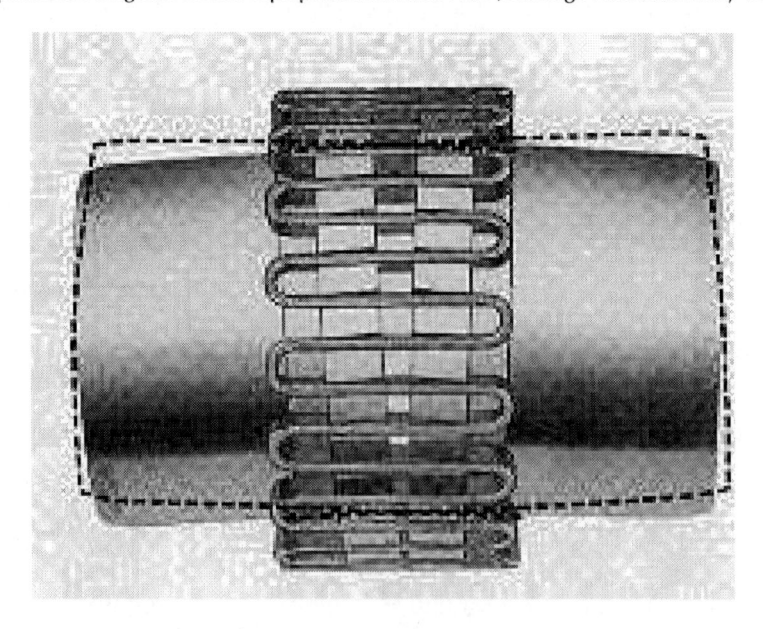

Figura 5.9.21
– Ilustração do mecanismo utilizado por um acoplamento de grade para absorver desalinhamentos angulares.

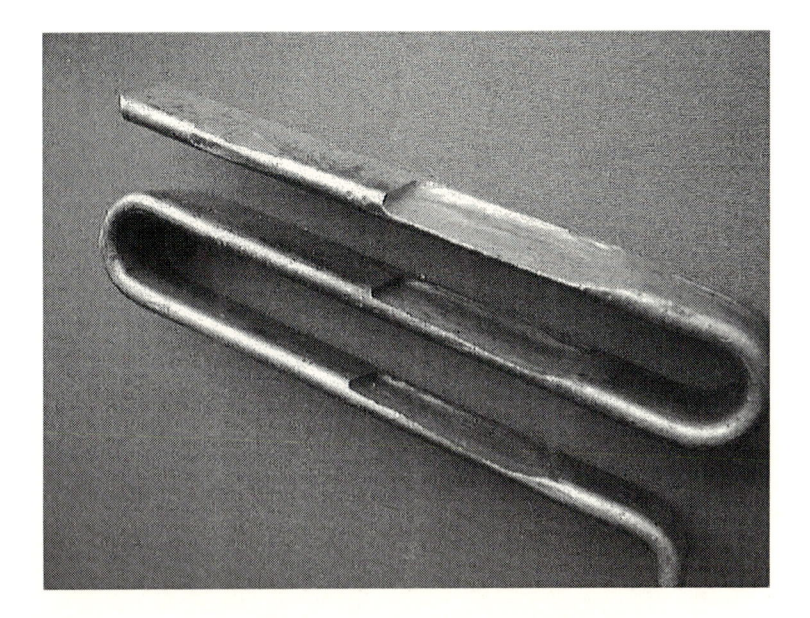

Figura 5.9.22
– Grade de acoplamento desgastada por deficiência de lubrificação e ligeiro desalinhamento.

5.9.6 – Acoplamentos Elastoméricos

O último tipo de acoplamento a ser discutido é o de elastômero. Esse tipo não é muito utilizado em equipamentos de processo, pois as normas usualmente utilizadas requerem acoplamentos metálicos para quase todas as situações.

O acoplamento elastomérico é composto por cubos de metal com um elemento flexível intermediário. As maiores vantagens desse tipo são o baixo custo e a grande capacidade de absorver energia proporcionada pelo elastômero, o que faz com que possa ser uma boa escolha para máquinas alternativas. Esse tipo de acoplamento pode também acomodar desalinhamento lateral com um único elemento flexível.

A maior desvantagem é a necessidade de inspeção e manutenção frequente, pois ocorre desgaste do elemento elastomérico. Além disso, os elementos flexíveis devem ser enclausurados em componentes metálicos de modo a eliminar o risco de projeção de suas partes em caso de falha. Os cubos metálicos devem ser projetados de modo a permitir transmissão de torque no caso de falha do elastômero, mesmo que em caráter precário. Outra desvantagem importante é a dificuldade de balanceamento, o que restringe seu uso a máquinas de baixa rotação.

A Figura 5.9.23 mostra um tipo de acoplamento elastomérico utilizado para acionamento de equipamentos auxiliares de baixa rotação e baixa potência. Note que ele pode transmitir torque em ambas as direções e que o elastômero trabalha comprimido, o que é vantajoso, já que a resistência dos elastômeros costuma ser maior em compressão. Outra característica interessante é que os elastômeros estão contidos no cubo, não sendo possível sua projeção em caso de falha.

Figura 5.9.23
– Um acoplamento elastomérico para baixa potência e baixa rotação.

A Figura 5.9.24 mostra outro tipo de acoplemento elastomérico. Esse tipo de acoplamento era utilizado no passado para acionamento de bombas centrífugas, sendo possível perceber as mesmas características indicadas acima. Embora não seja mais utilizado, a figura mostra um caso de acoplamento que teve uma longa vida útil.

Figura 5.9.24
– Um acoplamento elastomérico utilizado em uma bomba de alimentação de caldeiras.

A Figura 5.9.25 mostra o detalhe do desgaste do bloco de borracha após anos de uso. Esse desgaste foi ocasionado pelo movimento de deslizamento alternado causado pelo desalinhamento entre os eixos. Seria recomendável manter o desalinhamento entre os eixos dentro de uma tolerância que permitisse que o acoplamento absorvesse esse desalinhamento sem deslizamento dos elementos de borracha, para evitar o seu desgaste. Nesse caso, ocorreu desgaste moderado, que teria pequeno impacto na operação do equipamento.

Figura 5.9.25
– Detalhe do bloco de elastômero mostrando o desgaste causado pelo desalinhamento entre os eixos.

A Figura 5.9.26 mostra um interessante caso, no qual um acoplamento de bomba auxiliar de óleo operou por algum tempo sem os elementos elastoméricos. Note o desgaste nas abas do cubo, causado pelo contato metal-metal. Isso foi possível devido ao projeto do acoplamento. Obviamente a operação do equipamento foi afetada, pois esse problema causa aumento do nível de vibração e ruído.

Figura 5.9.25
– Cubos de acoplamento de equipamentos auxiliares mostrando desgaste devido à operação sem os elementos elastoméricos.

5.9.7 – REFERÊNCIAS BIBLIOGRÁFICAS

Hein, Q. W.: *Gear Coupling Failure Analysis*, the Falk Corporation, Publication 458-910, June 1984.

Failure Analysis, Installation & Maintenance, Freedom Disc Couplings, the Falk Corporation, Publication 478-980, April 2004.

Mancuso, Jon: *General Purpose vs. Special Purpose Couplings*, Proceedings of the Twenty-Third Turbomachinery Symposium, Houston, TX, 1994.

Mancuso, Jon and Corcoran, Joe: *What are the Differences in High Performance Flexible Couplings for Turbomachinery?*, Proceedings of the Thirty-Second Turbomachinery Symposium, Houston, TX, 2003.

Centrifugal Pumps for Petroleum, Petrochemical and Natural Gas Industries, ANSI/API Standard 610, 10th Edition, October 2004; ISO 13709:2003.

Special-Purpose Couplings for Petroleum, Chemical, and Gas Industry Services, API Standard 671, 3rd edition, October 1998.

5.10 – Palhetas de Turbomáquinas

As palhetas existentes nas turbinas e compressores são os elementos que interagem diretamente com a corrente de fluido para efetuar a transferência de energia entre este mesmo fluido e a máquina. Uma vez que essa é a função primordial das turbomáquinas, é fácil entender que esse é um componente de grande importância.

Assim como no caso de eixos e alguns outros componentes estruturais, a vida de projeto das palhetas da maioria das máquinas é indeterminada. Se forem adequadamente projetadas, construídas e operadas, elas devem durar indefinidamente, sendo qualquer falha uma anormalidade. Existem algumas exceções, como no caso de turboexpansores e turbinas a gás, em que não se espera que as palhetas tenham vida infinita. Isso acontece em virtude dos requisitos extremamente severos impostos a esses componentes, neste caso especial.

5.10.1 – Princípios Básicos de Funcionamento

O mecanismo de transferência de energia em turbomáquinas foi explicado, há muitos anos, por Leonhard Euler. O torque no rotor será igual à mudança do momento angular do fluido. O fluxo de fluido e a rotação da máquina impõe solicitações especiais às palhetas. Um resumo das cargas que agem em uma palheta de turbomáquina segue:

a) Cargas devidas diretamente ao fluxo, resultado direto da transferência de energia;
b) Cargas devidas indiretamente ao fluido, como turbulência, ondas de pressão nas proximidades de bocais e difusores etc. Essas cargas representam a ação do fluido que pode gerar vibração das palhetas;
c) Outras solicitações cíclicas devidas à vibração da máquina, tais como aquelas resultantes de desbalanceamento, frequências de engrenamento etc.;
d) Força centrífuga resultante da rotação do eixo.

Além dessas solicitações, as palhetas devem ser capazes de resistir a algumas solicitações adicionais:

a) Erosão ou abrasão devido a fluxo bifásico, cavitação ou existência de partículas em suspensão;

b) Corrosão, devido à ação direta do fluido ou de algum contaminante;
c) Fluência, devido à operação em alta temperatura;
d) Incrustação, devido à deposição de componentes do fluido.

5.10.2 – Análise de Falhas de Palhetas

Como de costume, a análise da falha deve ser iniciada com a obtenção de informações a respeito do problema, conforme explicado no Capítulo 2. Novamente, vale à pena ressaltar que podem acontecer falhas nas palhetas devido a problemas com outros componentes, como roçamentos motivados por deslocamentos do eixo. Somente falhas iniciadas nas palhetas ou resultantes da sua ação direta serão tratadas aqui.

5.10.2.1 – Fraturas por fadiga

Fraturas de palhetas serão, normalmente, relacionadas à fadiga. Essa fratura por fadiga não está relacionada com as cargas devidas ao mecanismo de transferência de energia da máquina, estando sua causa ligada, na maior parte dos casos, à vibração das palhetas. Algumas causas dessa vibração foram citadas acima, estando presentes durante a operação normal da máquina. Essas vibrações podem ser amplificadas por uma cinta de fechamento danificada, por exemplo, que pode resultar em ressonância, devido à modificação da rigidez do conjunto. A vibração de palhetas de turbomáquinas é um fenômeno bastante complexo, sendo aqui apresentada somente uma introdução.

O primeiro ponto a discutir, em se tratando de fraturas por fadiga, é o Diagrama de Goodman. Este diagrama foi discutido brevemente no capítulo que trata de fraturas por fadiga de forma genérica.

O cálculo das tensões cíclicas que atuam em uma palheta de turbomáquina não é uma tarefa simples, sendo a experiência do fabricante imprescindível. Muitas vezes a tensão cíclica é calculada como sendo uma certa fração (ditada pela experiência) da tensão resultante das cargas constantes impostas pelo fluido.

Assim como no projeto de qualquer estrutura sujeita à vibração, é importante comparar as frequências naturais das palhetas (e dos grupos de palhetas) com as frequências excitadoras. A grande quantidade de modos de vibração e de frequências naturais de conjuntos de palhetas de turbomáquinas faz com que esse trabalho seja mais fácil se executado com o auxílio de diagramas de interferência, ou Diagramas de Campbell, em que as frequências naturais e as de excitação são desenhadas juntas nas abcissas, tendo como ordenadas a rotação da máquina. Esse procedimento pode ajudar a detectar coincidências indesejáveis entre essas frequências. A Figura 5.10.1 ilustra um diagrama de Campbell.

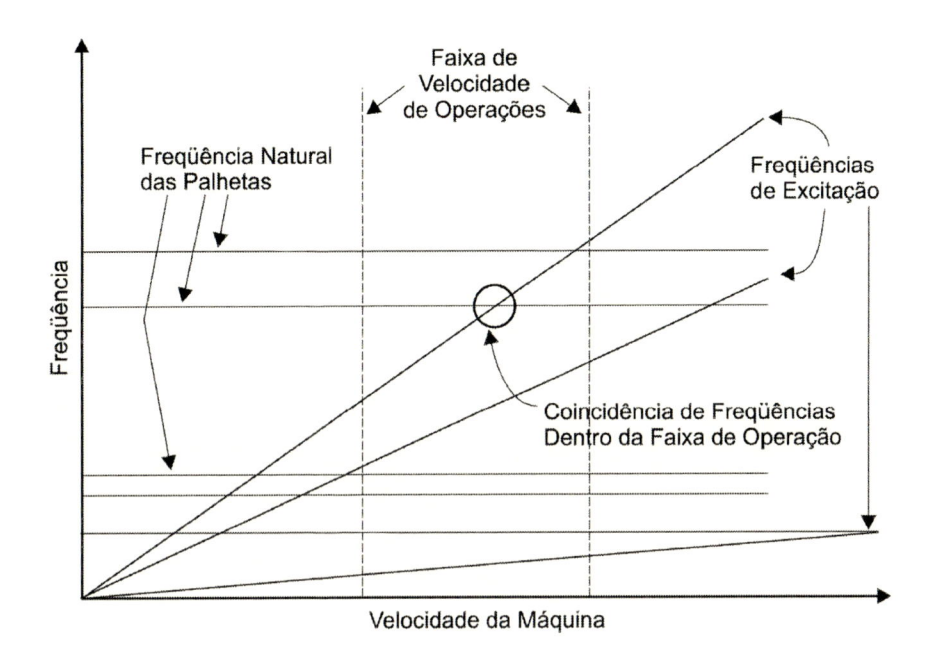

Figura 5.10.1
– Ilustração esquemática de um Diagrama de Campbell.

Em muitas máquinas, as palhetas são conectadas em grupos, através do uso de cintas ou arames. A razão do agrupamento das palhetas é permitir redução da vibração, já que as cintas tornam os grupos de palhetas mais rígidos e os arames aumentam o amortecimento. Os modos de vibração das palhetas são grandemente modificados, alguns deles sendo ilustrados na Figura 5.10.2.

Alguns exemplos de falhas de palhetas por fadiga serão discutidos a seguir:

a) Fratura de palheta de uma turbina a vapor após 20 anos de operação

Uma turbina que operou por vinte anos sem grandes problemas pode, eventualmente, nos surpreender, embora esse seja um evento raro. A Figura 5.10.3 mostra a palheta fraturada. A Figura 5.10.4 mostra uma visão geral do interior da turbina. A Figura 5.10.5 mostra a erosão na extremidade da palheta.

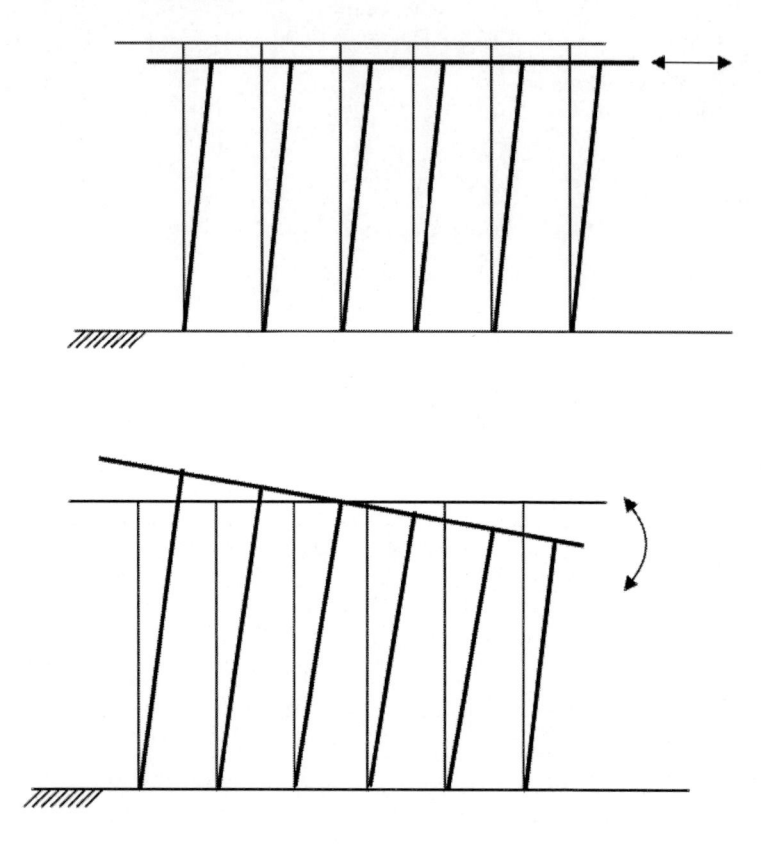

Figura 5.10.2
– Ilustração de dois modos de vibrar de um grupo de palhetas

Acredita-se que a fratura foi possível em virtude da erosão da palheta na região da ligação com a cinta de fechamento. Essa erosão permitiu que a palheta ficasse livre para vibrar independente das demais, possivelmente entrando em ressonância. Palhetas operando em condições de ressonância apresentam uma alta probabilidade de ruptura por fadiga.

A causa da erosão foi, provavelmente, ocorrência de uma grande quantidade de condensado no vapor. Os últimos estágios das turbinas de condensação trabalham normalmente com vapor saturado, havendo uma certa quantidade de condensado. No entanto, uma erosão severa, como a observada neste caso específico, só é possível caso haja algum problema que aumente a quantidade de condensado presente no vapor.

Figura 5.10.3
– Ruptura por fadiga da raiz de uma palheta de turbina. As marcas características não são claramente visíveis.

Figura 5.10.4
– Rotor da turbina citada anteriormente, mostrando a palheta faltante e o severo roçamento do eixo.

Figura 5.10.5
– Sinais de erosão na região de ligação da palheta com a cinta de fechamento.

b) Uma fratura por fadiga induzida pelo fluxo em um soprador de ar recém-instalado

As figuras abaixo ilustram um caso completamente diferente. Esse exemplo ocorreu em um soprador de ar axial recém-instalado. Após pouco tempo de operação, as IGV sofreram fraturas por fadiga. É desnecessário dizer que a ruptura das IGVs causou a completa destruição da máquina. Embora a falha tenha ocorrido logo após a partida, a máquina havia sido testada com sucesso, na fábrica.

Acredita-se que o fluxo de ar excitou a vibração das palhetas devido à ocorrência de *stall*. O *stall* é um fenômeno aerodinâmico que consiste na ocorrência de perda de continuidade das linhas de fluxo, resultando em formação localizada de vórtices, fluxos reversos e severa turbulência.

Figura 5.10.6
– IGVs mostrando as marcas de ruptura por fadiga.

Figura 5.10.7
– Rotor do soprador mostrando o dano causado pelo acidente.

Palhetas diferentes foram excitadass em modos de vibração diferentes, como pode ser visto abaixo. Essa excitação de diferentes palhetas em modos diferentes (consequentemente, frequências diferentes) está ligada à natureza aleatória da vibração gerada por fenômenos de fluxo de fluidos.

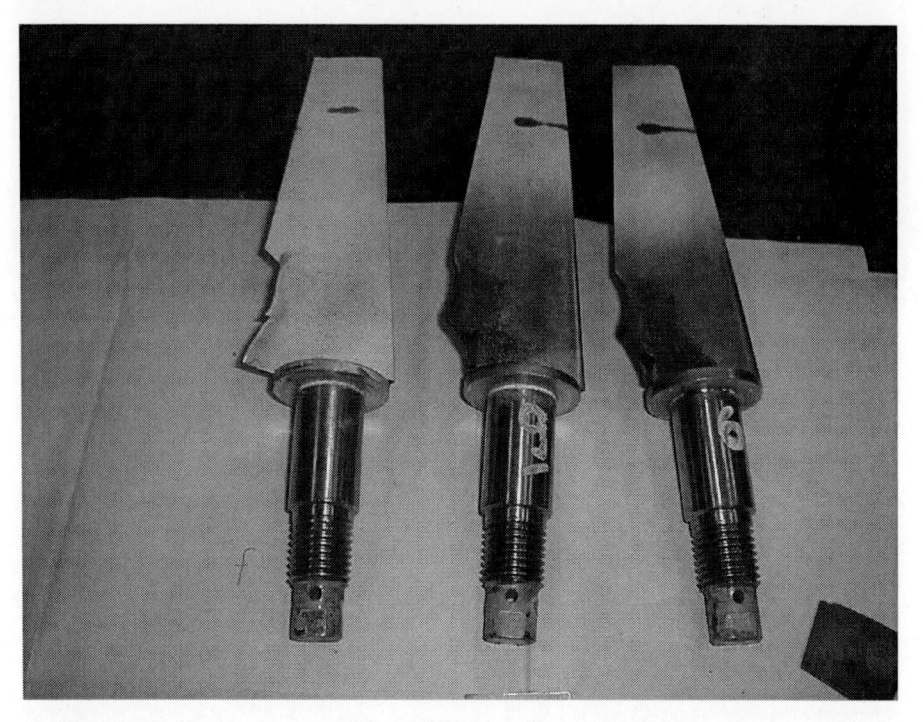

Figura 5.10.8
– Inspeção com líquido penetrante de algumas palhetas, mostrando que as trincas ocorreram em outros locais que não a raiz. Isso se deve à excitação de modos de vibrar diferentes, que resultam em diferentes posições para as maiores deformações e, por conseguinte, tensões.

5.10.2.2 – Erosão, abrasão e danos por impacto de corpos estranhos

Esses modos de falha foram agrupados devido à origem dos objetos que causam o dano ser, normalmente, externa à máquina. Alguns exemplos serão discutidos abaixo:

a) Erosão e abrasão
Erosão é causada por gotículas de líquido em uma corrente de gás ou bolhas de vapor em uma corrente de líquido; já abrasão é causada por

partículas duras na corrente de gás. Os detalhes do formato da palheta e dos ângulos de incidência são importantes para definição do modo exato como se dará o desgaste.

O efeito deletério do desgaste das palhetas pode ser entendido ao constatarmos que, ao mudar de formato, as palhetas vão direcionar as correntes de fluido em direções diferentes das originalmente projetadas, resultando em modificações da transferência de energia.

Uma palheta que sofreu severo desgaste abrasivo é mostrada na Figura 5.10.9. Essa máquina em particular é um turbo expansor de uma unidade que trabalha com catalisador bastante abrasivo. Problemas no sistema de separação de catalisador podem resultar em arraste desse material para dentro do expansor e abrasão severa.

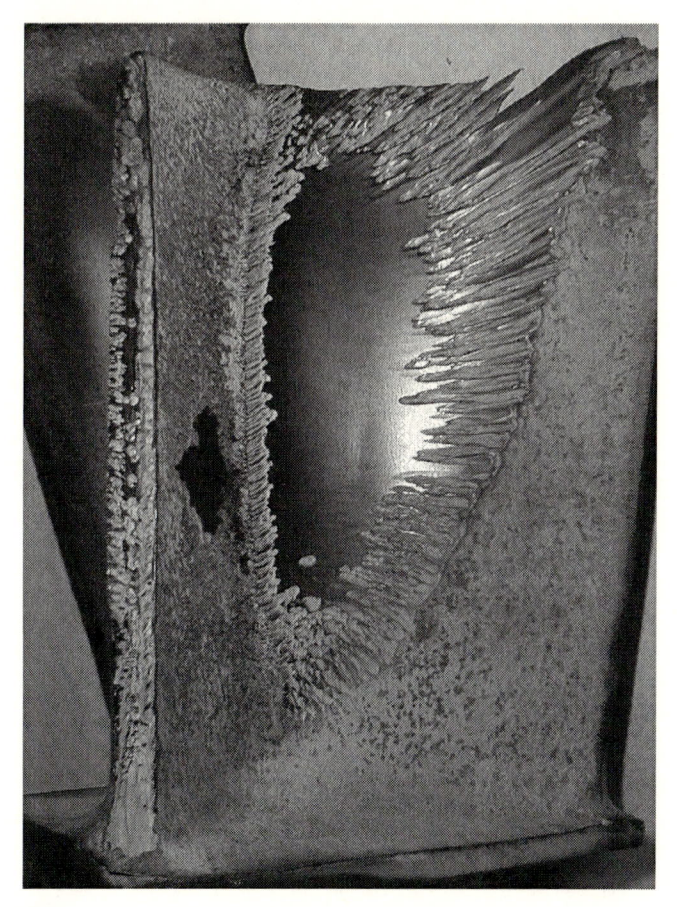

Figura 5.10.9
– Palheta de turboexpansor de uma unidade de craqueamento catalítico mostrando abrasão severa.

A Figura 5.10.10 mostra palhetas do último estágio de uma turbina a vapor com sinais de desgaste pelo impacto de gotículas de condensado. Deve ser notado que as extremidades das palhetas possuem um revestimento de material mais resistente ao desgaste, não tendo sido afetado.

b) Ingestão de água por uma turbina a vapor

Turbinas a vapor podem se totalmente destruídas no caso de ingestão de água. A água que entra na turbina será acelerada até velocidades bastante elevadas e, devido à sua muito maior densidade, vai causar esforços muito maiores nos diversos componentes da turbina do que aqueles para os quais a turbina foi projetada.

Além da sobrecarga citada, choques térmicos também são possíveis, já que, no caso de turbinas que operam com alto superaquecimento, a diferença de temperatura entre o vapor e a água pode ser apreciável.

Figura 5.10.10
– Erosão nas palhetas de uma turbina de condensação, causada por excesso de condensado no vapor.

A Figura 5.10.11 mostra uma turbina a vapor que opera intermitentemente. Essa turbina sofreu ingestão de água devido a uma drenagem inadequada da tubulação de vapor antes da partida. Pode ser visto que a placa de expansores foi deslocada e que a primeira roda de palhetas está bastante danificada.

Ooutros danos diversos foram observados, como a ruptura de parafusos de fixação de vários componentes localizados no trajeto do vapor, atingidos pelo fluxo de água. Embora a água não seja exatamente um corpo estranho, a entrada de condensado é altamente indesejável.

Figura 5.10.11
– Turbina a vapor danificada pela ingestão de água.

c) Danos por corpos estranhos

Embora a abrasão das palhetas seja também, normalmente, causada pela admissão de partículas estranhas, incluímos neste item somente aqueles danos causados por partículas relativamente grandes, aquelas que podem causar danos na máquina no primeiro impacto. Esse tipo de problema pode acontecer com qualquer tipo de máquina em que o fluido de trabalho possa arrastar partículas de tamanho razoável para o seu interior.

Um bom exemplo pode ser visto na Figura 5.10.12, em que está mostrada uma palheta de turbina a gás que sofreu algumas indentações devido ao impacto de partículas carreadas pelo gás. Nesse caso específico, o dano foi pequeno o suficiente para não prejudicar a operação da turbina, mas as consequências podem ser bastante diferentes.

Deve ser notado que as partículas sólidas se movem com velocidade bem menor que a do fluido, sendo essa diferença maior quanto maior for a inércia da partícula. O ângulo de incidência das partículas é diferente do fluido, o que explica a ocorrência de impacto no lado de trás da palheta, como pode-se ver na figura. Essa ocorrência não é incomum.

Figura 5.10.12
– Palheta de turbina a gás com pequeno dano causado por partícula dura. Nota-se que o impacto ocorreu no lado oposto ao mostrado na foto, em virtude da diferença entre a velocidade do gás e dos detritos.

O corpo estranho pode ser oriundo de outra falha, como no caso ilustrado na Figura 5.10.13, em que um parafuso de fixação do difusor se rompeu e causou danos diversos nas palhetas de uma turbina a vapor.

d) Corrosão nas palhetas

Assim como em outros casos de problemas devido à corrosão, não é muito fácil identificar a causa da corrosão de palhetas de turbomáquinas.

Turbinas a gás e turboexpansores podem sofrer corrosão a quente, sopradores ou compressores de ar podem sofrer corrosão devido a contaminantes existentes no ar, especialmente em regiões industriais. Por essa razão, muitas vezes as máquinas que trabalham com ar utilizam filtros químicos.

Figura 5.10.13
– Palhetas de uma turbina a vapor, danificadas por impactos de um parafuso.

A Figura 5.10.14 ilustra um exemplo de falha de palheta causada por corrosão. A palheta fraturada trabalhou por pouco tempo em um turboexpansor, sendo sujeita a condições de alta temperatura em um ambiente contendo enxofre.

Sendo as palhetas fabricadas com ligas de alto teor de níquel, elas são sensíveis à formação de sulfetos de níquel, que se constituem em eutéticos de baixo ponto de fusão. Muito embora houvesse um revestimento para resistir às condições de abrasão devido ao arraste de catalisador, esse revestimento não era impermeável o suficiente para evitar o ataque do níquel pelo enxofre.

O problema foi resolvido com uma modificação do revestimento. Uma ocorrência desse tipo configura um problema de alta complexidade, normalmente resolvido com participação ativa do fabricante da máquina, que dispõe de condições para análise das causas básicas e definição das modificações de projeto necessárias.

Figura 5.10.14
– Rotor do turboexpansor mostrando a região da palheta fraturada. O depósito branco existente em algumas palhetas é catalisador oriundo do processo.

e) Danos térmicos

As altas temperaturas existentes em algumas máquinas podem originar falhas prematuras, se não foram adequadamente tratadas. Além de fluência, fadiga térmica pode ocorrer.

A Figura 5.10.16 ilustra a superfície de uma palheta de um turboexpansor de gás quente causadas, provavelmente, pelo controle inadequado do vapor de resfriamento do rotor. A utilização de uma vazão muito alta de vapor de resfriamento causa resfriamento muito rápido e altas tensões térmicas durante a parada da máquina.

Figura 5.10.15
– Fadiga térmica na superfície de uma palheta de turboexpansor, causadas pelo controle inadequado do vapor de resfriamento durante a parada da máquina.

CAPÍTULO 6
– EXEMPLOS DE ANÁLISE
DE FALHAS

Alguns exemplos de análises de falhas de máquinas estão resumidos neste último Capítulo. O objetivo destes exemplos é mostrar a sequência de raciocínio utilizada na ocasião e ilustrar os conceitos descritos anteriormente.

6.1 – Incêndio Causado por Sobrevelocidade de um Conjunto Bomba-turbina

Uma falha do desarme por sobrevelocidade de uma turbina a vapor pode causar acidentes graves, tais como explosão do equipamento acionado (excesso de pressão) ou da própria turbina.

Exemplo da análise de um evento em que ocorreu sobrevelocidade de uma turbina, onde são ilustrados diversos conceitos estudados anteriormente.

Um mecanismo de desarme comum em turbinas consiste em uma massa e mola alojadas em disco que gira junto com o eixo. Quando a velocidade ultrapassa certo limite, usualmente 10% acima da velocidade nominal, a força centrífuga expulsa a massa do seu alojamento e a massa aciona uma alavanca que vai por sua vez acionar o mecanismo de fechamento da válvula de entrada de vapor. As Figuras 6.1.1 e 6.1.2 mostram o sistema de desarme.

No caso em questão, o sintoma observado foi a ruptura da tubulação de sucção de uma bomba acionada por uma turbina a vapor. Não é difícil concluir que houve um disparo da turbina pelo exame das peças da bomba, que mostrava eixo empenado, anéis de desgaste e estojo do selo mecânico com severo roçamento etc.

Uma inspeção da turbina indicou que:

a) Os mancais radiais mostravam sinais de sobreaquecimento, principalmente no lado do governador;
b) O mancal de escora não havia falhado;
c) O eixo havia sido cortado pelo roçamento com o disco do desarme de sobrevelocidade, desconectando o governador do eixo da turbina;
d) O pino e a mola do mecanismo de desarme por sobrevelocidade estavam danificados;
e) O parafuso de regulagem da velocidade de desarme estava fora da posição;
f) O sistema de desarme e o governador não estavam travados.

Os instrumentos de processo disponíveis (pressão de descarga da bomba e pressão do desaerador de água de alimentação de caldeira) indicavam que a pressão de descarga da bomba tinha sofrido um ligeiro aumento após o almoço, ocasião em que uma rotação de 4.100 rpm foi detectada na turbina e um grande aumento no meio da madrugada, hora do acidente. A pressão do desaerador (que indica indiretamente a pressão do vapor exausto da turbina) estava variando em conjunto da pressão de descarga da bomba, indicando que ela estava controlando a rotação da turbina.

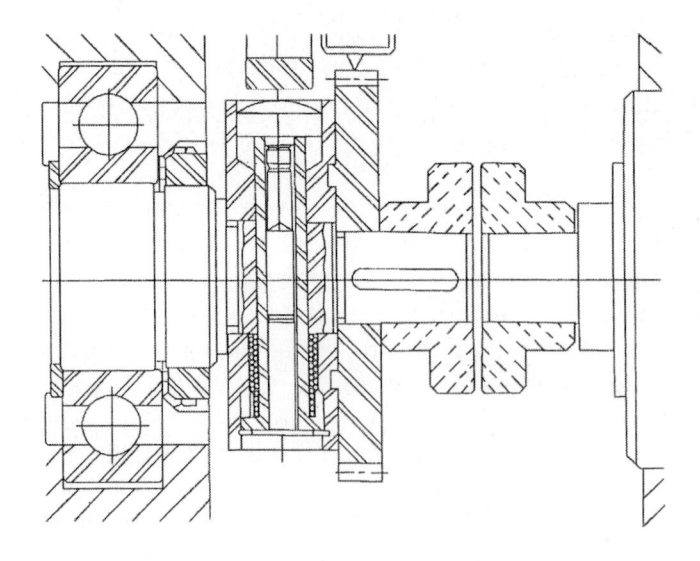

Figura 6.1.1
– Ilustração da região da ruptura do eixo.

A turbina sofreu manutenção algum tempo antes do acidente, ocasião em que o desarme foi regulado. O manual de manutenção da turbina requer travamento dos parafusos do sistema de desarme com Loctite, porém isso não foi feito.

A sequência dos eventos que levaram ao disparo da turbina provavelmente foi:

a) O parafuso de regulagem da velocidade de desarme modificou sua posição devido à força centrífuga e à falta do Loctite, aumentando o esforço sobre a trava do mecanismo e requerendo uma rotação maior para desarme;
b) A trava do mecanismo (trava elástica) soltou-se do alojamento e o pino ficou preso somente pelo parafuso da outra extremidade do pino (cabeça de acionamento), que também não foi montado com Loctite. O projeto do sistema de trava aparentemente facilita a soltura da trava;

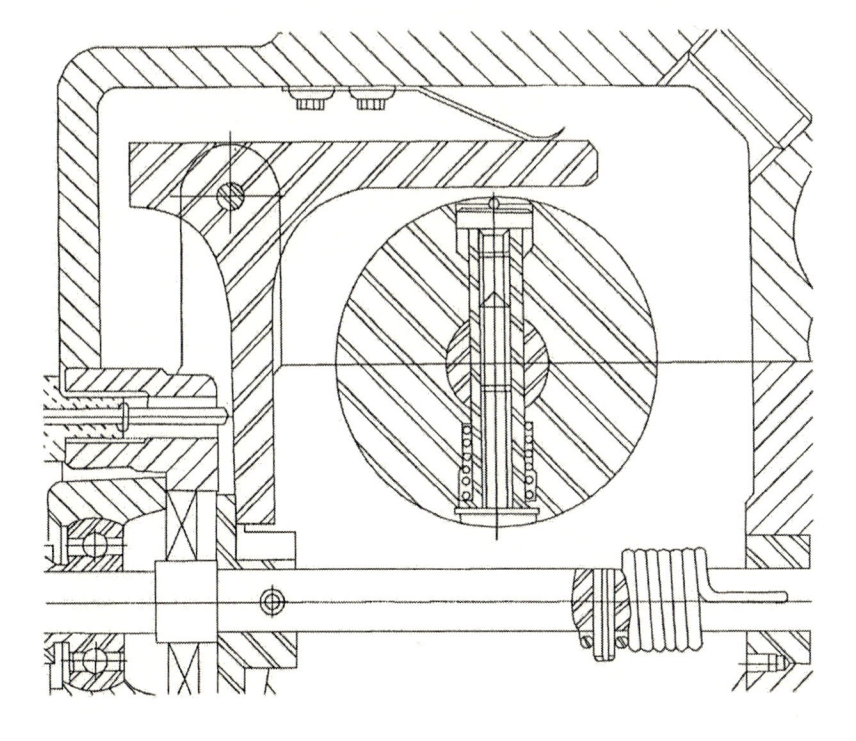

Figura 6.1.2
– Dispositivo de desarme por sobrevelocidade.

c) A cabeça de acionamento soltou-se do pino e o pino saiu do seu alojamento. A rosca da cabeça de acionamento é curta o suficiente para permitir desmontagem do pino sem desarmar a turbina. Ao sair do alojamento o pino bateu na alavanca de acionamento da válvula de bloqueio do vapor, travando o anel do dispositivo de segurança. A mola da haste da válvula tem sinais de impacto na região superior;
d) O eixo da turbina foi cortado pelo anel desconectando o governador e o desarme de sobrevelocidade;
e) Tendo a turbina ficado sem controle e sem desarme, sendo encontrada operando a 4.100 rpm, velocidade controlada unicamente pelas condições de operação da bomba e da turbina. Quando ocorreu a redução da pressão do vapor exausto, a turbina disparou e destruiu a bomba.

Figura 6.1.3
– Acoplamento do governador e pino do sistema de desarme da turbina. Notar desgaste que ocasionou ruptura do eixo da turbina e que o parafuso de regulagem está saindo do seu alojamento.

A ordem dos dois primeiros itens é questionável, mas uma inversão não altera o resultado final.

As causas do acidente foram:

a) Deficiência de manutenção, não travamento dos parafusos do sistema de desarme por sobrevelocidade com Loctite, apesar de isso estar especificado no manual de instruções da turbina;
b) Fragilidade do mecanismo do sistema de desarme. A trava elástica sai com facilidade e o Loctite está sujeito a uma temperatura razoavelmente alta. Além disso, o parafuso da extremidade do pino de desarme era muito curto, o que permite que ele saia da rosca sem desarmar a turbina. Os pinos oriundos de compras mais recentes tem uma rosca mais comprida, que tocaria a alavanca de desarme antes de deixar a rosca;
c) A bomba não foi parada manualmente e não foi acionada a bomba reserva no momento em que foi constatado que ela estava com rotação maior que a nominal;

As ações para evitar repetição são:

a) Instruir pessoal de manutenção a seguir sempre as orientações dos manuais de manutenção;
b) Instruir pessoal de manutenção e de operação para só permitir operação de equipamentos fora das condições de projeto após cuidadosa análise das possíveis consequências;
c) Modificar o projeto dos sistemas de desarme similares existentes na refinaria para torná-los menos sensíveis a esse tipo de problema, de preferência em conjunto com o fabricante da turbina.

Figura 6.1.4
– Disco do sistema de desarme mostrando desgaste devido ao roçamento com o eixo.

Nesse exemplo, o mais importante não foi fazer uma análise metalúrgica aprofundada de cada componente, mas relacionar o dano de cada um com a maneira como eles operam e falham em conjunto. Notar que a causa imediata do vazamento, ruptura da tubulação de sucção, não foi analisada, por ser ela consequência do disparo da turbina. Os demais danos na bomba e na turbina também tiveram o mesmo tratamento.

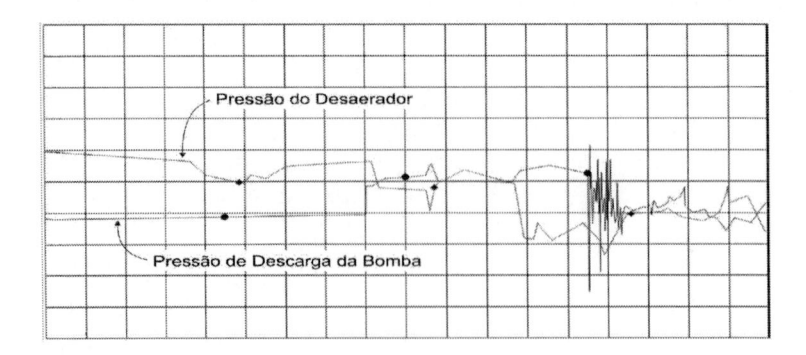

Figura 6.1.5
– Registro das pressões de descarga da bomba e da pressão do desaerador, indicando a hora da ruptura do eixo e a hora do disparo da turbina.

Notar que a análise do mecanismo foi mais importante que a análise de cada componente. As causas do problema ilustram a possibilidade de ocorrência de causas múltiplas e vão requerer ação sobre a máquina, o sistema de manutenção e operação.

Os conceitos ressaltados nesse exemplo são:

a) As causas múltiplas da falha;
b) A importância da análise do histórico de manutenção e de operação do equipamento;
c) A importância de examinar as condições de operação do equipamento no momento do acidente;
d) A importância de considerar o modo como o mecanismo funciona na análise da falha, principalmente em casos complexos;
e) Como manter o foco da investigação no conjunto que causou o problema, não efetuando uma análise detalhada de todas as peças danificadas.

Figura 6.1.6
– Pino de desarme por sobrevelocidade danificado (à direita) e novo. Notar diferença entre os parafusos e travas elásticas.

6.2 – Interrupção de Produção Devido à Existência de um Ponto Fraco no Sistema

Embora seja importante manter o foco no primeiro componente a falhar, nem sempre esse primeiro componente a falhar é o ponto mais importante do problema. Um bom exemplo ilustrando uma situação em que o primeiro componente a falhar não foi o ponto mais crítico está descrito abaixo.

Um soprador de ar sofreu um desarme devido a uma oscilação muito grande da pressão do óleo de comando. Essa oscilação foi causada pela parada da bomba de óleo, que é acionada por uma pequena turbina a vapor. A parada da bomba de óleo, por sua vez, foi motivada por um furo em um resfriador de óleo de lubrificação. Após a parada da bomba principal de óleo, a bomba reserva foi corretamente acionada. O registro da pressão de óleo indica uma queda brusca seguida de um aumento suave, o que mostra que houve uma operação correta da bomba reserva e algum problema na atuação do acumulador hidráulico, cuja função é reduzir as variações de pressão em casos como esse.

Problemas com o acumulador tornam o sistema vulnerável a qualquer evento que possa resultar em oscilação da pressão do óleo. Desse modo, o furo no resfriador de óleo da bomba principal de lubrificação, apesar de ser o primeiro evento que resultou na parada do soprador de ar, não é o ponto mais crítico, devendo o problema do acumulador ser considerado como o mais sério no sistema em função da fragilidade que ele acarreta.

6.3 – Falha do Selo a Óleo de um Compressor de Hidrogênio

Um compressor centrífugo que opera com hidrogênio apresentava vazamento elevado de óleo de selagem. O selo utilizado por esse compressor é um selo a óleo comum, com anéis flutuantes. Foi observado que o diferencial de pressão entre óleo e gás estava em cerca de 0,150 kgf/cm^2, um pouco menor que a metade do valor usual. Além disso, ocorriam oscilações rápidas do diferencial de pressão. O nível de óleo no tanque elevado, responsável pela manutenção do diferencial de pressão, estava correto, não apresentando variações perceptíveis. Uma drenagem do instrumento de medição de diferencial de pressão óleo-gás mostrou que havia certa quantidade de óleo na linha de gás de referência.

A Figura 6.3.1 mostra os anéis do selo referido. O óleo é injetado no espaço entre os anéis com pressão ligeiramente superior à pressão interna do compressor, de modo a evitar vazamentos de gás para a atmosfera. O diferencial de pressão é mantido controlado por meio do controle de nível de um tanque elevado, que é alimentado por uma bomba. O espaço de gás do tanque é conectado ao interior do compressor, sendo mantido na mesma pressão que o gás a ser selado.

O nível de vibração do eixo se apresentava elevado em algumas ocasiões. A análise da vibração indicou que a sua causa mais provável era um roçamento, cuja origem não foi possível identificar naquele momento.

O compressor foi parado para troca do selo, ocasião em que foi observado que houve severo roçamento do anel interno com a luva do eixo. Foram também observados sinais de *fretting* entre o anel e a sobreposta. A Figura 6.3.2 mostra o roçamento na região interna do anel do selo.

Figura 6.3.1
– Anéis do selo a óleo

Uma inspeção no local mostrou a linha de referência de pressão de gás, que deveria ter um caimento contínuo do vaso elevado até o compressor, havia sido construída com um ponto baixo, mostrado na Figura 6.3.3. Esse ponto baixo permitiu o acúmulo de óleo, que reduziu o diferencial de pressão entre a injeção de óleo e o gás no interior do compressor. Foi estimado que uma coluna de óleo de cerca de 2 a 3 metros seria suficiente para causar a redução de diferencial de pressão observada. As oscilações de diferencial de pressão que foram observadas mesmo com nível constante do tanque elevado podem ser explicadas se for considerado que uma pequena e, possivelmente, imperceptível, oscilação do nível do tanque elevado corresponde a uma grande oscilação da coluna existente na tubulação de gás de referência.

A redução desse diferencial de pressão permitiu que o anel referido operasse em condições inadequadas de lubrificação, resultando no roçamento observado. O roçamento aumentou a folga entre os componentes, permitindo o aumento da vazão de óleo contaminado que foi observada.

Figura 6.3.2
– Roçamento na região interna do anel

Deve ser observado que o compressor operou por cerca de cinco anos sem problemas. A redução do diferencial de pressão e o roçamento do selo só foram possíveis quando houve acúmulo de óleo na linha de referência. O sistema funcionou perfeitamente enquanto não houve acúmulo de óleo e voltou a funcionar adequadamente após a correção do problema de montagem da tubulação.

Figura 6.3.3
– O ponto baixo na linha de referência (indicado pelo círculo).

6.4 – Fratura por Fadiga dos Girabrequins de Dois Compressores Alternativos Induzida pela Vibração

Compressores alternativos em sistemas críticos são, usualmente, instalados com um reserva, uma vez que a sua confiabilidade costuma ser insuficiente para as necessidades das unidades de processo. No entanto, modos de falhas comuns podem causar paradas das unidades, ao atingirem ambos os equipamentos.

Neste caso, uma deficiência de projeto causou falhas idênticas em dois compressores alternativos, obrigando a uma parada prolongada da unidade.

Os compressores eram máquinas novas, recém instaladas, comprimindo hidrogênio. Dados gerais das máquinas: potência 1472 kW, 514 rpm, pressão de descarga de 87,9 bar, dois estágios. As fraturas aconteceram após cerca de 10 a 15 dias de operação em cada compressor. As Figuras 6.4.1 e 6.4.2 mostram a situação do eixo após a fratura.

Figura 6.4.1
– Vista do eixo do compressor após a abertura da tampa da carcaça. A falha foi idêntica nos dois compressores.

Figura 6.4.2
– Vista do eixo, após sua remoção.

A face da fratura pode ser vista nas Figuras 6.4.3 e 6.4.4. É possível notar que se trata de uma fratura por fadiga em um plano perpendicular ao do eixo. Desse modo, devem ser procurados os esforços que causam um momento fletor nessa região, por ser este o carregamento que causaria uma progressão da fratura como observado.

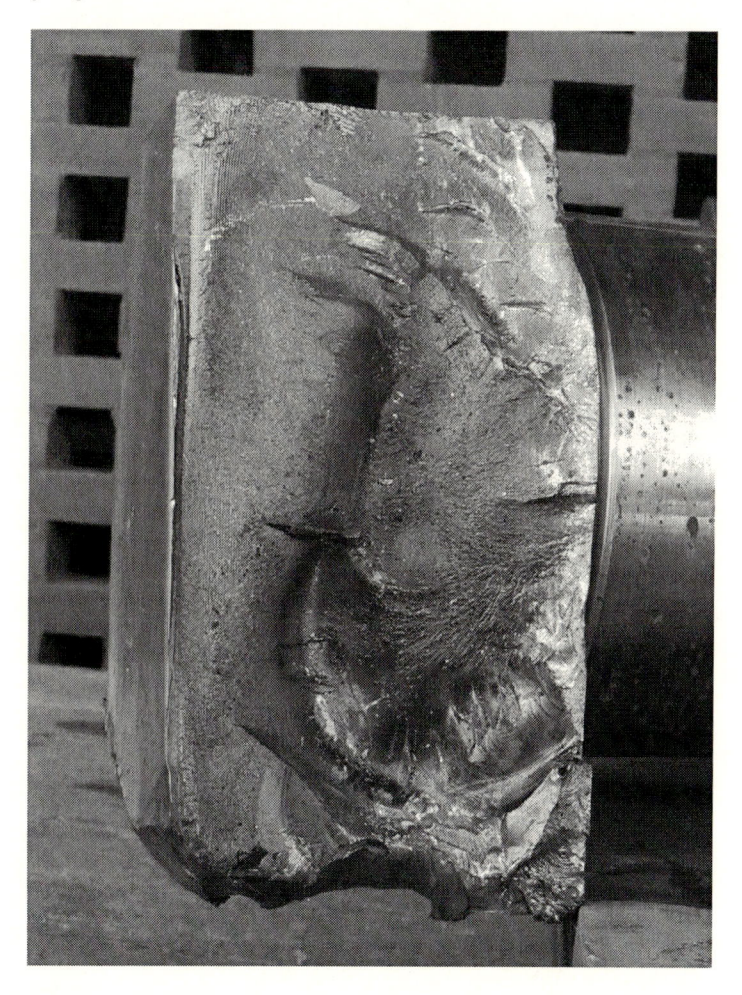

Figura 6.4.3
– Face da fratura.

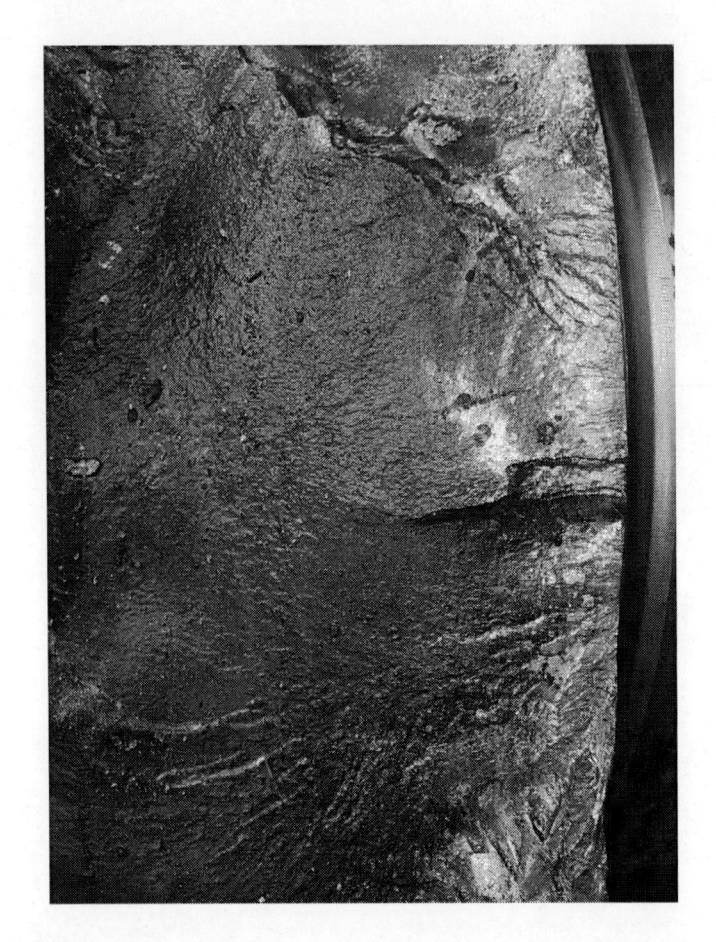

Figura 6.4.4
– Detalhe da face da fratura, mostrando a região de início (à direita da foto), com as marcas de catraca (*ratchet marks*) características da existência de concentração de tensões.

Tendo em vista a complexidade do problema, uma árvore de falhas foi preparada, listando todas as possibilidades de causas para as fraturas. A árvore de falhas e algumas notas explicativas podem ser vistas nas Figuras 6.4.5 e 6.4.6. A árvore de falhas mostra todas as hipóteses levantadas e analisadas. As notas indicam a conclusão sobre cada hipótese.

Uma reavaliação do projeto mecânico do eixo foi efetuada pelo fabricante do equipamento, concluindo-se que o eixo está corretamente dimensionado para os esforços atuantes em situação normal. A Figura 6.4.7 mostra o modelo de elementos finitos utilizado para cálculo do fator de concentração de tensões e da tensão atuante. O fator de concentração de tensões foi medido com *strain gages* para verificação do modelo. Deve ser notado que esse tipo de análise deve ser conduzida pelo fabricante do equipamento, cuja participação ativa na análise foi imprescindível.

A Figura 6.4.8 mostra o resultado da determinação do modo de vibrar do eixo. A frequência de ressonância que corresponde ao modo mostrado é de 17 Hz, muito próxima ao dobro da velocidade do compressor. Deve ser ressaltado que o cálculo da frequência natural de um eixo de um compressor alternativo apresenta dificuldades consideráveis. A principal delas é a dificuldade de modelar o comportamento dos mancais, uma vez que a carga atuante varia muito com a posição angular do eixo. Desse modo, a rigidez e o amortecimento proporcionados pelos mancais serão diferentes a cada posição.

A causa mais provável para as falhas foi a ressonância lateral do eixo. Deve ser observado que, apesar de estar configurada uma falha de projeto, esse compressor era de um modelo padrão do fabricante, havendo dezenas deles em operação. Como o fabricante não tinha tido notícia de problema semelhante com esse modelo de máquina, outros fatores devem ser buscados.

Um ponto que diferencia esse compressor de outros é o tipo de acoplamento. Compressores alternativos de processo utilizam, usualmente, acoplamento rígido para máquinas de grande potência ou com elementos de borracha, para potências menores. Estes compressores foram instalados com acoplamentos de lâminas metálicas flexíveis, o que gerou dois efeitos colaterais: A necessidade da instalação de um volante maior, pois, com o acoplamento flexível, a inércia do motor não podia ser considerada para efeito de amortecimento de oscilações de torque; e a redução da rigidez do eixo.

Esses dois efeitos colaboram para reduzir a frequência de ressonância do equipamento, tendo o efeito final de permitir a ressonância lateral que levou às fraturas.

A solução do problema foi a modificação do volante. Uma redução da massa do volante teve grande influência nos modos de vibrar do eixo. A redução de massa sem redução do momento de inércia foi possível fazendo-se um volante com raio maior.

A máquina foi equipada com *strain-gages* e acelerômetros para avaliação das modificações efetuadas. A análise dos dados coletados indicou que não havia mais ressonância, sendo os equipamentos liberados para operação.

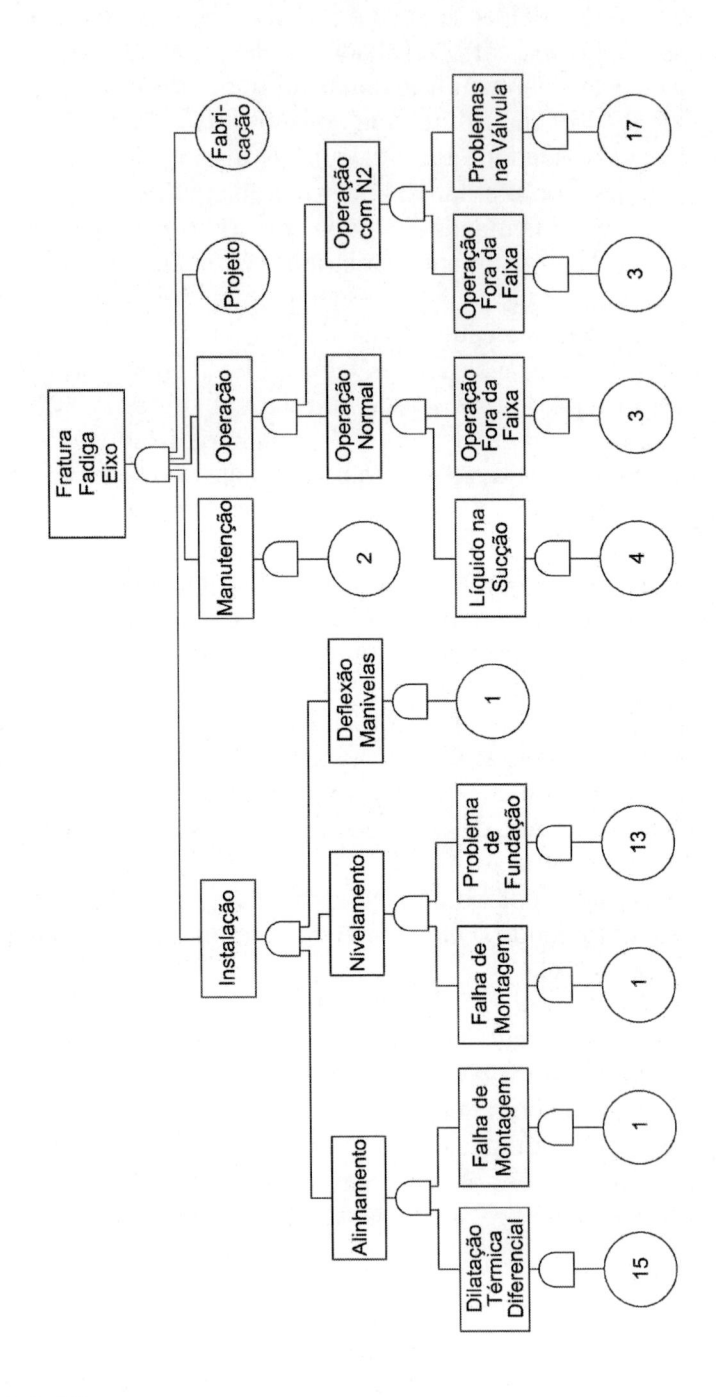

Figura 6.4.5
– Árvore de falhas (parte 1).

ANÁLISE DE FALHAS DE MÁQUINAS 375

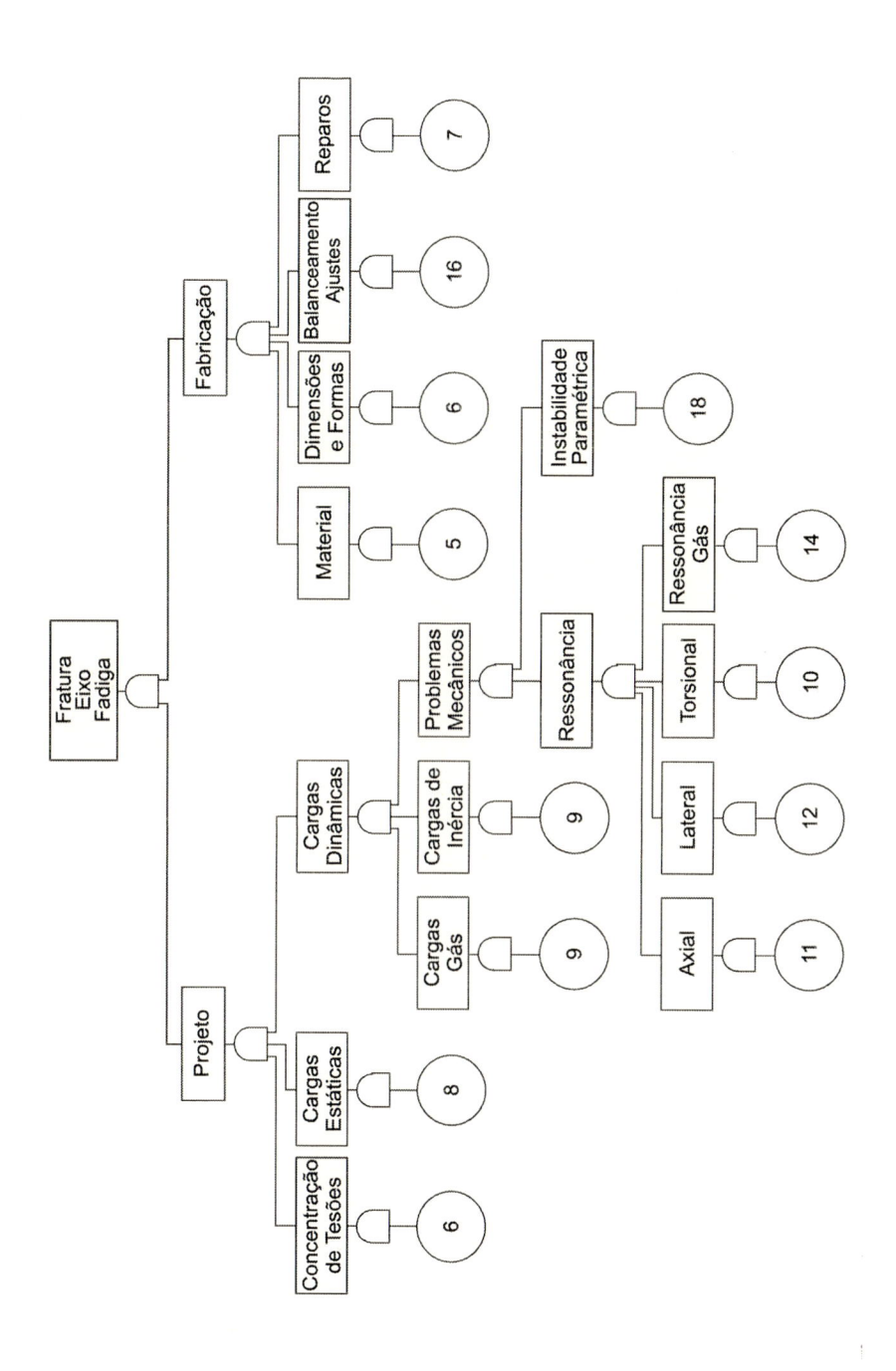

Figura 6.4.6
– Árvore de falhas (parte 2).

Notas:

1. Itens verificados durante a instalação dos compressores. Valores medidos de deflexão do girabrequim estavam próximos dos calculados. Não tem relação com a causa da falha;
2. Nenhuma atividade de manutenção foi efetuada. Não tem relação com a causa básica;
3. As condições de operação (pressões, temperaturas, composição do gás, vazões) normal e com N_2 (na partida da unidade) foram verificadas e estão dentro dos limites de projeto do equipamento. Não tem relação com a causa básica;
4. O hidrogênio é produzido em uma PSA, nível do tambor de sucção foi verificado, nenhum líquido pode ter sido introduzido no compressor, não há relação com a causa básica;
5. Material sofreu testes de impacto, tensão e análise de material em laboratório. Nenhum problema metalúrgico foi encontrado. Não tem relação com a causa básica;
6. Raios de adoçamento de acordo com desenho original do fabricante, não têm relação com o problema;
7. Nenhum reparo com solda encontrado no eixo, não há relação com a causa básica;
8. Lista de referência mostra algumas máquinas sujeitas à maior torque do que a que falhou. Além disso, a face da fratura indica que houve flexão. Não relacionado com a causa básica;
9. Verificado pelo fabricante, não há erros de projeto. Não está relacionado com a causa das fraturas.
10. Análise da fratura mostra que houve flexão. Não está relacionado com a causa básica;
11. Não foi encontrada nenhuma frequência de ressonância ou fonte de excitação que permita confirmar a suspeita. Não está relacionado com a causa básica;
12. A face de fratura e o dano no mancal principal indicam que pode estar relacionado com a causa da falha. Considerada a causa mais provável. As frequências de ressonância calculadas pelo fabricante indicam que a primeira velocidade crítica é próxima de duas vezes a rotação nominal da máquina;
13. O nivelamento foi verificado na montagem e estava correto, não está relacionado com a falha;
14. Nenhuma evidência encontrada. Não está relacionado com a causa básica;

15. Dilatação térmica diferencial entre motor e compressor, oriunda de diferenças de temperatura de operação. Não foi detectada no campo;
16. A montagem foi verificada pelo fabricante, estando OK. O balanceamento do volante foi verificado. O desbalanceamento geraria uma carga estática no eixo. Não está relacionado com as causas básicas;
17. A queda de pressão nas válvulas pode ter aumentado muito a carga nas hastes. A inexistência de danos significativos nos mancais e nas hastes indica que esse fator provavelmente não teve relação com a causa básica. É improvável que esteja relacionado com a causa básica;
18. Modo de vibração em que as vibrações laterais excitariam vibrações axiais, devido à não simetria do eixo. Não foi possível fazer modelagem matemática, mas esse mecanismo foi descartado.

Figura 6.4.7
– Modelo de elementos finitos mostrando o cálculo das tensões atuantes no eixo. Notar que o início da trinca foi na região mais tensionada do eixo.

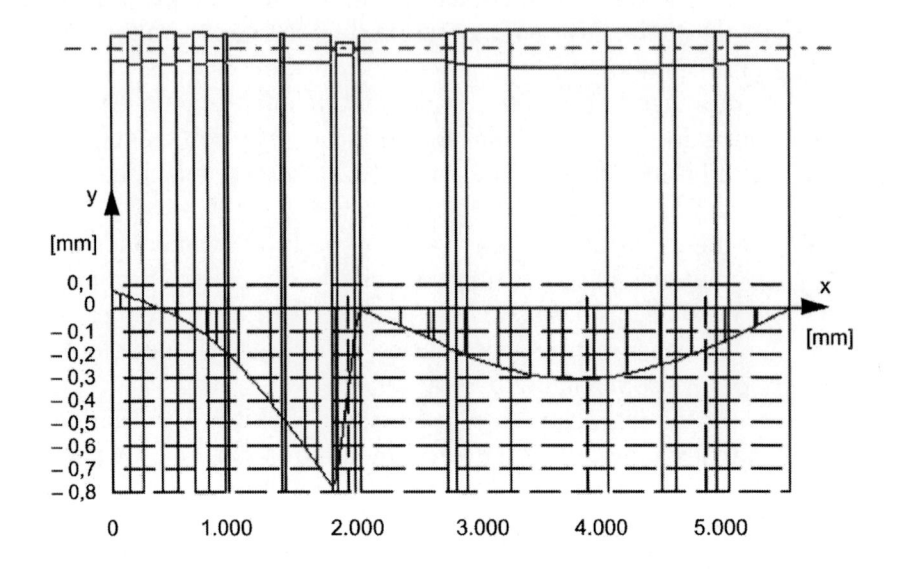

Figura 6.4.8
– Resultado do cálculo das deflexões do eixo em condições dinâmicas. Pode ser observado que a maior deflexão corresponde ao ponto em que está instalado o volante.

6.5 – Falha de uma Caixa de Engrenagens Devido ao Magnetismo de um Eixo

Uma engrenagem multiplicadora de rotação de um compressor centrífugo apresentou ruídos anormais em funcionamento. Depois da parada do equipamento e remoção da tampa, foi constatado que alguns dentes da engrenagem estavam quebrados e que havia sinais de um severo roçamento no mancal do pinhão, no lado oposto ao acoplamento. As Figuras 6.5.1, 6.5.2 e 6.5.3 mostram as condições das engrenagens e do mancal.

Como as condições de operação do compressor haviam sido alteradas, havia forte suspeita de que as engrenagens estivessem subdimensionadas para a nova condição. Desse modo, a potência absorvida pelo compressor foi calculada a partir das condições de operação dos compressores [ref. 7.35], os cálculos estão resumidos na Tabela 6.5.1. Com esse resultado, foi possível fazer uma avaliação da resistência das engrenagens, com o método mostrado no Capítulo 5. A conclusão foi que a caixa de engrenagem não está subdimensionada. A avaliação está resumida na Tabela 6.5.2,

Figura 6.5.1
– Vista da engrenagem com os dentes quebrados. Pode ser visto que há indicações de sobrecarga na extremidade dos dentes, sobrecarga essa oriunda do desalinhamento dos eixos causado pelo dano no mancal.

Hipótese sobre o ocorrido:

- O eixo do pinhão foi instalado em uma parada para manutenção cerca de 3 anos antes do evento magnetizado;
- Esse magnetismo gerava alguma eletricidade, que era descarregada pela escova de carvão instalada no eixo do compressor de alta, passando através do acoplamento;
- Quando a escova foi removida, cerca de um ano antes do evento, toda a eletricidade passou a escoar pelo mancal da caixa de engrenagens, danificando-o a ponto de fazê-lo perder o filme de óleo;
- O roçamento do eixo com o mancal deve ter começado nas últimas 6 – 8 horas de operação antes da quebra, período em que foi observada sensível elevação do eixo do pinhão (o *gap* passou de -9V para -6V);

- Quando o mancal do pinhão saiu do lugar, o desalinhamento causou uma sobrecarga dos dentes da coroa no lado oposto, resultando nas fraturas observadas.

Figura 6.5.2
– Detalhe das fraturas dos dentes da engrenagem, vistos pelo lado inativo.

Fatos que apoiam essa hipótese:

1. A ponta do eixo do pinhão está com cerca de 16 Gauss, muito mais que os 5 Gauss que o API (American Petroleum Institute) recomenda;
2. A escova de aterramento foi removida cerca de um ano antes do evento;
3. O acoplamento mostra sinais que parecem ter sido causados pelo sobreaquecimento devido à passagem de corrente elétrica;
4. A caixa de engrenagens tem fator de serviço de cerca de 1,9, o que mostra que ela está até um pouco superdimensionada (ver planilhas anexas);

5. Não foram encontrados problemas no sistema de lubrificação, não havia danos nos outros mancais;
6. A vibração estava baixa antes do acidente (20 micra), a temperatura também (80 C);

Figura 6.5.3
– Mancal radial do pinhão mostrando severo roçamento. Deve ser notado que, mesmo que o mancal tenha sido danificado inicialmente devido às descargas elétricas, o roçamento removeu qualquer evidência observável.

Fatores que contradizem a hipótese:

- A literatura indica que o rotor pode ser magnetizado pelo roçamento, o que poderia explicar o magnetismo encontrado no eixo;
- Não foram encontrados sinais de danos por descargas elétricas nos mancais, somente no acoplamento, embora eventuais marcas de danos elétricos possam ter sido removidas pelo roçamento.

Após o acidente, as engrenagens foram substituídas por outras cujo magnetismo residual era desprezível. Alguns anos depois, a máquina foi inspecionada durante uma parada programada, não havendo mais sinais de peças magnetizadas ou de falhas semelhantes. Essa observação mostra que a hipótese de o eixo ter sido instalado magnetizado e ter sido esta a causa da falha das engrenagens estava correta.

Figura 6.5.4
– Acoplamento de engrenagens que conectava o multiplicador ao compressor. Podem ser notados diversos pontos com indicação de sobreaquecimento.

Tabela 6.5.1 – Cálculo da potência consumida pelo compressor, com base nas condições de operação. O gás de trabalho é o ar

Ps	6,5	16,3	Kgf/cm2g
Pd	16,3	36,5	Kgf/cm2g
Ts	42,0	49,0	C
Td	165,0	180,0	C
N			RPM
Q_N	39.150	39.150	Nm3/h
	939.600	939.600	Nm3/d
Qs	6.184	2.742	m3/h
Qd	3.754	1.801	m3/h
Qmassa	50.369	50.369	Kg/h
Hpol	89,8	85,7	KJ/Kg
η pol	71,0	63,4	%
Pot gas	1768	1893	kW
Pot eixo	1.804	1.932	kW
Pot. Total	3.736		kW

Tabela 6.5.2 — Verificação do dimensionamento das engrenagens

	eng.	pinhão	
potência (kW)	3.736	3.736	nota 4
RPM	8.110	14.801	
número de dentes	73	40	
distância entre centros (mm)	250		
ângulo da hélice (°)	25,4	25,4	medido na coroa
âng. pressão normal (°)	20	20	nota 5
largura da face (mm)	160	160	medido na coroa
gap (mm)	80		
fator de serviço	1,90	1,90	calculado
dureza superficial (RC ou BHN total)	54,9	54,9	
dureza núcleo (BHN)	380	380	
endurecimento (total, cementada, nitretada)	cementada	cementada	nota 5
fator de geometria AGMA	0,50	0,50	nota 1
tipo (hélice dupla dh, hélice simples sh)	dh	dh	
diâmetro do mancal (mm)	90	90	
comprimento do mancal (mm)	70	70	
diâm. prim. normal (mm)	357,5	195,9	
diâm. prim. perimetral (mm)	323,0	177,0	
diametral pitch normal	5,74	5,74	
módulo normal (mm)	4,00	4,00	
módulo perimetral (mm)	4,42	4,42	
Passo (mm)	13,9	13,9	
Wt (N)	27.238	27.238	
Wr (N)	9.914	9.914	
Wa (N)	0	0	
carga resultante mancal radial (N)	14.493	14.493	nota 3
velocidade periférica (m/s)	137	137	
carga específica no mancal (kgf/cm2)	23	23	carga alta mancal
r		1,83	
fator de pitting, K (MPa)		1,35	
fator de pitting admissível, Im (MPa)		1,48	
K/Im		0,91	ok
L/d		1,23	
L/d máx.		1,91	ok
relação		0,64	
tensão de flexão do dente, S (MPa)	125	125	
tensão admissível, Sa (MPa)	131	131	
S/Sa	0,96	0,96	
bending number	ok	ok	

Notas:
1-Fator retirado da tabela 3.19 de: Bloch, Heinz P.; "**Improving Machinery Reliability**", terceira edição, 1998, Ed. Gulf Publishing, Houston, TX, EUA
2-O procedimento de cálculo segue o método da API 613 - Special Purpose Gear Units, quarta edição, 1995
3-Considera somente as cargas nos dentes calculadas. Carga específica máxima admitida como sendo 20 kgf/cm2, para um mancal comum.

Referências Bibliográficas

Affonso, Luiz Otávio e Martins, Gulherme Leibhson: *Diagnóstico e Avaliação do Funcionamento de Equipamentos Mecânicos*, notas de aula de curso ministrado sob patrocínio do IBP.

Bloch, Heinz P., Geitner, Fred K.: *Major Process Equipment Maintenance and Repair*, Gulf Publishing Company, 1985.

Bloch, Heinz P., Geitner, Fred K.: *Machinery Component Maintenance and Repair*, Gulf Publishing Company, 1985.

Bloch, Heinz P., Geitner, Fred K.: *Machinery Failure Analisys and Troubleshooting*, Gulf Publishing Company, 1985.

Bloch, Heinz P.: *Improving Machinery Reliability*, Gulf Publishing Co, 1998.

ASM - American Society for Metals : *Metals Handbook, vol. 10 – Failure Analisys and Prevention*, ASM, 1975.

ASM - American Society for Metals : *Metals Handbook, vol. 12 - Fractography*, ASM, 1987

Martin, Tommy J: *Failure Analisys: Using the Right Tools Speeds Reliability Improvements"*, Proceedings of 8th Process Plant Reliability Conference, Houston , Texas, 1999.

Affonso, Luiz Otávio A.: *Improving the Reliability of the Machinery in the Cubatão Refinery*, Proceedings of 7th Process Plant Reliability Conference, Houston , Texas, 1998.

Berry, James E.: *Concentrated Vibration Signature Analisys and Related Condition Monitoring Technics*, IRD Mechanalisys, Inc., Ohio, EUA, 1994.

API RP 686 - *Recomended Practices for machinery Installation and Installation Design*, American Petroleum Institute, Washington, EUA, 1996.

API Std 613 - *Special Purpose Gear Units for Petroleum, Chemical and Gas Industry Services*, 4ª Edição, American Petroleum Institute, Washington, EUA, 1995.

API Std 682 - *Shaft Sealing Systems for Centrifugal and Rotary Pumps*, 1ª Edição, American Petroleum Institute, Washington, EUA, 1994.

Sachs, Neville: *The Roots of Machinery Failure*, notas de aula, 1999.

INTECH Workshop Series: *Improving Pump and Mechanical Seal Reliability*, notas de aula, 1996

Allaire, Paul:*Fluid Film and Magnetic Bearings*, notas de aula, 1994.

Shigley, Joseph e Mischke, Charles: *Standard handbook of Machine Design*, McGraw-Hill Book Company, New York, 1986.

Karassik, Igor J. et al: *Pump Handbook*, segunda edição, McGraw-Hill Book Company, 1985

Lebeck, Alan O : *Principles and Design of Mechanical Face Seals*, John Wilwy & Sons, Inc., New York, 1991.

Will, Thomas P. Jr.: *A Powerful Application and Troubleshooting Method for Mechanical Seals*, Proceedings of the Second International Pump Symposium, Texas A&M University.

Peterson,M.B. e Winer, W.O.:*Wear Control Handbook*, ASME, New York, 1980.

Harris, Tedric A.:*Rolling Bearing Analysi*, John Wiley & Sons, New York, 1984.

Brown, Melvin W.: *Seals and Sealing Handbook*, Elsevier Science Publishers, Ltd, Oxford, 1990.

Associação Brasileira de Metais: *"Análise de Fraturas"*, ABM, São Paulo,

Kingsbury:*"A General guide to the principles, operation and troubleshooting of Hydrodynamic Bearings*, publicação HB, 1997.

Hutchings, I.M.:*Tribology, Friction and Wear of Engineering Materials*, Edward Arnold Ed., Londres, 1992.

Mounting and Dismounting of Rolling Bearings, Publ. No. 80 100/2 EA, FAG.

Catálogo General SKF, 4000 Sp, 1989.

Bearings in centrifugal Pumps, SKF, 100-955, 1998.

Bearing Failure Analisys and Their Causes, SKF, 310M 5000-2-77, 1974.

Cálculos e Recomendações para Correias de transmissão de potência em "V", Goodyear, GY-F-011/93.

Fuchs, H.O. e Stephens, R.I.: *Metal Fatigue in Engineering*, Editora John Wiley & Sons, 1980, New York.

Wolynec, S.: *Técnicas Eletroquímicas em Corrosão*, notas de aula, 2003.

Hoerbiger Corporation of America, Inc.: *Valve Theory and Design*, publication no. V658E, 1989.

Affonso, Luiz Otávio A.:*Avaliação de Desempenho de Turbomáquinas de Refinarias de Petróleo e Petroquímicas*, dissertação de mestrado apresentada à Escola Politécnica da Universidade de São Paulo em junho de 2005.

QUALITYMARK EDITORA

Entre em sintonia com o mundo

Quality Phone:
0800-0263311
ligação gratuita

Qualitymark Editora
Rua Teixeira Júnior, 441 - São Cristovão
20921-405 - Rio de Janeiro - RJ
Tel.: (21) 3295-9800
Fax: (21) 3295-9824
www.qualitymark.com.br
e-mail: quality@qualitymark.com.br

Dados Técnicos:

• Formato:	16 x 23 cm
• Mancha:	12 x 19 cm
• Fonte:	CG Omega
• Corpo:	11
• Entrelinha:	13
• Total de Páginas:	408
• 3ª Edição:	2012
• 1ª Reimpressão:	2014